Georges Louis
Le Rouge
Les Jardins anglo-chinois

世界园林图鉴
英中式园林

[法] 乔治·路易·拉鲁日　原著

[法] 维罗妮克·华耶　　[法] 伊丽莎贝塔·塞何吉尼

[法] 欧迪乐·法里尤　　[德] 拜何纳赫·高何居斯　编

王　轶　译

江苏凤凰科学技术出版社

关于编者们

伊丽莎贝塔·塞何吉尼是一位建筑学家、建筑学和园林学方面的历史学家，同时也是历史公园修复方面的专家级建筑师。同时执教于位于凡尔赛市的法国国立高等景观学院、位于波尔多市的建筑与景观学院、位于马恩河谷省的城市与领土建筑学院。伊丽莎贝塔·塞何吉尼毕业于威尼斯建筑大学，之后在巴黎继续深造并于1991年在建筑师及园林设计师让·马利·莫罗的影响下在罗马通过建筑学史和城市规划方向的国家博士论文答辩。伊丽莎贝塔·塞何吉尼发表的主要著作有：《让·马利·莫罗（1728—1810），"园林大主教"》，发表于《法国艺术》期刊2000年3月号总第129期；《让·马利·莫罗（1728—1810）》，发表于米歇尔·哈希那著就的《19世纪初叶文艺复兴时期法国的园林与景观设计师》一书，此书由南方之约出版社于2001年在巴黎出版；《18世纪的其他园林之过渡式园林与混合式园林》一章载入《园林的时间之旅》目册，此目册为枫丹白露城堡展览所用，由排字公联盟出版社于1992年在巴黎出版；《娄山姆花园中的意大利元素》，发表于莫尼克·摩塞与乔治·戴索著就的《文艺复兴时期园林史今日谈》，由法国弗拉马里昂出版社于1991年在巴黎出版，其意大利版本出版于1990年。

欧迪乐·法里尤是法国国家图书馆收藏部的主任研究员。

1983年至1993年任职于版画与摄影收藏部，从1985年起，欧迪乐·法里尤开始负责法国收藏品名录之18世纪版画家这一项目。在18世纪为数众多的版画著作中，欧迪乐·法里尤整理并发表了代笔作《世界人民的宗教仪式与民俗》一书，插画由拜贺纳赫皮卡而创作，由贺雪出版社于1988年在巴黎出版。

拜何纳赫·高何居斯（卒于2003年10月6日）曾就读于德国汉堡大学和德国明斯特大学的艺术史、文学、哲学和历史专业。1964年至1978年间，他曾担任明斯特艺术与历史州立博物馆的主管；从1978年起，他就任德国巴伐利亚州博物馆行政主管；1987年起担任位于德国明斯特大学的研究员。拜何纳赫·高何居斯是众多文化与历史展览名录的作者。退休后，拜何纳赫·高何居斯继续从事位于施泰因福特的巴纽公园的项目工程，同时继续从事古德意志的哥特复兴式工程和乔治·路易·拉鲁日的测绘图编撰工作。

维罗妮克·华耶自1990年起担任法国国家图书馆版画与摄影部的图书馆馆员，在这里，她于1994年开始参与法国收藏品名录之18世纪版画家这一项目。维罗妮克·华耶还同时参与多个建筑图收藏名录的构建工作。

前 言

谨以此作献给乔治·路易·拉鲁日（约 1709—1790）。1931 年，《法国收藏品名录——18 世纪版画家》（第十五卷）由法国国家图书馆版画与摄影部负责编撰整理，这部丛书以数量庞大的版画著称。

身兼皇室地图绘制师、建筑师、画师、雕刻师之职，拉鲁日首先是一位版画发行人。尽管出生在德国一个法国移民家庭，他却几乎是在法国全面开展了他的职业生涯，因此把他作为作者纳入法国收藏品名录中是恰当的。尤其是他创作了数量可观的地图、军事图集以及建筑物和园林的景观图——保存在法国国家图书馆中不同部门的超过 1500 件的作品都出自他的手笔。他被大家公认为是那个时代地理知识、军事和建筑方面知识的科学普及者。

尤其是他发表的这部名叫《世界园林图鉴　英中式园林》（法文原名《英中式园林》）的著作，收录了将近 500 幅位于法国和中国园林的平面图及编者见解，同时，此作品作为 18 世纪园林艺术的重要文献成为历史学家们研究相关学科的一手资料。

作为一部经典著作，此文献的重新编撰标志着版画与摄影部门从此进入信息化时代。这是法国国家图书馆数字图书网站"玻璃瓷"（此网站已于 2007 年 6 月 26 日关闭）版画与摄影部门数据库中加载的第一部著作，从此，这部著作在法国国家图书馆的互联网网页上直接可见。电子版文献不会使印刷版文献的发行失去效力，因为自 1980 年以来，此文献的电子版为被列入收藏名录文献的翻印再出版提供了更便利的展示途径。

尽管如此，在拉鲁日众多的著作中，他还是选择只把《世界园林图鉴　英中式园林》这个系列列入此卷中。

这部作品得以发表还得益于拜何纳赫·高何居斯的合作，然而不幸的是他已于 2003 年离开了我们。拜何纳赫·高何居斯多年来致力于拉鲁日生平的整理工作，包括那些完全未被世人所知的，他同时致力于开发拉鲁日那些至今从未发表过作品的完整名录。他还用到了一些从未被公开的重要资料进行编写整理工作。我们还要感谢拜何纳赫·高何居斯的妻子，是她在丈夫去世后继续进行他生前未完成的事业，将拜何纳赫·高何居斯生前的研究成果交流汇总给这本名录的作者维罗妮克·华耶。

机缘巧合，在版画与摄影部门进行这项工作的同时，认知与记忆出版社也正打算发行拉鲁日《世界园林图鉴　英中式园林》的真迹复制品。我们这本名录正好填充了认知与记忆出版社在这一学科方面的空白，所以进行联合出版显然是一项明智的决定。

此卷既出，广受好评和欢迎。《世界园林图鉴　英中式园林》中有一部分描绘了乾隆皇帝的行宫，这部作品在 2004 年中法文化交流年一系列文化活动中被展出。

让－诺埃尔·让那内
法国国家图书馆馆长

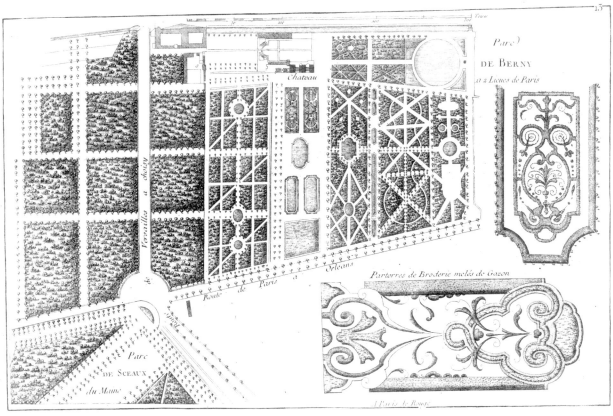

注：位于法国弗雷讷的贝尔尼城堡公园，此图为第一册第 13 图（参见总分类图 13）。

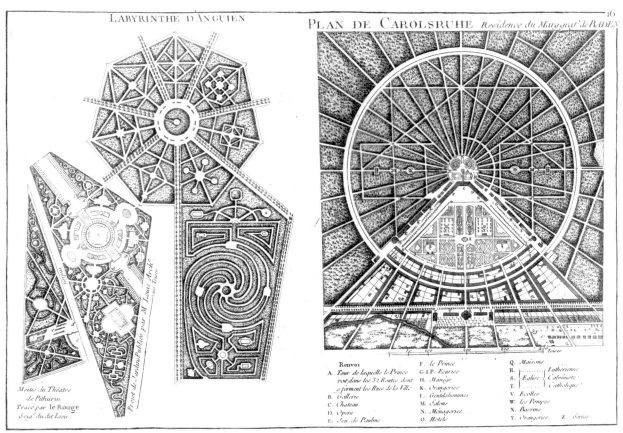

注：位于比利时的昂吉安迷宫公园以及位于德国的卡尔斯鲁厄城堡公园，此图为第一册图 16（参见总分类图 16）。

注：位于英国萨里郡伊舍镇克莱芒庄园的古罗马圆形剧场，此图为第二册图 9（参见总分类图 34）。

JARDINS ANGLOCHINOIS *depuis 3 T*

Potager

F

33 Toises

13 Toises

Banc

23 Toises

E

Vase

Bâtiment

9 Toises

注：蒂姆先生的英中结合风格花园计划图，此图为第二册图 23（参见总分类图 48）。

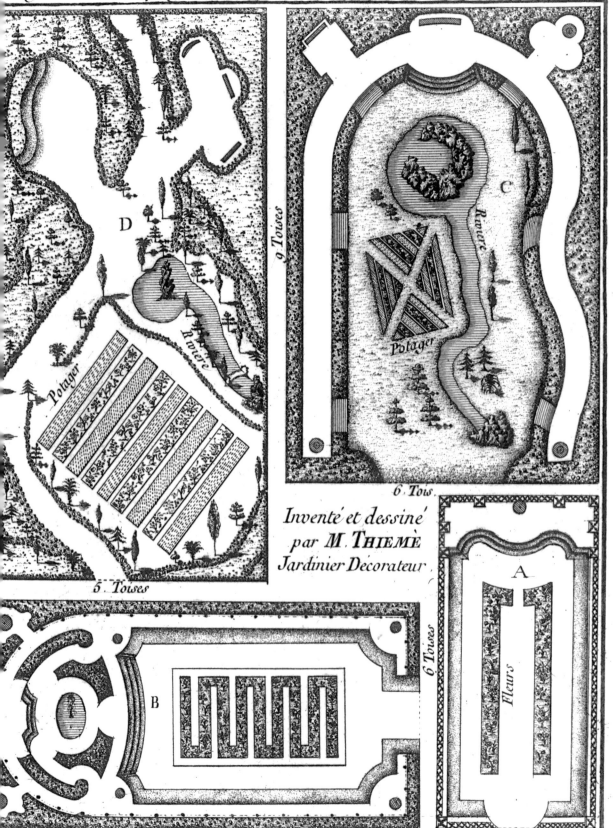

9 Toises

D

Rivière

Potager

C

Rivière

Potager

6 Tois.

5 Toises

Inventé et dessiné par M. THIEMÈ *Jardinier Decorateur*

6 Toises

A

Fleurs

B

16 Toises

3 Toises

注：位于英国里士满的邱园皇家植物园的花园废墟，此图为第四册图 22（参见总分类图 99 ）。

注：位于英国里士满的邱园皇家植物园的花园废墟，此图为第四册图 23（参见总分类图 100 ）。

Ce Jardin appartient au chevalier Daschwood Comté de Bucks   A Paris chéz le Rouge Rue des grands Augustins

注：位于英国白金汉郡的西威科姆公园，此图为第四册图 16（参见总分类图 93）。

Cascade de Westwycomb au chevalier Dashwood.

Grotte du Parc de Windsor.

注：位于英国白金汉郡的西威科姆花园瀑布，此图为第四册图 17（参见总分类图 94）。

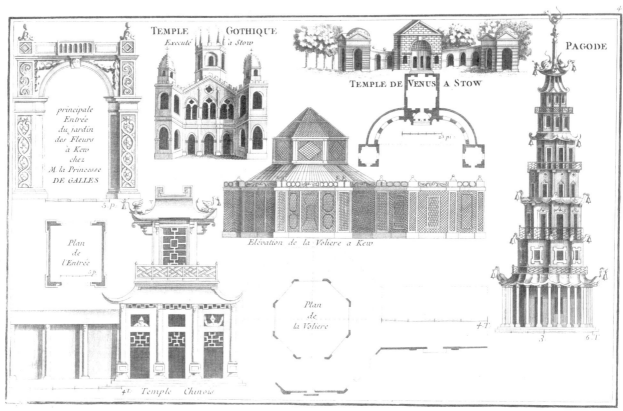

注：位于英国白金汉郡的斯陀园和位于里士满的邱园皇家植物园花园的景观性建筑，此图为第二册图 4（参见总分类图 29）。

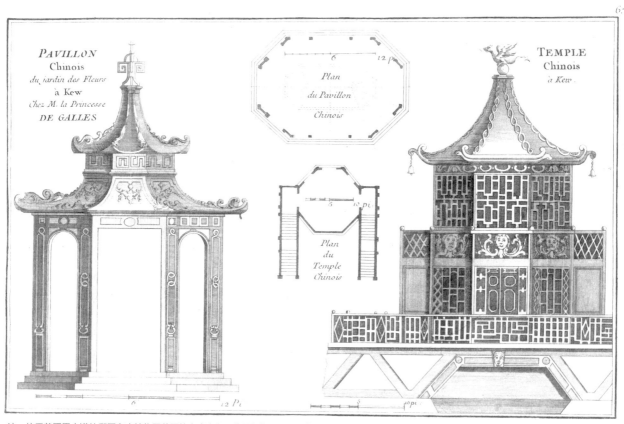

注：位于英国里士满的邱园皇家植物园花园的中式凉亭，此图为第二册图 6（参见总分类图 31）。

Vue du Lac de l'Orangerie et du Temple d'Eole à Kew

Vue du Lac, du Temple de la Victoire et de la Grande Pagode de Kew.

注：位于英国里士满的邱园皇家植物园花园，此图为第六册图4（参见总分类图132）。

注：位于英国林肯郡格兰瑟姆镇贝尔顿庄园，此图为第六册图6（参见总分类图134）。

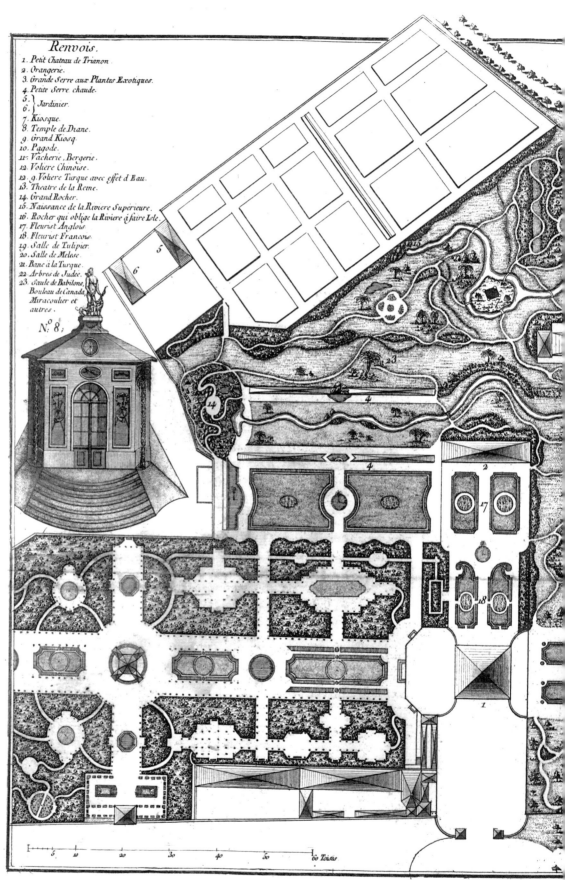

Renvois.
1. Petit Chateau de Trianon.
2. Orangerie.
3. Grande Serre aux Plantes Exotiques.
4. Petite Serre chaude.
5.
6. } Jardinier.
7. Kiosque.
8. Temple de Diane.
9. Grand Kiosq.
10. Pagode.
11. Vacherie, Bergerie.
12. Voliere Chinoise.
12. 9. Voliere Turque avec effet d'Eau.
13. Theatre de la Reine.
14. Grand Rocher.
15. Naissance de la Riviere Supérieure.
16. Rocher qui oblige la Riviere à faire l'Isle.
17. Fleuriste Anglois.
18. Fleuriste Francois.
19. Salle de Tulipier.
20. Salle de Melese.
21. Banc à la Turque.
22. Arbres de Judée.
23. Saule de Babilone, Bouleau de Canada, Miracoulier et autres.

N.º 8.

注：由安托尼理查德绘制的法国凡尔赛小特里亚侬英中式花园的设计图，此图为第六册图 19（参见总分类图 147）。

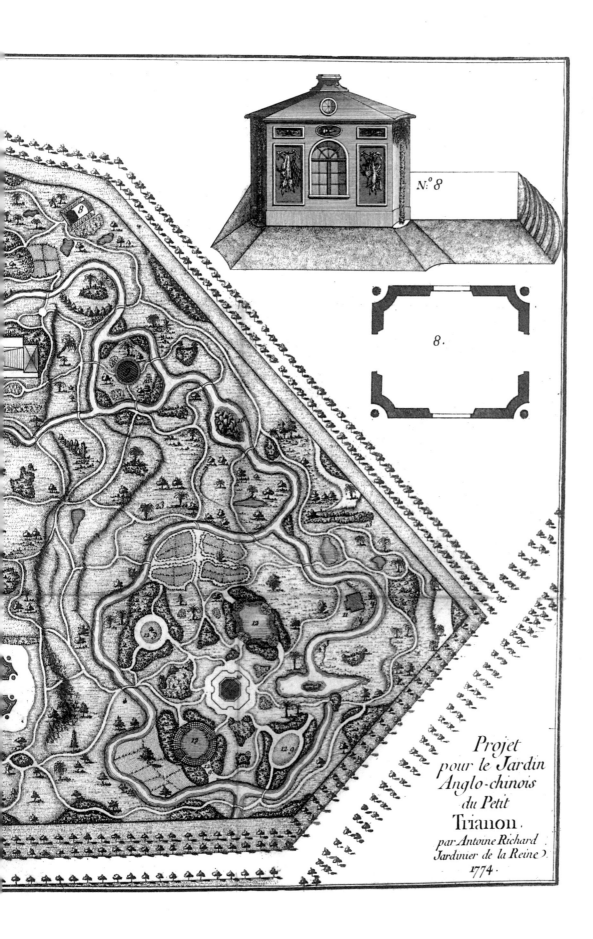

N.º 8

8.

Projet
pour le Jardin
Anglo-chinois
du Petit
Trianon.
par Antoine Richard
Jardinier de la Reine
1774.

Vue de l'Aile droite, et de la moitié du Corps de Logis du château de Christian Erlang et une partie de ses jardins, au Margrave de Culmbach Bayreut

注：位于德国拜罗伊特的修道士城堡，此图为第八册图 10 和图 11（参见总分类图 189 和图 190）。

Vue de l'Aile gauche et de la moitié du Corps de Logis du chateau de Christian Erlang et une partie de ses jardins

A Paris chez le Rouge

a. *Porte du Midi.*
b. *Place entourée d'une*
 Balustrade de marbre.
c. *Premiere Porte.*
d. *Deuxieme Porte.*
e. *Troisieme Porte.*
f. *Temples.*
g. *Palais.*
h. *Porte du Sud 4.ᵉ Portail.*
i. *Salle d'Audience.*
k. *Logement de l'Empereur.*
l. *l'Imperatrice mere.*

m. *Portail.*
n. *16.ᵉ Apartement.*
o. *17. Appartement.*
p. *Montagne construite de*
 mains d'hommes, Jardins
 superbes sejour delicieux.
q. *Jardins et Kiosques charm.ᵗˢ*
r. *Observatoire.*
s. *Ecuries.* t. *Tigres.*
u. *Statue de Fo, à cent bras*
 de bronze doré de 60.
 Pieds de haut.

× *Temples*
‡ *Kiosques*

Ces deux Kiosques

A. B. dans le gout de

ceux de Mortefontaine.

B

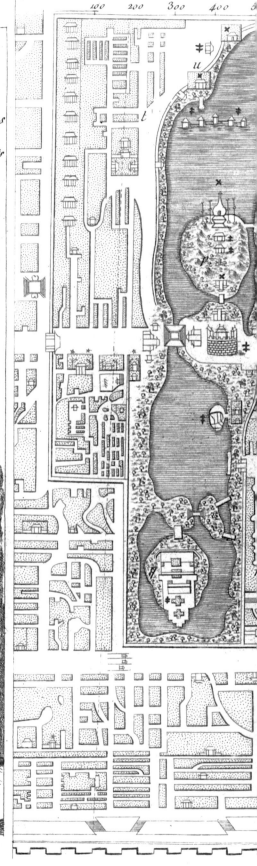

注：位于北京的圆明园平面图，此图为第七册 7 图（参见总分类图 165）。

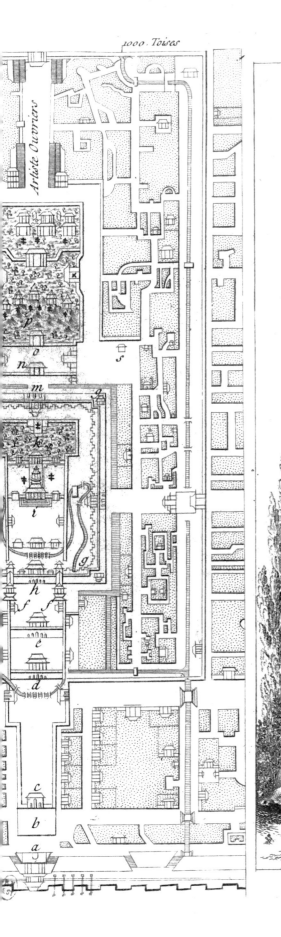

LES JARDINS
De l'Empereur,
A Pekin,

A

Jardin Hollandois au Comte de Naſſau en Hollande .

注：位于荷兰海牙纳索的莫里斯花园，此图为第七册图 5（参见总分类图 163）。

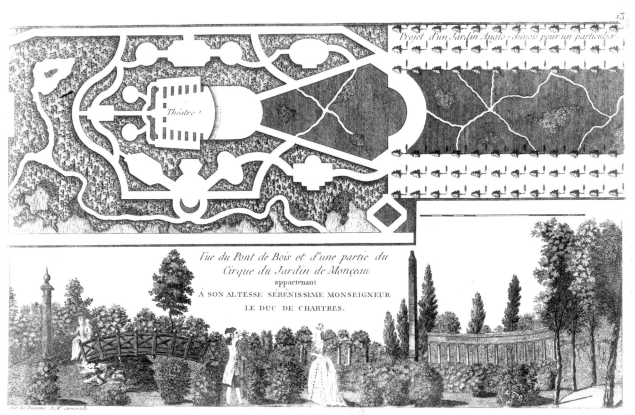

注：巴黎蒙梭公园的景色，此图为第八册图 13（参见总分类图 192）。

注：巴黎蒙梭公园的景色以及莫雷主席位于巴黎的花园设计方案，此图为第九册图 4（参见总分类图 211）。

Boudour

Fontaine Rouge.
Nᵒ 5. du Plan Général

Chemin

注：位于比利时布杜尔市的利涅亲王城堡公园，此图为第八册图 21（参见总分类图 200）。

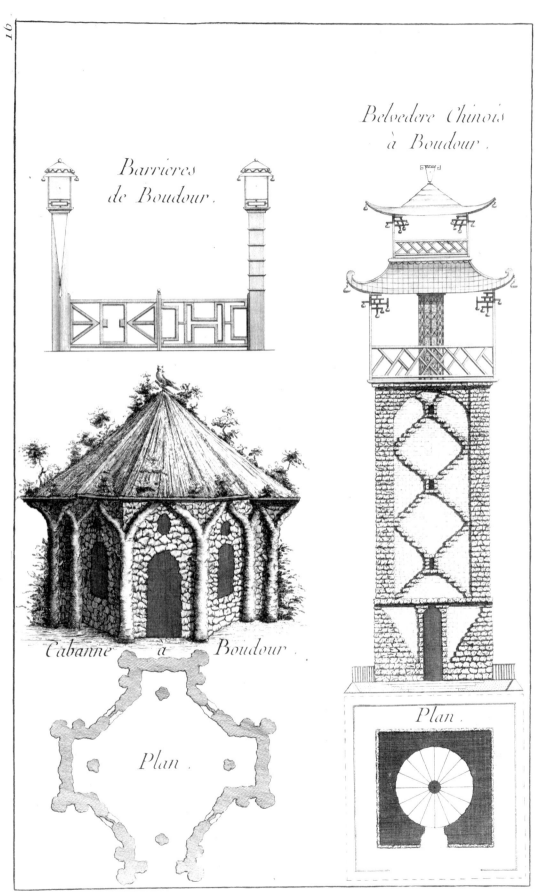

注：位于比利时布杜尔市的利涅亲王城堡公园景观建筑，此图为第七册图 16（参见总分类图 172）。

ROCHER À TRIANC

Autre Côté
DU CHATEAU
RUINÉ
à la Chapelle
à M. de Boulogne.

注：法国小特里亚侬公园的岩石假山、拉夏贝尔戈弗雷的城堡废墟以及巴黎的中式大楼花园中秋千，此图为第十一册图 16（参见总分类图 250）。

BALANÇOIRE
de la Redoute
Chinoise
à la Foire.

F. Bettini delineavit ad Vivum

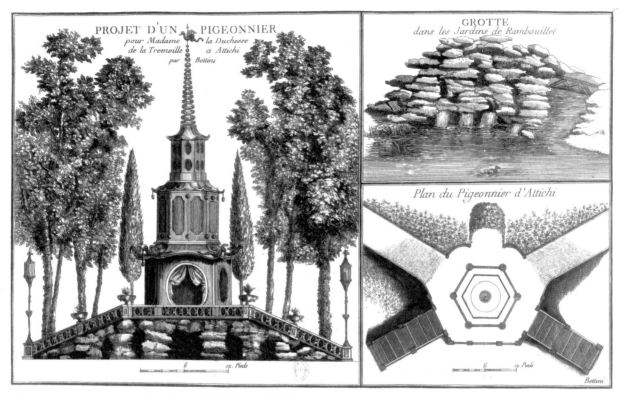

注：由贝蒂尼绘制的瓦兹省阿蒂希城堡公园的景观建筑以及朗布依埃城堡公园的山东，此图为第十一册图 17（参见总分类图 251）。

注：位于法国瓦兹河谷省，圣勒拉福雷的城堡公园的景观性建筑，此图为第十二册图 8（参见总分类图 262）。

注：公园的景观性建筑，此图为第四册图6（参见总分类图83）。

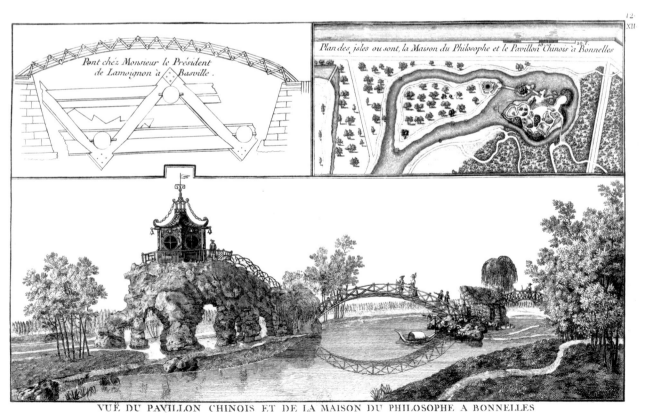

VUÉ DU PAVILLON CHINOIS ET DE LA MAISON DU PHILOSOPHE A BONNELLES

注：位于法国伊夫林省的博内勒城堡公园平面图及景观以及位于埃松省圣谢龙的巴维尔城堡公园内的桥，此图为第十二册图12（参见总分类图266）。

Pont Chinois à Attichi à M.ᵉ la Duchesse de la Tremouille

Pont Ruiné à la Chapelle-Nogent

注：位于法国瓦兹省的阿蒂希城堡公园以及位于奥布省圣奥班的拉夏贝尔戈弗雷城堡公园，此图为第十二册图 20（参见总分类图 274）。

Vue Perspective de la Colonne.

注：位于法国尚布尔希兹荒漠园的纪念柱，此图为第十三册图4（参见总分类图283）。

Porte dans le Jardin de la Maison Chinoise.

Théâtre Decouvert sous un Berceau de Grands Ormes

注：位于法国尚布尔希兹荒漠园的中式大门和绿色植物掩映下的剧园，此图为第十三册图10（参见总分类图289）。

注：北京圆明园，此图为第十五册图 14（参见总分类图 330）。

注：北京圆明园，此图为第十六册图 4（参见总分类图 348）。

注：南京玄武湖，此图为第十六册图28（参见总分类图 372）。

注：苏州天平山，此图为第十七册图 9（参见总分类图 383）。

注：苏州寒山寺，此图为第十七册图 12（参见总分类图 386）。

注：苏州西山观音寺，此图为第十七册图 14（参见总分类图 388）。

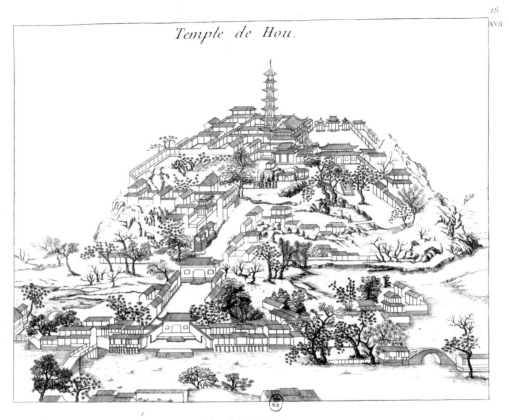

Temple de Hou.

注：苏州西北部云岩寺，此图为第十七册图 18（参见总分类图 392）。

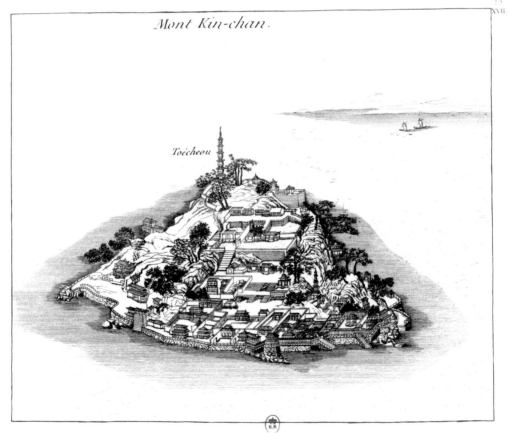

Mont Kin-chan.

Toécheou

注：长江畔金山的庙宇，此图为第十七册图 25（参见总分类图 399）。

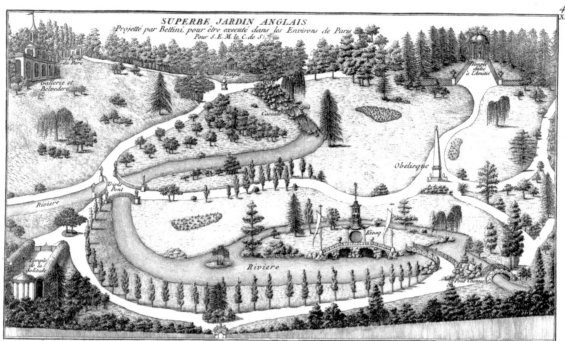

注：贝蒂尼设计的英式园林设计图，此图为第二十册图 4（参见总分类图 457）。

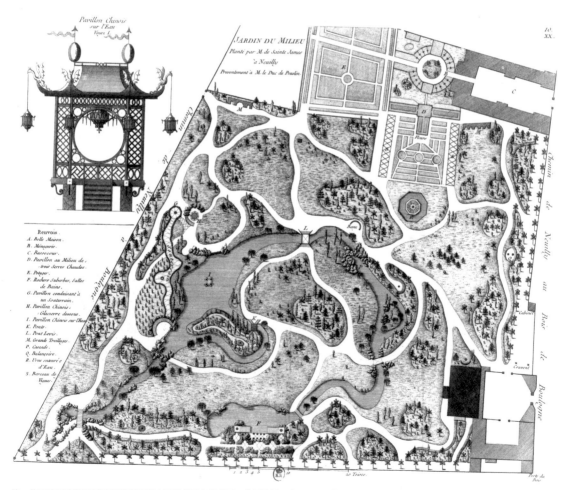

注：位于法国塞纳河畔讷伊的圣詹姆士豪华花园宅邸公园，此图为第二十册图 10（参见总分类图 463）。

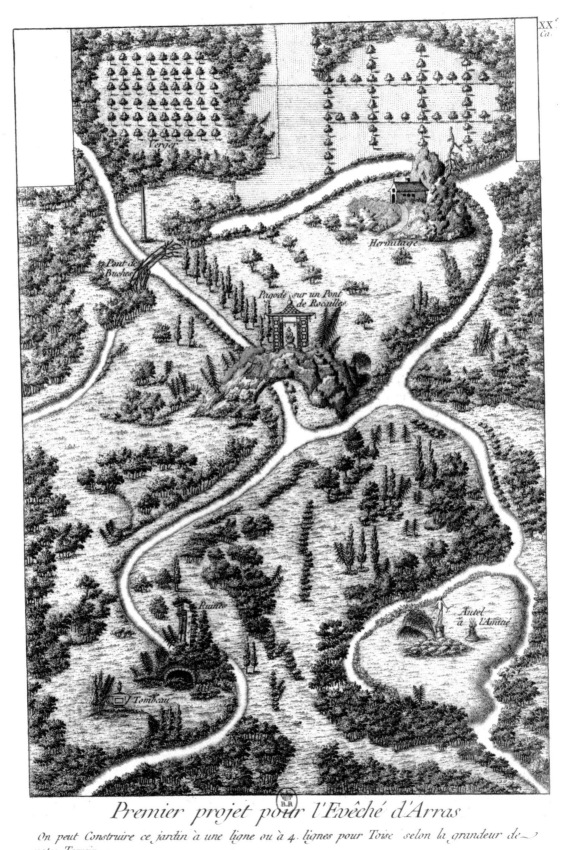

Premier projet pour l'Evêché d'Arras

On peut Construire ce jardin à une ligne ou à 4 lignes pour Toise selon la grandeur de~
votre Terrein.

注：法国阿拉斯主教堂花园的设计图，此图为第二十册图 5（参见总分类图 458）。

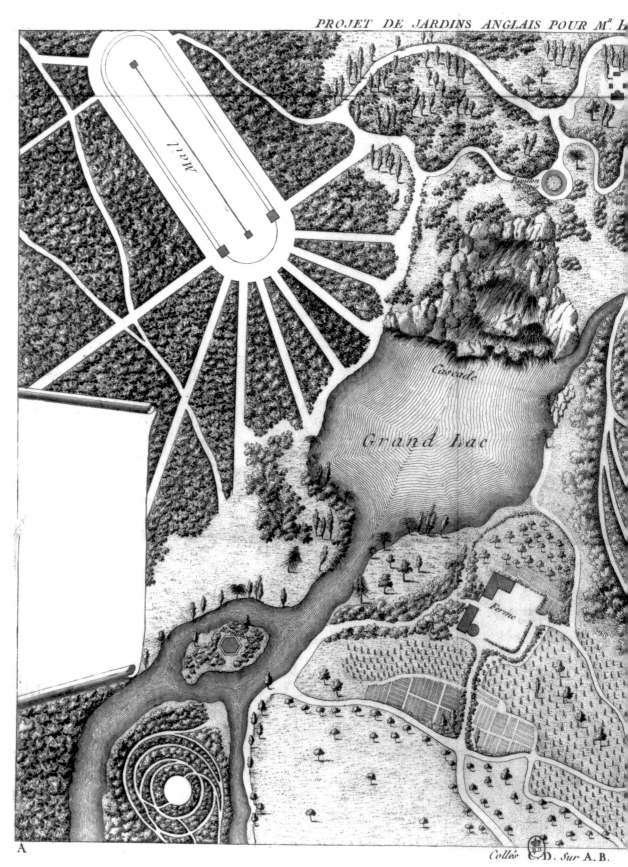

注：位于荷兰哈勒姆的威尔赫雷根庄园的花园设计图，此图为第二十册图 16（参见总分类图 469）。

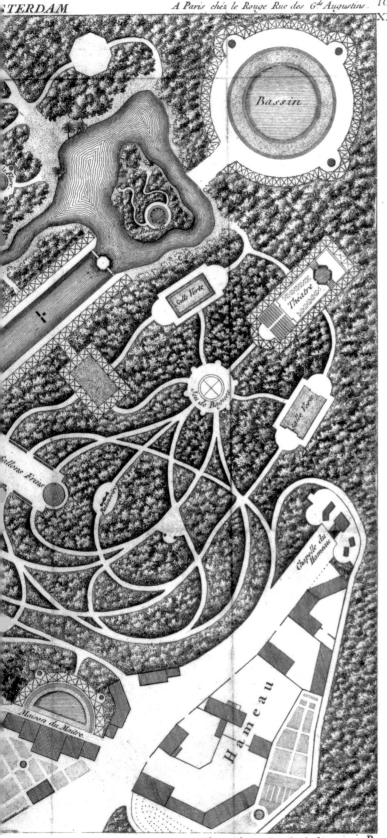

STERDAM

Bassin

Rotonde

Salle Verte

Théâtre

Salle Verte

Ie de Bagnes

Gallons Frais

Chapelle du Hameau

Maison du Maître

Hameau

Composé par Gentils Architecte.

B

目 录

乔治·路易·拉鲁日
——18 世纪"法德"版画家

[德] 拜何纳赫·高何居斯

对地图绘制师和巴黎版画发行人乔治·路易·拉鲁日感兴趣时，我们才发现市面上能找到的关于他生平的寥寥记载竟然是错误的，并且那些国际性文献目录里

也只是粗略地提到了他的部分作品。目前对于他生活和作品的研究工作还在进行中，研究基于来自法国的新资料、德国的收藏档案、18 世纪版画家名录、各种当时报纸上的报道及拉鲁日作品里提供的众多生平线索。从生平研究的角度看，这些研究给出了关于他作品的新概述和极其丰富且多样性的解读。这不仅是针对拉鲁日创作手法和动机的研究，而且能从中得到他众多作品的精确创作时间。

一份 19 世纪和 20 世纪法国关于拉鲁日的参考书目展示了关于其园林创作方面的一些作品索引，但这和他的众多其他作品相比较也仅仅是很少的一部分，他的其他作品还包括旅游指南、百科图集、军事地形图和工程图等。我们在五十多家欧洲的以及三十多家北美洲的图书馆和收藏馆对拉鲁日的著作进行了清查，所以今天我们可以得到一个关于拉鲁日作品的相对完整的名录[1]。这部名录展现了拉鲁日倾其毕生精力的令人印象深刻的作品，他在准备那些无以计数的专题著作的同时，也为超过 1600 幅版画绘制了手稿并为其他版画家的作品进行了指导。

对他完整作品的年代学分布研究可以让我们更好地识别他创作中的特定阶段、特征及分析。他著作中关于其生平的描述和线索以及 30 来封书信的发现第一次构成了较为可靠的拉鲁日生平概述[2]。

一本 1833 年的法国参考书目指出，拉鲁日可能是在德国汉诺威出生[3]。拉鲁日本人从没有提到过，也没有在他的书信中抑或是出版物中说明他的出生地。在读到这些参考书目的时候，我们有这样的印象，那就是拉鲁日有意地回避他出身的相关信息。但是在一本图集的前言中，他提到使用德语——"我出生国家的语言"[4] 会更自如一些，而且他坚持说如果他不能流利地使用德语的话他一定不会负责德国地理书方面的工作[5]。1833 年，法国巴黎圣安德烈艺术小教堂婚姻登记档案中的确切信息确认了拉鲁日是"出生于汉诺威市"，而这一信息只有可能是他自己提供的[6]。

婚姻登记记录没有关于他出生日期的信息。但是在一本他自己于 1782 年[7] 出版的地理图册的题词里提到，他从事地理学和地形学方面的工作已经有 65 年了，也就是从 1717 年开始算起。另外，我们可以根据一些间接的迹象推断出他的父亲是一名职业建筑师。拉鲁日在他 1771 年的著作《加缪绘画作品中香榭丽舍大道上的圆形剧院描述》一书

1　由拜何纳赫·高何居斯整理的乔治·路易·拉鲁日的作品集，至今没有被发表。

2　其生平概述藏于德国威斯特法伦州施泰因富尔特城堡的本特海姆皇家档案馆。

3　"乔治·路易·拉鲁日，皇家地图工程师，生于汉诺威"，记录在约瑟夫·马利凯拉尔所著的《文学法国》一书的第 206 页。

4　"我可以灵活运用我出生的国家使用的语言"记录在乔治·路易·拉鲁日所著的《便携地图册》第二版的第 5 页。

5　"如果我没有深入地了解德语，我不会尝试来探讨这片广袤土地的地理学。是这个不可思议的优势让我致力于这项事业。"记录在乔治·路易·拉鲁日所著的《便携地图册》第二版的第 7 页。

6　此信息藏于法国国家图书馆手稿部，拉博德档案，法国新收藏 12142 编号 42.746 文件。

7　"我证明在我从事地理学研究的 65 年经验中我没有找到过任何关于孟加拉的像这幅地图所展示的这么接近事实的细节，也是因为这个原因我决定要细致地把它拷贝下来。于巴黎 1782 年 8 月 28 日"，记录在《孟加拉地图》中，1782 年出版于巴黎。

中明确指出"他出生并成长在建筑师之家"[1]。他留给我们的线索仅限于这个提示而已。在巴黎的婚姻登记档案里，他显然是有意避免给出具体的细节。因为传统上，男性个体的职业是要指明的，然而他父亲的职业没被记录，只留下他父亲的名字：尼古拉·拉鲁日。我们可以从这些简明扼要的信息中得出的结论是：乔治·路易·拉鲁日是于 18 世纪第一个 10 年中生于德国汉诺威的法国人，他父亲是位建筑师，他在德国居住了足够长的时间，因此他很好地掌握了德语。如果我们在这个背景下继续追问，在此期间活跃在汉诺威的法国建筑师并且可能是拉鲁日的父亲的人，我们几乎可以找到唯一的名字就是路易·雷米德·拉佛斯，因为在这座城市中没有建筑师的姓是拉鲁日。十分令人沮丧的结论，还需要继续去考证。

即使德国最近的研究结果允许给出关于这位建筑师更多的信息[2]，然而他的出身和他早年的生活还是无从而知。似乎拉鲁日的父亲是于 1659 年出生在法国的，随后他在法国上学。他离开法国的具体日期和原因至今还不为人所知。在英国逗留以及受邀参与建设由第六任萨默塞特公爵于 1688 年至 1693 年主持的佩特沃斯城堡项目（英国西塞克斯郡西部），这一假设也无法验证。在 1705 年，可以证明，拉佛斯在柏林，根据艾奥桑德的命令，他参与了夏洛腾堡宫计划的制定工作。从 1706 年开始，他是汉诺威的选帝侯乔治·路易的头号建筑师，在此期间，他为法院和贵族省的贵族工作，还为黑塞 - 卡塞尔和黑森州达姆施塔特市的其他诸侯工作。他给位于卡塞尔附近的魏森施泰因新城堡设计的宏伟蓝图表明，园艺设计工作也落在这个巴洛克式建筑师的职责范围内。1708 年根据他的设计在林荫道的一端建造了两个大型展馆，1706 年至 1714 年间他为同样的地点设计了绿荫剧院。

汉诺威的乔治后来成为英国国王并将居所定在了伦敦，1715 年拉佛斯成为了为黑森 - 达姆施塔特领主们服务的首席建筑师。1716 年新城堡寓所的工程开工，这成为了拉佛斯的主要作品。也是从 1716 年开始，他开始进行其园林艺术方面最有标志性的作品，那就是在贝松根为领主们建造的海恩花园。许多建筑项目，测量和城市规划都是拉佛斯在达姆施塔特工作期间的贡献。名望的增加带来了更多的外国赞助商，其中包括普法尔茨的选帝侯，拉佛斯为他设计了曼海姆城堡的项目。拉佛斯于 1726 年 9 月 17 日在达姆施塔特逝世，留下妻子，两个女儿和一个儿子。

这个儿子大约于 1707 年生于汉诺威，乔治·路易是他的教父。1717 年，他开始学习地理学的时候应该有 10 岁了。他的父亲负责他的教育，目的是为他成为一名工程师和建筑师做准备。1721 年，父亲把他送到法国进修，这个名叫拉鲁日的人，日后通过自己的努力和作品被世人广为传颂。

1726 年 9 月底或 10 月初，在他父亲去世后没多久，这个男孩出现在了德国达姆施塔特。留给我们关于这个时期的证据就是一封来自他的信，用法语写成，但内容从未被正确转录。这封 1726 年 10 月 8 日写于达姆施塔特，署名为 N·德拉佛斯的信是寄给恩斯特路德维希伯爵的。在信中，作者重申了他母亲在拜访伯爵时已经提出过的请求，就是对他父亲的财产进行解封，进而尽快解决在达姆施塔特的众家庭成员对其父遗产进行继承的事宜。为了证明他重申这件事的必要性，作者解释说他是从很远的外地特意赶来且不能停留太久。在再次感谢后，他明确指出："如果有先见之明的殿下允许我继续完成我亲爱的父亲在达姆施塔特未能完成的设计图的话，您只需吩咐给我。"[3] 就是这些，尽管使用了所有的致谢和礼貌用语，这个意识到自我价值的年轻人最大胆的请求也就是这样。正如我们猜想的那样，这个来自法国且刚刚开始工程师职业生涯的年轻人不得不在有限的假期之后回到法国，耐心等待继承他父亲辉煌的遗产。完成达姆施塔特城堡的规划项目，宣告了一位成功的地理学工程师的诞

---

1 记录在乔治·路易·拉鲁日《加缪绘画作品中香榭丽舍大道上的圆形剧院描述》一书的第 5 页。

2 由于尔根·雷恩尔·沃尔夫在 1980 年于达姆施塔特所著的《巴洛克和洛可可时代的达姆施塔特》是对建筑师路易·雷米德·拉佛斯完整作品的最佳了解途径，书中对这些作品进行了文献分析和批判性回顾。

3 "Wenn Eure Durchlauchtigste Hoheit mir gnädigst erlauben wollen, Ihnen einen geringen Dienst zu erweisen, indem ich den grossen Plan von Darmstadt fertigstelle, den mein lieber Vater unvollendet hinterlassen hat, so brauchen Sie nur zu befehlen." 这句翻译的德语原文。

生。不幸的是，就在王子的手下们清点大量的建筑资料，并从中挑选出与拉佛斯当时职务相关的文件之时，我们不知道他的儿子是否还在达姆施塔特。在达姆施塔特城堡的建筑纪事中，档案工作者布切尔在回顾 1727 年的事件时说，在拉佛斯家族成员处理继承事务之时，这位建筑师的真正的姓氏变为"拉鲁日"，并提出了各种假设来解释这个姓氏的变化。大约在 1734 年，达姆施塔特众议会秘书明确表示并坚持认为，拉佛斯的真名实际上是"拉鲁日"。巴黎的教区登记册确定了这一论断，乔治·路易·拉鲁日于是被指定为已故的"尼古拉·拉鲁日"的儿子。

因此，这位建筑师在柏林的职业活动中，在夏洛腾堡宫时，会将他的名字换成"Le Rouge"或"Lerouge"，就如今天在法国广泛流传的一样。他这么做是为了反对一个贵族化的名字，并自己给自己分配了武器，这些信息只是在几封信件中提到了。在被告知父亲姓名变更后，儿子可能被迫采取"拉鲁日"这个姓氏。也许拉佛斯没有改变他和儿子的名字，因为不明的原因，他的儿子被以"乔治·路易·拉鲁日"的名义送到法国。在官方清点建筑师拉佛斯资料的时候他的家人发现了这个情况，所以编造了一个所谓改名的版本，以掩盖这种双重命名的真正原因。这就解释了这个事实，拉鲁日在他的一生中都试图隐藏他的出身、他的父亲的名字和职业，或只是非常模糊地提到它。

如果将 1726 年 10 月尼古拉·德拉佛斯的信与乔治·路易·拉鲁日在 1786 年[1] 写的三封信的书写进行比较，我们就会发现其他线索。对这些书写的研究表明，它们有很多不同点，但显示了一些共同和相似之处。专家在 1998 年对介于 18 岁和 20 岁之间的青年书写的信件进行研究，在列举了 10 个左右的一致特征之后，得出以下结论："此外还有其他一些趋同点。这些相似之处起到巨大的说明作用。可以断言，书写 A（青年的信）和书写 B 的样本（老年人的信）出自相同的手"[2]。所有这些指证都将乔治·路易·拉鲁日认定为建筑师拉佛斯的儿子。

目前尚无解决办法的许多问题现在已经清楚了。我们只给这两个例证。第一，下萨克森州的历史遗迹保管员已经忙了几年，研究关于海恩豪森王家花园里绿荫剧院的重建工作。他的工作的最重要信息来源是拉佛斯的设计图，现在保存在卡塞尔。在这种情况下，拉鲁日版画中对这所剧院的描绘被重新审视[3]，版画中的细节让我们猜想作者一定是对拉佛斯的设计图有非常深入的了解，然而设计图从未被出版。因此，可以推断，拉鲁日使用的是他父亲遗产中的文件。第二个例子，1716 年在达姆施塔特-贝松根创建的花园也是如此，此为今天仍然存在着的大型建筑。1777 年，拉鲁日将此花园的东半部呈现在两幅版画上[4]。达姆施塔特-贝松根花园设计图在花园落成的 18 世纪初没有被出版，而在其落成后 60 年才被发表，这勉强被视为凸显该地区利益的标志。同样，这幅版画拉鲁日使用的也是他父亲拉佛斯，也就是尼古拉·拉鲁日遗产中的文件。

1726 年，拉鲁日离开达姆施塔特的具体日期和真正目的我们无从知晓。我们也没有他在 1727 年至 1732 年间的活动的相关信息。他自己也形容自己的那些年为"似水流年"。似乎他在很年轻的时候就结婚了（在他 1760 年出版的带有自传色彩的《写给年轻工程师的建议》一书中，他明确地警告说不要提早结婚）并且在英国长期居住了一段时间。18 世纪 30 年代初他开始担任国王的地理工程师的头衔，此后十年他完成了构成阿尔萨斯地图的五幅大图，这是他罕见的原创作品之一，此图在军事界备受关注。在波兰继承战争（1733 年—1735 年）期间，他在莱茵河中上游地区担任地理工程师，为波旁-贡代家族的一位王子

---

1 此信息藏在威斯特法伦州施泰因富尔特城堡王子本特文档案馆。

2 我非常感谢手稿的比较研究者玛丽亚·保蒙·蒙格尔伯格博士，画家兼波恩大学心理学讲师，其在历史手稿分析方面具有实践经验。关于达姆施塔特作者的命题（一封青年的信），专家得出结论："关于写作者 A（青年信）的个性，可以提出以下分析：年龄在 18 到 20 岁之间，写作表现出了智慧、创造力、多方面人才的优越水平、明确的好奇心和审美意识。有很强的个性。"

3 乔治·路易·拉鲁日的版画，本书第一册图 12：海恩豪森王家花园城堡剧场的描绘，出版于 1775 年。

4 乔治·路易·拉鲁日的版画，本书第六册图 12、13：贝松根花园的调整方案，出版于 1778 年。

克莱蒙伯爵服务。对国家、人口以及德国人的了解使得拉鲁日特别适合这份工作。

正是在这个时候，他与莫里斯·德萨克斯接触，这是在这场冲突中取得胜利的军阀之一。按照他自己的话说，拉鲁日自 1736 年开始生活在巴黎，在那里他为"法院和城市"还有莫里斯·德萨克斯而工作，他在 1738 年被任命为萨克森军团的中尉 [1]，这与永久的军事义务无关。1741 年，在第一次西里西亚战争和他（可能是第二次）婚姻开始之后，他在大奥古斯丁街上开了一家地图交易所。正如报纸广告所证明的 [2]，他一直到生命的最后都在经营这家交易所并且取得了一定程度上的成功。莫里斯·德萨克斯赞赏他是一个有用的情报人员 [3]，特别是在奥地利低地国家和荷兰的军事行动之前和期间发挥的作用。这是荷兰泽兰省著名的 21 幅伟大的地图的起源，由公共资金印刷和拼装，作为 1744 年军事行动准备工作的一部分。

自奥地利继承战争开始以来，即在普鲁士军队入侵西里西亚之后，拉鲁日大量生产地图和地图集，其内容几乎无一例外均关乎着当时的政治和军事事件。一般来说，图画都是在短时间内绘制完成并作为散页出售的，几年后再组装成地图和地图集。这些出版物的融资在奥地利王位继承战争期间得到了保障，这得益于有影响力的保护者的帮助。除了萨克森州的元帅之外，其中最重要的保护者还有莫勒帕伯爵，他是海军部长，负责沿海调查和航海图，同时也是国王的大臣。在 1748 年莫勒帕失宠和 1750 年莫里斯德萨克斯死亡之后的七年战争期间，拉鲁日发表的许多著作都是由他出资的，有时也与巴黎的各种书商协作。但似乎拉鲁日从来没有从可观的财政资源中受益。

直到 1750 年，拉鲁日在萨克森军团中获得了中尉的薪水。一般来说，作为商人和地图出版商会有足够的收入，包括出售自己大量作品以及他人作品所获得的收入。其众多出版物和收藏目录不仅囊括"欧洲所有的地图"，还提供了各种各样的国际版画。同时，他担任纽伦堡的出版社总代理。拉鲁日与他同期进行科学工作的地理学家几乎不可比，尽管他已经努力考虑到最新的地理知识。我们应该把他视为地理知识的普及者。他的客户包括年轻人、未来的官员和地理学及地形学的业余爱好者。从 1741 年到他的最后几年，他在广告中多次向大众推出数学、绘画、军事建筑、德语和英语方面的课程，作为在和平时期的收入来源 [4]。因为拉鲁日的专业主要在军事领域，所以任何和平条约的签署对他的事业都是不利的。

1760 年前后他汇集了一本通用地图集，收录了之前以散页形式发表的地图，但是他认为 1759 年出版的德国地图集才是他的主要著作，其中汇总了 100 幅长圆形的地图。他效力于国王，但他对法国同胞相较于德国来说缺乏了解，这让他感到遗憾。拉鲁日的目的不仅仅是呈现给法国人准确而详细的德国地形图：他在附属于本地图集的《关于德国的论述》中，描述了该国的义务分配、宪法史、帝国、选民以及皇帝选举的方式。他给出有关德国的印象是非常积极的，并敦促他的法国读者学习德语，以便更好地了解这个国家。因为"没有什么比德国更复杂，没有什么比这更难理解和想象" [5]。

1777 年，一个新的军事政治关系形成了，这使拉鲁日能够在更广泛的框架内恢复其制图工作。英国与北美殖民地之间的冲突，法国公众对美国独立战争的不寻常的兴趣，

---

1 乔治·路易·拉鲁日被任命为中尉，但官员的证书直到 1745 年才发放。长久以来，拉鲁日没有提到他的职级。直到 1773 年，他在出版的目录中自封为"萨克森军团的前中尉"，但他在 1782 年的标题页上披露了确切的日期："……1738 年 7 月 1 日获得证书：由火焰元帅任命为萨克森军团中尉，1754 年 8 月 24 日在梅利斯营期间。"参考乔治·路易·拉鲁日《建筑学论著》一书的标题页。

2 直到 1760 年末，乔治·路易·拉鲁日居住在这所房子里。他的大部分出版物都标有这样的地址"奥古斯丁街"，"大奥古斯丁街"或"和花篮相对的大奥古斯丁街"（至今无法考证）。有三张地图（1742 年，1745 年和 1747 年）和一张平面图标有不同以往的地址"圣安德烈街角的奥古斯丁街"或"圣安德烈艺术街的街角"。

3 乔治·路易·拉鲁日，《德国战争剧院》第 86 至 88 页。

4 "拉鲁日先生通过新雕像和浅浮雕教授数学、设防、战争艺术，还有德语、英语及绘画等"，1741 年 6 月号的《泰晤报刊》第 1141 页。

5 乔治·路易·拉鲁日，《便携地图集》第 3 页第 5 幅图。

使拉鲁日在七十多岁的时候有机会制作大量的英属北美殖民地北部和中部大幅面地图，他在 1778 年和 1779 年将其汇集在两个地图集中，即《美国地图集》和《美国飞行员》。1783 年初，随着海湾流地图的出版，他的制图生产就结束了。这最后一幅地图的问世日期也是偶然间被发现的。这个问题被耶鲁大学历史学家 E·N·科恩解决，他在为雅典国会做协助契机下[1]，负责研究本杰明·富兰克林的通信联系。我们知道本杰明·富兰克林在伦敦逗留期间，根据自己在北大西洋环游期间的测量记录，在 1769 年出版了海湾流的地图，因为非常限量，几乎没有被注意到。但是，从富兰克林在巴黎逗留期间作为传教士写的三封信看来，拉鲁日与他接触过，海湾流的地图是他们共同工作的成果。

在奥地利王位继承战争和七年战争后的和平岁月里，拉鲁日将其工作聚焦到平民客户和越来越多的巴黎游客身上。除了少数巴黎地图之外，他发表了许多纪念碑的绘图，有些是存在的，有些是简单地被设计的，这引起了同时代人的兴趣。这并不奇怪。必须记住，他作为工程师的训练没有其他目的，起初只是作为他从事建筑行业的基础。1736 年，他曾经自己透露，在私立学院参加了民用建筑课程，在那里他和日后成为著名建筑师的加缪乐德梅济耶尔做过同学[2]。他自认为是一名合格的建筑师，虽然没有实际担任过[3]。1749年，莫里斯·德萨克斯委托他对香波城堡进行了一个调查，拉鲁日在元帅去世后不久就发表了一个较大的作品集。也许他控制了元帅调查的记录，因为在元帅去世前的两个月，他向国王呈现了一个大型的纸板城堡模型。可以肯定的是，拉鲁日是被所有伟大的巴黎建筑师所知的：除了加缪，我们还可以指出雅克－昂日加布里埃尔、皮耶尔贡当德伊芙里或让－尼古拉塞赫旺多尼的名字。在他制作版画的基础上，这些人为他提供了军事学校、小麦馆、路易十五广场（今天的协和广场）、君主骑马雕像、新的马德琳教堂、圣叙尔皮斯广场等项目的图稿。拉鲁日的作品中绝大多数的建筑描绘图都是在对他的作品进行编目所做研究之时才被知道的，这个发现是一个惊喜。

拉鲁日是一位测量工程专家，一位有天赋的制图师，具有民用和军事建筑的坚实背景。他本人是个亲切随和的人，他的军旅生涯以及那些年月中的经历，让他在地图出版领域获得商业上的成功。但我们不能忘记，他最初的目标是成为一位名声大振的建筑师，只是目标没有达成。"在工作中永生"是他的座右铭，转载在他的德国地图册的标题页。他只创作了几部原创作品。大部分时间，他是在翻译国外的著作，因为他有扎实的基础知识和对古代作家的深入了解，会多种语言，并意识到他的价值是反对代表贵族权威的那些人，即使是面对国王本人。然而他只是一个从业者，缺少理论知识和野心，他试图通过永久和不成比例的工作来补偿这个缺陷。大部分时间，他通过翻译已经出版的作品或者通过他的联系人获得的国外手稿素材进行版画雕刻。他通过各国工程师、建筑师和制图师获得的手稿品类繁多。拉鲁日有一些项目的完成度不高。通常，项目过多会导致质量下降，艺术理论家苏尔寿[4]甚至是谢菲尔德[5]花园的艺术评论家也不是唯一一批评他工作中偶尔的不完美的。拉鲁日可能被看作是一个"二流"[6]的地理学家，我们也很难想象他是巴黎艺术学院的一员，然而，作为一名地理学家、商人、教师、被阻挠的建筑学师

1 E·R·科恩，"本杰明·富兰克林，乔治·路易·拉鲁日和富兰克林/福尔杰海湾流地图"，《世界宝鉴百科全书》第 522000 卷第 124 至 142 页。

2 1771 年，他写道："我是生长于建筑中的，我和加缪一起在艾尔戈老师那里接受了建筑方面的教育至今已有 36 年了"，记录在乔治·路易·拉鲁日所著《加缪绘画作品中香榭丽舍大道上的圆形剧院描述》一书的第 5 页。

3 在乔治·路易·拉鲁的由加缪构思的《加缪绘画作品中香榭丽舍大道上的圆形剧院描述》一书中，他写道："我真想是我发明了这个建筑……然而，我不会因为成功而骄傲自得，我将这荣耀归功于这位博学的艺术家"，记录于乔治·路易·拉鲁所著《加缪绘画作品中香榭丽舍大道上的圆形剧院描述》第 5 页。

4 J·G·苏尔寿，《美术总论》。

5 C·C·L·谢菲尔德，《园林艺术理论》第 70 页；约翰·戈特弗里德·戴克和乔治·施茨，《苏尔寿一般美术理论的补充》，1793 年作于莱比锡，选自第二卷第 282 至 283 页。

6 R·勒曼，《18 世纪世界地图集》，1971 年第 25 卷第 55 至 64 页。

和卓越的绘图工程师，他为文化史和旧社会制度树立了一个学习榜样。

这一考量同样适用于他关于园林艺术的工作。当他大概75岁时，这项工作降临到他面前，也成为一项收入来源。可以说，皇家地图工程师拉鲁日发表的492幅版画（大型对开画格式，大小多数是约32厘米到44厘米，有些可变大小和折叠）是最大和最重要的关于18世纪欧洲园林史的构成来源。这本出版物包含最完整的花园景观，无论是英中风格的园林还是另一种风格的园林。这些版画记录了非常长一段时间内的园林历史，有18世纪初乔治·洛登的项目，也有从万斯特德花园到蒙梭花园和艾尔蒙维尔花园的改造项目。这些版画还包含相当大数量（有部分仅归功于拉鲁日）的总设计方案以及花坛、树木种植、迷宫和楼宇、寺庙、亭、农场和其他新哥特式或中式古典装饰品的细节。这些版画还展示了更多关于栅栏、桥梁、动物园、鸟笼、剧场、山洞、修道院、温室、瀑布、喷泉、花园雕塑以及其他事物的景象。

因此，我们也获得了关于英国、法国和德国那些较著名园林的广泛概述。

在关于英式花园的设计图和景观图中，斯陀园和邱园的图占了绝大多数，但布莱尔阿瑟尔花园或是白金汉宫花园同样被很好地记载和介绍了。这些凹版印刷的版画展现了在兴建沃利茨园林之前当时花园的状况，这是安哈特－德绍王子和冯·埃尔德曼斯多夫在1763年至1764年和1766年至1767年期间在英国旅行时所了解到的。拉鲁日的工作不仅对安哈特德绍花园的历史有着不可估量的价值，总体来说也对18世纪德国园林历史有着不可磨灭的贡献。在这里我们只提到第五册（1778年创作），其中，关于英式园林，拉鲁日重现了托马斯·柯林斯·奥波顿（《神殿建造者最有用的伙伴》，1766年发表于伦敦）和威廉·赖特（《怪诞建筑》，1767年发表于伦敦）的重要作品。得益于拉鲁日，这些英式建筑的样本图片跨越重洋抵达欧洲大陆，并得以在德国的园林中被实现。

在法式园林中，有众多的建筑佳作来告知我们在那个时期法国园林艺术的状态，这要感谢来自鲁瓦西花园、讷伊的圣詹姆士花园、马尔利花园、提亚农花园、莱兹荒漠园还有巴黎及其周边不可胜数的园林绘图呈现。兰西花园的规划设计总面积迄今未知，大约是150公顷，我们可以在法国国立图书馆找到这幅图。在奥尔良的菲利普公爵去世之后，这个花园变成了废墟，在园林艺术中几乎没有激起什么水花。然而我们可以因此生出一个想法，感谢卡蒙泰勒的一幅版画，这是一件罕见的大型作品，保存在巴黎马尔莫特博物馆的藏品中。

在德国园林中，可以看到施韦芩根、维尔茨堡以及施泰因富尔特的巴尼奥尔公园的设计图和景观。关于在德国的中式园林风尚，第十四册至第十七册有着至关重要的作用，这几册有关于中国皇家花园和宫殿的97幅版画。拉鲁日比威廉·钱伯斯更加认真，他提供了中式园林的第一张完整的图像，其中包括凉亭、人造山丘、人行道、瀑布、桥梁、植被和岩石。

通过众多告示和广告，我们知道，拉鲁日自1747年以来，进口并销售来自英国的地图、设计图和文学作品。直到1762年，拉鲁日最重要的供货商和合作伙伴是法国裔的制图师和地图商人约翰·洛克，后者从1734年开始便发表了多幅关于英国最著名园林[1]的铜版画——比如里士满、奇西克、伊舍、克莱蒙特、温莎、威尔顿等——约翰·洛克之后因为一系列英国郡的地图而成名。通过制做和销售他的花园设计图，约翰·洛克获得了他的第一次商业成功。拉鲁日将他视为榜样，在1773年经历了长时间的危机之后，拉鲁日决定将一大系列的巴黎及其周边园林的新调整计划的设计图纳入他的销售计划。从拉鲁日作为地理学家和建筑内行人的角度来看，园林的这些新调整计划属于已经被公布多年的当代建筑项目的范畴。这部绘图总集对他来说至关重要，就如他1775年初发表的第一册的标题所示——《新园林风尚的细节》，最初这册书是来源于20幅园林几何学调整计划图，

---

1 乔治·路易·拉鲁日《园林》一书中关于英式园林的内容，约翰·哈里斯（伦敦）找到了拉鲁日未来作品完整出版的原始设计图。

而且并没有英式或中式园林的部分。只有布鲁廷的巴黎花园才展示了一部分英式园林。在这幅版画再版的时候,两个由奇公园平面图中抽取出来的建筑被添加到版画上,这幅平面图是由约翰·洛克于 1736 年发表的。也仅仅是在这册书的最后,出现了在 1775 年进行修整的两处英式园林:1734年由约翰·洛克发表的里士满花园平面图和奇西克花园平面图,拉鲁日重现了两幅图的两种状态。这些后期的补充是拉鲁日的特点,他对空白有一种恐惧,总是试图用额外的图案填充空白。典型的是 1779 年的一幅画,其中波茨坦新宫殿的雕刻减少了,此画由史莱尔在柏林编辑,后来被呈现在了马尔利花园的大喷泉中[1]。

在第一册园林图书的末尾,拉鲁日向世人展现了一座现代的英式园林,那是人们之前从来没有见到过的,同时也是在欧洲大陆首次出现:这也是拉鲁日关于园林的现代专题文献最常被涉及的主题之一。这个典型的理想化描绘是基于克罗斯公爵在 1766 年于英国旅行之后所做的一个项目,拉鲁日把他转化为用色彩润饰的画,从而为版画的雕刻做准备。但是在描绘和进行版画雕刻工作之间发生了一件事,使园林的风格重新定位在英中风格:1774 年,拉鲁日在巴黎认识了威廉·钱伯斯(英国皇冠级的建筑学家,在建筑学和园林学相关论文领域享有盛名),随后邱园的平面设计图在七年战争期间被完成。这种异国情调的建筑在英国只有很少的个案,而在欧洲大陆却有许多模仿者,因此拉鲁日在接下来的几年中就通过他园林方面的作品传播这种风格。1774 年,拉鲁日成为了钱伯斯的追随者并在克罗斯花园的版画中应用了一个中国元素,他在湖边安置了一座五层的宝塔,湖上架设了一座中式桥,在别墅群边建造了一座中式楼阁。

我们可以将 1775 年拉鲁日的创作与无忧公园联系在一起。该模型的版画是 1772 年由弗雷德里克大帝的园艺师弗雷德里克·扎克里·萨尔茨曼出版的,其中添加了 40 页的描述。拉鲁日毫不犹豫地减少了萨尔茨曼的表述,后者反应

强烈。拉鲁日仿用了同样的题词方法将他的版画这样献给了玛丽安东内特皇后:谨以卓越的敌人 – 女皇玛丽亚·特蕾西亚、法国皇后仍然在世的母亲的花园献给您。然而这幅版画是非常有趣的,因为英中式园林这个称呼第一次出现了,而不是到目前为止被认为的这个称呼的首次出现是在霍勒斯·沃波尔[2]的作品中。以《英中园林》为题的系列丛书从此出现了。卡塞尔的平面图展现了拉鲁日在其创作中表现得多么傲慢。对于 1757 年出版的卡塞尔平面图,在七年战争期间,他将由曼恩的继承人在 1742 年纽伦堡完成的平面图进行复制,没有城市的整体景观。他很高兴他只是翻译文本,并保持表述不变。在 1776 年,他分割了旧版的卡尔塞劳部分,并在第四册园林书中使用了一个新的图例。如果他不知道这个过程,那看着这幅版画的人一定不知道在 1740 年还有卡塞尔的园林图。

在 1776 年 9 月,英中式园林的第三册问世,总共有 5幅版画、1 幅平面图和由吉拉尔丹侯爵创建的艾尔蒙维尔花园的 15 幅细节图。所有这些图样已经在关于园林的文献中被反复转载,但没有提到这是这个如此盛名的花园最古老的描绘图,甚至超过了沃尔茨花园。显然,侯爵吉拉尔丹委托拉鲁日将它测量、描绘并且发表在他园林方面的作品中(从1775 年开始,这个设计图和卢梭位于小岛上的陵墓被多次出版,虽然卢梭那年还活着)。

我们近几年才刚刚知道艾尔蒙维尔花园的大幅钢笔画(私人收藏)是由拉鲁日起草并上色的。这幅画是仅有的拉鲁日作为测绘工程师的高质量及精致工作的证明。这幅横向的画起初只有标题《艾尔蒙维尔花园》和 4 个字母表示,就像一般是纵向格式的铜版画[3]。在 1778 年 7 月 2 日卢梭于艾尔蒙维尔逝世,其葬礼在杨树岛举行后,拉鲁日补全了碑铭,并标示出他曾在 1775 年现场绘制。在小岛上,卢梭坟墓和斯特拉斯堡画家梅耶尔的位置被添加,题跋中增添了字母"e"和"f"。对着光来看,人们看到坟墓周围确实有很

---

1 乔治·路易·拉鲁日的版画,本书第七册图 4:马尔利喷泉池中的新波茨坦宫。

2 霍勒斯·沃波尔,《关于现代花园艺术的论文》,第 136 页。

3 乔治·路易·拉鲁日的版画:艾尔蒙维尔平面图,小岛上没有卢梭的坟墓,1776 年(私人收藏)。

强的光环。在 1778 年或 1779 年，拉鲁日似乎修改了铜板，并在相应的书册中引入了被修改的平面图[1]。

卢梭去世那年，一个瓮被竖立在湖泊小岛的一个高立方基地上，被杨树包围着。这个话题以一幅米歇尔莫侯的凹版印刷版画被广泛传播，很可能是这幅版画激发了人们 1782 年在沃尔茨为卢梭树立起纪念碑这件事，一幅爱德曼多夫的画反映了整个事件。在那个时期，在沃尔茨（德绍附近），由画家霍伯特·罗伯特描绘和雕刻家雅克·菲利普·莱苏埃尔打造的石棺于 1781 年起草，并于同年的 12 月在吉拉尔丹侯爵的要求下发表在拉鲁日的第九册园林书中。从另一方面说，从 1782 年初起，已经订购了整个系列园林书的本特海姆 - 施泰因富尔特伯爵已经收到了拉鲁日的第九册书，他可以在自己花园湖泊的小岛上根据艾尔蒙维尔的确切位置将自己的纪念碑朝东面向卢梭纪念碑的方向。

这几个例子可以证明，拉鲁日的作品被正确分析后有利可图：近 500 幅版画上超过 1500 个详细图案，为 18 世纪园林历史提供了无与伦比的信息。

至今 21 册园林丛书中的 9 册的日期都不可考。1789 年 9 月问世的没有被完成的最后一册日期也不明确。幸亏最近发现的由拉鲁日寄给路易本特海姆 - 施泰因富尔特伯爵的账单和信件，使得这些书册的问世时间得以查证。另外，这些信件中包含了拉鲁日最后几年生活的重要信息。凭借勒布朗的化名，本特海姆 - 施泰因富尔特伯爵在他的夫人，荷斯坦格吕克斯堡公爵女儿的陪同下于 1785 年 10 月去巴黎拜访了拉鲁日。本特海姆表现出自己是为本特海姆 - 施泰因富尔特伯爵服务的工程师，他奉命来协商在拉鲁日的系列丛书中插入本特海姆英中式园林的内容。拉鲁日很可能那时候并没有意识到自己的联络人的真实身份，并在晚些时候接受了

再生产两册图书的订单。通信从 1786 年 3 月开始，不仅是提供了这 54 幅版画的详细制作和融资的过程：实际上，拉鲁日还在信中坦率地写了私人活动，因为他相信与他通信的人是一个与他能成为朋友的同事。于是他谈到了他为奥尔良公爵（菲利普 - 艾嘉利特）所做的作品，1791 年他测绘并绘制了他父亲在 1777 年至 1785 年间设计的伟大的英式园林，大约在巴黎东部 20 公里的兰西。本特海姆伯爵提到了施泰因富尔特花园的最新发展以及来自巴黎革命的令人不安的消息，拉鲁日 85 岁时在最后一封信中以熟悉的平和语气回复他：亲爱的朋友……我们感谢上帝，在巴黎非常安静……我们亲爱的国王接受宪法，这是普天同庆的事……如果你和你亲爱的妻子在巴黎，你会像在施泰因富尔特大街上一样安全……我们不破坏贵族，而是尊重、珍惜和爱护以才华和道德为荣的诚实人士。确切地说，这就是我相信的真正贵族。由于你的工匠做了这样美好的事情，你应该把它们刻成版画。我将以每版二十四章作为贡献，您将会有每版十几个校样……我刻版了属于奥尔良公爵的兰西花园的平面图……我昨天看了《独身老人的喜剧》，全场爆满，没有一个空位。来和我们一起娱乐吧 ……永别了，你的谦卑仆人拉鲁日。在这封信之后，拉鲁日在历史的长河中消失了。他似乎在 1793 年或 1794 年去世了。

综合考量拉鲁日全部伟大的作品，我们可以总结说，他关于园林的工作最值得称道的是，他为今天的我们提供了了解在 18 世纪已经呈现颓势以至于现如今已经不复存在的园林布景方面的成就。。到目前为止，只有部分被拉鲁日介绍过的园林被保存下来。例如，为路易本特海姆伯爵建造的施泰因富尔特的巴尼奥公园，是本特海姆伯爵向拉鲁日开始订购的起点，如果没有这本书我们不会完全理解其重要性。

---

1 乔治·路易·拉鲁日的版画，本书第三册图 18：艾尔蒙维尔平面图及小岛上卢梭的坟墓（参见总分类图 67）。

Vûe d'une partie du Lac en face du Belveder-Egyptien à Steinfort.

注：施泰因富尔特的巴尼奥公园湖的部分景观，此图为第二十一册图 4（参见总分类图 481）。

本章参考文献

Beck (Joseph August), Varii chro licentones bello... Darmstadt o. J., Hesse. nici ex uno alterove Landes- und Darmstadt, Ms 167, fol. 567 r°.

Bibliothèque nationale de France, département des Manuscrits, Fichier Laborde, NAF 12142, fiche 42.746

Bucher (Georg August), (fichier manuscrit). Schlossbauchronik, Hessisches Staatsarchiv, Darmstadt, C 1 Nr. 179 fol. 62 r°.

Fosse (Nicolas de La), «Brief vom 8. Oktober 1726, Darmstadt », dans Hessisches Staatsarchiv, Darmstadt, D 4, Nr. 357/3.

Le Rouge (Georges Louis), Briefwechsel mit Le Brun, Paris, 1786-1792, Fürstlich-Bentheimsches Archiv, Schloss Steinfurt, Westphalie.

Paul-Mengelberg (Maria),Handschriftenvergleich, Bonn, 1998.

Cohn (Ellen R.), «Benjamin Franklin, Georges-Louis Le Rouge and the Franklin/Folger Chart of the Gulf Stream», dans Imago Mundi, 2000, vol. 52, p. 124-142.

Hirschfeld (Christian Cajus Laurenz), Theorie der Gartenkunst, Leipzig, 1779-1785, 5 vol.

Le Rouge (Georges Louis), Atlas portatif des militaires et des voyageurs. Tome Second. Contenant le détailde l'Allemagne, en cent cartes. Dédié au Roy. A Paris, Chez le Sieur Le Rouge, Ingénieur Géographe du Roy, rue des Grands Augustins. M.DCC.LIX. Avec Privilège du Roy.

Le Rouge (Georges Louis), Carte du Bengale, Bahar & c. Levée par le Major Rennel Ingénieur de la Compagnie [Anglaise] des Indes orientales. Publiée à Londres sur un dessin com[m]uniqué par les Directeurs. Traduite à Paris Chez Le Rouge Ingénieur Géographe du Roi Rue des Grands Augustins 1782. Avec Privilège du Roi.

Le Rouge (Georges Louis), Description du Colisée, élevé aux Champs-Elysées, sur les dessins de M. Le Camus. Par le Sieur Le Rouge, Ingénieur-Géographe du Roi a Paris, M.DCC.XXXI. Avec Approbation & Permission.

Le Rouge (Georges Louis), Le parfait aide de camp où l'on traite de ce que doit scavoir tout jeune Militaire qui se propose de faire son chemin à la Guerre ; avec des Notes sur différens ouvrages de Campagne, & sur les Plans des principaux Camps des Guerres de 1740 &1756. Ensemble la Description d'un Instrument nouveau pour lever promptement toutes sortes de plans. Ouvrage enrichi de 55 Planches. Par Le Rouge, Ingénieur, Géographe du Roi, & de S. A. M. le Comte de Clermont. A Paris, Chez l'Auteur, rue des Grands Augustins. M.DCC.LX, Avec Privilège du Roi.

Le Rouge (Georges Louis), Théâtre de la guerre en Allemagne Contenant toutes les Opérations militaires des Campagnes de 1733. 34. 35. Les Plans des Sièges et des Camps... Dédié à Son Altesse Sérénissime Monseigneur le Comte de Clermont, Par le S.r le Rouge ingénieur Géographe du Roy. A Paris Chez l'Auteur rue des grands Augustins vis à vis le panier fleuri avec Privi. Du Roy, 1741.

Le Rouge (Georges Louis), Traité d'architecture contenant les principes de l'art, cassines, mausolées, portes de Palladio, arcs de triomphe en cinquante-trois planches, par Chambers, architecte du roi d'Angleterre... traduit de l'anglais après la 2de éd. par Le Rouge, ingénieur-géographe du roi. A Paris, chez Ch. Dieu 1782.

Mémoires pour l'histoire des sciences & des beaux-arts. Recueillies par l'ordre de Son Altesse Sérénissime Monseigneur Prince souverain de Dombes... A Trevoux de l'imprimerie de S. A. S. et se vendent à Paris, chez Jean Boudot, libraire imprimeur ordinaire du Roy, & de l'Académie royale des Sciences. Commencés en 1701 & connus sous le nom de Journal de Trévoux. Paris, juin 1741.

Oehme (Ruthardt), «A French World Atlas of the 18th Century : The Atlas Général of G. L. Le Rouge », dans Imago Mundi, 1971, t. 25, p. 55-64.

Quérard (Joseph-Marie), La France littéraire ou Dictionnaire bibliographique des savants, historiens et gens de lettres de la France..., t. V, Paris, 1833.

Salzmann (F. Z.), Kurzgefasste aber doch ausführliche Holländische Frühtreiberei..., 3¬ éd., Berlin, 1787.

Sulzer (Johann Georg), Allgemeine Theorie der schönen Künste in einzeln, nach alphabetischer Ordnung der Künstwörter auf einander folgenden, Artikeln abgehandelt, Neue verm., 2¬ éd. augmentée, I-IV, Leipzig, 1792-1794.

Walpole (Horace), Essai sur l'art des jardins modernes. Traduit en français par M. le duc de Nivernois en M DCC LXXXIV, imprimé à Strawberry-Hill par T. Kirgate, 1785.

英中式园林风尚——18世纪新式园林印象汇编

[法]伊丽莎贝塔·塞何吉尼

平面图、园林细节图、景观、迷宫、庙宇、楼阁、瀑布、河流以及桥梁构成了乔治·路易·拉鲁日在1775年至1789年之间发表的《英中式园林风尚》或《新式园林风尚之细节》这一著作的重要组成部分。

以手册的形式出版，这部内容丰富的文献是作者潜心研习超过13年的心血结晶，它为我们呈现了多数建于18世纪下半叶法国、英国、德国和意大利最具有代表性的园林建筑的宏伟全景图。

这些手册问世的频率并不规律，差不多平均每年发表两册，似乎并没有尊重既定的编辑方案。拉鲁日为读者提供了他目前所拥有的及以各种方式获得的材料：首先，通过广泛的人脉，甚至是延伸到法国以外的，这些业主、建筑师和园丁们为他直接提供了新式园林的平面图。然后，为了用更多的实例丰富他的汇编集，他向自己最忠实的合作者索要了一些文档。其中之一就是弗朗切斯科·贝蒂尼，以此为目的绘制了许多画作，包括一个非凡的英中式花园设计图（参见第十二册，第1幅版画[1]）。最终，拉鲁日通过翻版他人画作的方式得以将他的众多手册充实完成，这种翻版的手法在那个时代还是比较常见的。他还复制了威廉·钱伯斯《中国建筑、家具、服饰、机械和生活用具的设计》（1757年）的全文以及之前发表过的许多版画的汇编。比如本顿·丝利于1750年发表的关于斯陀园点缀性小建筑的版画[2]。另一方面，通过完全合法的程序，拉鲁日获得批准复制了18世纪初《中国皇帝行宫总览》珍贵系列的87幅丝绸画作。这些图画艺术品中，包括《圆明园四十景图咏》。这些内容的刊出占据了4册书

的篇幅（从第十四册至第十七册），公开发表这些画作的用意被证明对于"园林艺术的进步"是十分有用的，因为众所周知，英式园林也仅仅是对中式园林的模仿而已。

《英中式园林风尚》一书各方面资料包括规则和不规则的园林范例，让园林的爱好者和设计者大呼过瘾并同时唤起了他们的好奇心。在18世纪中期，公众对于寻找新式花园的各种信息，无论是设计图、文学和哲学作品、旅行指南，抑或种子和植物都是狂热的。从这个角度来说，拉鲁日这些手册起到了参与新形式传播的作用，同样的道理，它们也见证了园林艺术的社会地位。

新式园林全景图

事实上，在那个时期，各式园林如雨后春笋般出现。这些完全翻新或部分翻新的园林，处在城市或郊区，伴随着城市的扩张和新公馆的建造。这种对于园林的热情是与经济形势密不可分的，但还不止于此。在18世纪，深刻的政治和社会变革思想的出现导致了对自然的领悟和与新式园林的设计构思同样重要的变化。

由于非常复杂的原因，激情创造运动的这股冲动是由英国"风景如画"的园林外观所引发的。从18世纪初起，确实在拉芒什海峡以北（英国），人们更倾向于不规则的园林，灵感直接来源于大自然，那些以几何形状设计的园林渐渐被抛弃了。为了创建这些新式园林，灵感可以在各种风景和各种元素中找到：山谷，山脉，河流，湖泊，草地和沙漠。形

---

1 参见本书第十二册图1（参见总分类图255）。
2 本顿·丝利，《斯陀园中寺庙和其他装饰性建筑物的景观》，出版于1750年。

式选择及其在园林组合中的关联是由创造感觉和提供情绪的愿望决定的，但也是为了寻求风景如画的效果。1737 年至 1741 年由威廉·肯特在娄山姆（牛津郡）创建的园林提供了这一概念的直接有关的案例。

从这些新式园林的起源开始，我们把大自然和绘画以一种附加的形式联系在一起：那就是中式园林。许多作者，如威廉·史密斯 [1]、罗伯特·卡斯特尔 [2] 和后来的威廉·钱伯斯等等，这里只提到主要的一些人，他们用非常具象的形容词来描述这些花园，如萨拉瓦吉（Sarawagi），来表达场景的多样性、景观的千变万化和装饰物的瑰丽多彩。

根据目前的历史，当园林景观的设计在英国经历了一场"危机"时，到 1750 年左右，对中式园林的兴趣才逐渐被人接受。争辩的双方一方是自然特色景观的支持者（兰斯洛特·布朗），因为这完全符合那些大地主们的诉求；另一方，是那些发觉这些园林因为"太自然"而缺乏兴趣的人，但更重要的是他们认为中式园林"没有品味缺乏感性"，品味和感性这是于想象力不可分割的两个补充部分。

矛盾的是，在这个时期，英式花园在欧洲国家特别是在法国才初尝胜利的滋味，所以直到 1770 年才创建了第一批"新式花园"。

事实上，他们早些时候的出现，也证明了对克罗伊公爵未出版日志的节选引用："直到 1763 年的英法战争结束，法国的一些公司已经开始前往英国，并带回了这种新的品位，我们没有发明任何新的东西，只是一味模仿并使之完美，这些用热情来模仿中式园林的英式园林变得到处都是" [3]。

同时，这位伟大的园林爱好者、旅行家和位于法国埃斯科河畔孔代的城堡与花园的主人，颇具讽刺意味地向我们指出了法国人为这种新风尚园林起名的来源——英中式园林。

1767 年，在拜访了其中第一个属于蒙莫朗西伯爵夫人位于布洛涅的园林后，他向我们表述了他具有预见性的想法，"得益于英国之行，在他的英式花园中加入了智慧元素，品位得到了很好的保留，或许像法国其他的那些一样得以风靡 [4]"（第二十册，第 15 幅版画 [5]）。

在这些新式园林中，我们也找到了财务总监西蒙·夏尔·不丹位于克里希的花园。

但是英中式园林的这种新品味似乎仅仅是在托马斯·瓦特力的论文《形成现代花园的艺术》（由拉塔皮在 1771 年翻译）发表后才在法国得到公认。直到现在也不太被重视，在 1772 年威廉·钱伯斯的《东方造园论》发表后，运动爆发，当时有人要求相对于英国模式有一定的自主权。

在这种情况下，关于园林艺术的论文一个接一个地出现了。1774 年查尔斯·亨利·沃特勒发表了《关于园林的短评》。随后一年，安托内－尼古拉·杜申发表了他《关于花园形成》的文章及《园艺注意事项》。1776 年出现了让－马利·莫雷尔《花园理论》的第一版。关于埃尔蒙维尔花园的所有者和创始人吉拉尔丹侯爵的论文 [6]，它是于 1777 年出版的。在这一风潮中，我们还发现了 1779 年路易·卡罗吉斯人称卡蒙泰勒 [7] 关于蒙梭花园的图文作品，还有 1781 年利涅王子的《贝洛埃尔一瞥》的第一版。1782 年关于德里尔修道院院长花园诗歌的发表达到顶峰 [8]。至于阿赫古赫公爵的《外部、花园及公园的装饰论述》疑问，虽然是在 1779 年前就写作完成了，但直到 1919 年在欧内斯特·德·甘奈的指导出版前还一直是以手稿的形式存在的。

出于明显的商业目的，被拉鲁日命名为《英中式园林风尚》

1　威廉·坦普尔，《论伊壁鸠鲁的花园，或论造园艺术》选自 1692 年出版于伦敦的杂文集第二卷。

2　罗伯特·卡斯特勒，《古代别墅图示》，1728 年出版于伦敦。

3　克洛伊公爵未发表的日志，第 4 卷，第 146 页，1774 年 8 月 29 日。

4　克洛伊公爵未发表的日志，第 2 卷，第 272 页，1767 年 4 月 14 日。

5　参见总分类图 468。

6　让内·路易·吉拉尔丹，《从风景的构成或借助工具美化居住自然环境的方式谈起》，1777 年由书籍印刷销售商德拉盖特于日内瓦和巴黎出版；1992 年于巴黎由尚瓦隆出版社再版。

7　路易·卡罗吉斯·卡蒙泰勒，《属于沙特尔公爵位于巴黎附近的蒙梭花园》，1779 年由达拉佛斯于巴黎出版。

8　雅克·拉贝·德里尔，《园林或美化景观的艺术》，1782 年由迪都莱内于巴黎出版。

一书的第一册书，以及随后几册书，伴随着这些新式园林建立而陆续出版。从历史的角度来看，把这本汇编18世纪的园林艺术出版物收录在一起是合适的。但是，这个图文作品应该被视为对论文的补充吗？在注意到这些园林插图的多样性之后，这个问题被越来越多的人提出！

为了回答这个问题，我们必须研究这个时期的两个根本和特别的概念，花园的多样性以及中心问题中式园林的多样性。

园林，认知经验的领域

18世纪的理论作品中文学、诗歌以及哲学语言的应用使园林艺术的原理具有模糊不清的性质。这充分反映了那个时代对于被研究对象以及对于大自然和人性本质的敏感度（这种敏感性体现在品位、幻想和创造力上）。此外，这种语言与园林的内涵非常一致，园林必须表现为是大自然的作品但人工的成分必须巧妙地隐藏在那里。因此，所有理论家共同的主导原则是通过言辞来引起错觉，并确保读者成为假想的散步者，在这个自然的甚至是原始的空间，在园林里让他的思想和感受得以自由地驰骋。吉拉尔丹的文本在题为"细节"的章节中提供了关于这个问题的示例："一个孤独而阴郁的山谷中，流淌在苔藓覆盖的岩石之间的溪流的声音被听到。不久之后，谷底就完全收紧了，几乎只留下一条曲折而艰难的道路。"[1] 但这也是一个令人兴奋的词语激发的问题，在园林中和在论文中，一种无序美丽引发的精辟的幻想。瓦特莱特提出了一个有关的例子，当时他提出了一个"根据小说风格组合的"花园场景"比如说，他会是一个非常野生的地方，那里的洪流涌入了空洞的山谷；在那里岩石、树木、多个洞穴内水流的声音，

会带来灵魂的恐惧"[2]。

被罗萨里奥·阿苏托定义为美学辩证的这种性质，是通过用绘画场景和绘画的字眼来描绘的，并给予想象中的园林一种形式。

因此，有必要考虑"想象"一词在18世纪的含义。在这个问题上，安·威勒福德的工作特别有趣。作者分析了他所说的"女性化"哲学的基础，这是与"沙龙"文化密切相关的思想观念，起源于女性观念，这一观念的精髓是要赞美想象力、品位、感觉和敏感性，在18世纪所认为的所有属性通常是女性化的[3]。与大卫·休谟的想法有关的这个现象特别表达在他的《人性论》（1739年）中，与哲学家和百科全书家的精神能力及其价值观相比。如果，对于后者，原因的根源是认知、伦理以及自然，对于那些女性哲学的支持者来说，是想象及其补充、品位、感觉、敏感度等元素来决定价值，是它们管理品行并提供知识。这个思潮的中心人物兰伯特女士采纳了这一观点，直到她将想象力确定为非经验知识的起源："相较于推理的正确性，在一定程度上我们也肯定以感情的力量和温暖来实现真相，我们总是通过知识快速达到目标。"[4]根据这种观点，想象或真实的园林成为知识研究的对象。为了满足这些原则，园林被认为是情感的集中体现。园林是由形式的多样性，景观的多样性，地形的不均匀性，植物的丰富程度，光的变化，颜色的强度引起的。最后，如瓦特莱特所说，是"一切被想象出来的，还有一切我们还可以发明的"。从这个角度来说，园林自身的重组创新所获得的花园形状对于唤起想象力无关紧要了。在拉鲁日汇编一书标题中提到的"新式"这个字眼，不仅是现代的代名词，也与"想象力"这个概念不可分割。

在法国建造的最早的新式花园中，符合"想象力"这一标准的是名叫蒂沃利或布丹游乐园的园林，之前已经提到过。

1 让内·路易·吉拉尔丹，《从风景的构成或借助工具美化居住自然环境的方式谈起》，1777年由书籍印刷销售商德拉盖特于日内瓦和巴黎印刷，1992年于巴黎由尚瓦隆出版社再版。

2 克洛德·亨利·瓦特莱特，《关于园林的论述》，1774年由普侯于巴黎出版；1973年由明可夫·瑞普林特于日内瓦再版。

3 安·威尔福特，《启蒙哲学的另类选择（1700—1750年）》，选自丹尼尔·杜博思科与爱莉萨·维也诺所著《旧政权下的妇女与权力》一书，1991年由滨海出版社出版。

4 兰伯特女士，《完整作品》，出版于1808年，第155页。

矛盾的是，这所园林处于霍拉斯·沃波尔[1]在1771年发起的关于法式园林相对于英式园林自主性相关辩论的中心。莫尼克·莫瑟[2]一篇不容忽视的文章澄清了这一争议及其演变的背景。然而，在这个园林建造之时人们对其各种赞赏的交锋，较之英式园林更可以让我们领会英中式园林的原创性。

从蒂沃利花园开始，沃波尔激烈地批评各种流派（"法式""意式""英式"）的结合，他认为与园林有关的元素不成比例，例如山峦看起来像"草布丁"，还有河流看起来像"下水道"。然而，这些园林给克洛伊公爵留下的印象是非常不同的。对于他来说，布丹先生"是第一个在这里执行建造大型英式花园想法的人。"他还说："他在首都的城门边获得了一片贫瘠的土地，人造水源在那里很快地形成了灌溉草地的溪流，山丘也耸立起来，我们在那里还见到了假山、洞穴、异国树列在那里造就了优雅的无序这种艺术效果，山洞装饰着珍贵的贝壳。"[3]

布丹的花园，在拉鲁日的第一册书中有插图（第一册，第19幅版画[4]），同样也是那些被描述的作品之一（第十二册，第25至26幅版画[5]）。关于花园每个部分的尺寸的文字描述是十分精确的，同样关于散步大道沿路的风景构成也是一样。我们可以发现花坛和草坪、绿厅、栅栏间、动物园、有喷泉的乳制品加工厂、大理石桌子和一大片水。"然后我们看到了母牛棚和英式花园。在那里，对称性停止了。"散步大道由一条被人造河流和两座小岛绕过的路径延续着，在山间隐藏着。园中还有许多桥梁、一座古老的墓葬、一个观景台、一个带有常规树林和"对称"观景台的意式花园、瀑布和菜园。路线以温室中的通道结束。

在本说明书的介绍中我们读到："这个园林可以被放在最美丽的等级中。"显然，对于法国作家来说，布丹游乐园园林与当时的审美标准相比是成功的。这就意味着，对于"新式园林"的建造者和业余爱好者来说，这些与其他人不一致的规则与所有异质性元素的联系并不矛盾。相反，这个组合似乎对于它提出的许多方面以及它所引起的效果而言是被高度赞赏的。

花园的物质觉知

"这些花园的完美取决于构成它们地点的数量和多样性，以及其部分的巧妙组合[6]。"威廉·钱伯斯这句关于东方园林的话，被法国理论家多次提起，揭示了基于大量场景及其多样性的"风景如画的园林"构成的基本原则。换句话说，多样性或"差异"的感觉取决于敏感对象的数量。在18世纪，"不同"一词可能有几个含义，包括自卑的消极含义，因此是排斥，也可以用来指定物质和精神事物的奇特性。这最后的涵义让我们隐约看见这个领域巨大的空间，它向园林的发现和实验打开了大门，并成为首要的学习领域。

但是，在这些"风景如画的园林"行走的过程中如何实现精神、感官、情感的启蒙呢？

要考虑的第一个因素是，要体验情绪，你必须在园林里步行！这意味着，对于当时的社会，要彻底改变习惯，因为直到那时，人们是坐在马车上散步的。

1775年，一位匿名作者发表了名为《关于英式园林的一封信》的小作品，这在那个对于风景如画的园林很热衷的年代的文化沙龙中是很广泛流传的，文中见证了一些担忧[7]。这封信涉及了作者选择时的尴尬处境，一方面是保存由弗朗索

1 霍勒斯·沃波尔，《霍勒斯·沃波尔在法国旅行期间（1739—1775年）写给朋友的信件以及由拜永伯爵所作之序》，1872年由迪迪埃于巴黎出版。

2 M·莫瑟尔，《英中式园林的完美》，出版于1997年。

3 克洛伊公爵未发表的日志，第3卷，第260页，出版于1776年4月3日。

4 参见总分类图19。

5 参见总分类图279。

6 威廉·钱伯斯，《东方园林论述》。作品由英文译成并附有一篇由广州府谭谦嘉先生所写的解释性论述，1772年由格里芬于伦敦出版；2003年由吉拉德·蒙福特出版社再版。

7 《关于英式园林的一封信》，巴黎，穆塔赫家，出版于1775年。

瓦·曼萨尔特设计的城堡,四周是雷诺特种植的花园,另一方面,为了给时尚让步并在他的地方兴建一个"英式"花园,当时他有两个设计方案。第一个方案是把所有老旧部分整合到新的翻新计划中,这句话证明了这个决定:"这两种方式是联合的,根据我的感觉,最后一个'英式的'享受只是通过两者对比的方式显得更加刺激和更加让人愉悦"[1]。第二个方案提出将花园整体翻新。城堡被拆毁,由专门用于供奉节庆女神的寺庙代替,计划在花园内分散建造20个小屋,以接待客人。"主人和仆人每个人都有他的住所,每个人都有自己的小花园。四周是树篱和沟渠,每个人都有马厩、牛圈、羊圈和五六只羊。"[2] 作者更喜欢这第2个,因为他喜欢想象他的客人正在花园里自由地移动,从一个小屋到另一个小屋进行拜访,品尝围绕乡村建筑的果园和菜园里的产品。

事实上,这个迷人的解决方案提出了一个远离约定俗成的新社会行为。在信件的末尾,基于设计方案选择的问题被提出:"作者说,我也请求您让我相信一些明智的人关于这个品位不能持久的断言。女人不知道在什么时间可以在英式园林中散步,白天她们会在很多地方遭受可怕的太阳射线,晚上草坪的露水会损坏她们的拖鞋和裙子,最后她们会说在那里,老旧林荫小径的黑暗还在继续。"[3]

因此,关于个人行为特别是妇女的行为,移步到花园中只代表着一些可提供实际解决方案的新事物,例如提升衬裙或采用轿子。

但是,在社会学和行为学层面之上,如果我们承认在园林中行动会获得了解这个地方的关键价值。那么步行就是想象力的载体,并且只有这种形式的移动方式才能让"游手好闲"的人来进行发现和探索。

在这方面,由拉鲁日出版的《英式园林》(第一册,第23幅版画[4])以虚构的散步形式描述了克洛伊公爵的项目方案,这是非常有意义的。

在插图里没有粗糙、单一抑或是对称。一切都有助于呈现最好天气时的大自然。在常绿植物的树丛中,这些场景的变换依次是欢乐的、悲伤的、野性的和质朴的,并且有着丰富的绿色色调的变化。在草坪中是没有路径的。小路和空旷的大道用小碎石子铺成,道路非常平坦,水流在被装饰过的草坪中弯弯曲曲地延伸,剩余的部分是非常细腻的草地,就像我们用砌刀抹平石膏那样。原野一望无际,在那里人们尽兴地躺在草浪中。露天小剧场纵使匆匆一瞥也赏心悦目。几个变化的小山丘上,骏马、羊和鹿等动物自由地逡巡着。小草丘上那些美丽异常的植被形成了一簇簇绿色,牲畜们被不同区域的绿篱分隔开(第一册,第26幅版画[5])。

文中使用的词汇在那个时代的描述中经常被使用它提供了关于花园的感觉和物理觉知的信息。例如土地的坚硬度在每一步下都是不同的,从一个平坦区域过渡到地形上更加起伏的区域,草坪的构造和从植被得到的绿色。花园中的景观差异的本源无疑在于所有这些物质上可触碰到的方面从而引发了多样的情感。

点缀性小建筑布局及新植物学发明

与当时的大部分创作相比,由于缺乏点缀性小建筑,克洛伊公爵所设计的花园景象似乎缺乏一点风格。也许是因为这个原因,后来,拉鲁日允许自己在设计图上增加一个靠近湖泊和岛屿的中式宝塔、一个古老的圆柱和圆形大厅。这个版本带来一系列后果,因为它证实了点缀性小建筑在园林组成中扮演的角色,它们是步行者探索园林空间的路线终点。

因此,点缀性小建筑不能与其空间背景断开连接。更准确地说,它不能与当初被设计的场景或绘画构成等环境因素

1 《关于英式园林的一封信》第10页。

2 《关于英式园林的一封信》第11页。

3 《关于英式园林的一封信》第140页。

4 参见总分类图23。

5 参见总分类图26。

分离。这些元素来自地形学工程，有时甚至是水力工程，辅以点缀性小建筑和种植的植被。到目前为止，这个主题一直是历史学家思考和研究的中心，但是对场景的特殊安排的研究是缺乏的。当然，原始植物的消失，以及随着时间的推移园林发生的变化是造成这种缺陷的主要原因。但是，也要考虑到当时关于这个主题理论的不精确性因素。在论文中，点缀性建筑环境的构成，事实上简化成了一套以"风景如画的场景"的抽象概念为参考的规则，指的是理想化的山水画模型。解析的领域很广泛，场景的组织似乎更多地属于实验领域，只剩下这些标准，多样而富于变化。然而，当在修复研究背景下进行的探索遇到场域特定景观分析的历史文献，我们有可能会得出一些结论。

场景的多样性主要通过地面的走势、铺有草皮的堤坝和建有楼阁的土丘来实现。点缀性小建筑总是高于一般的地面，这样的位置往往突出了点缀性小建筑的纪念性影响和雄伟崇高的一面。由于同样的原因，在需要的情况下，点缀性小建筑常常被竖立在山中或斜坡的顶部。这样的位置可以保证从一个非常遥远的角度可以看到，并且从中可以瞭望遥远的景观。

这些效果通过植物的设置被强化，植物扮演的主要角色在于构成一个场景，形成屏障并着重远处。整体构成了一系列的平面图，要与所选植物物种的大小成比例，允许定义场景的深度并给出整个场景的比例尺。

因此，植物在 18 世纪园林中的作用至关重要。然而，它几乎没有被分析过。根据许多账簿、清单和其他文献，相较于植物的位置及其搭配，当时对植物品种的各项研究相对更丰富。

这个主题太广泛而且太复杂，无法被全面处理。不过我们可以把关注点聚焦在这些园林中的主要设计创新上，还有新的植物类型学上。新的植物类型学经由探索自然得以发展，进而引发关于园艺、育林实践和"传统"园艺方面真正革命的。

的确，按照"风景如画"的理论原则，花园的植被地貌需要被重新思考。新的想法会涉及到树木和灌木丛，花丛及其不规则边缘，种植的树木和灌木地下土壤的形式。18 世纪下半叶，小型灌木得到了前所未有的关注，原因是：为了创造自然效果，路径的边界不能再由黄杨木、千金榆或红豆杉的树篱构成。为了取代它们，设计者根据落叶植物和常绿植物的开花周期和叶子颜色的交替，提供了可供使用的灌木种类。

技术方面，我们摒弃了高大的植物，引入一种适于环境和易于维护的植物，以便它们自由地生长。然后我们引入温室栽培，这对于新引进物种的适应是必需的。与这些技术工作同时进行的还有我们将制定新的植物分类方式，以达成新学科的诞生——树木学。1800 年，让 - 马利·莫雷尔在他论文的第二版中发表了第一份树木学表，表格集中了大量的装饰性树木和灌木的名称[1]。其中，最后一个术语词汇表明，当时的关注点不仅有植物的性质，也有其外观。

不可否认的是，植物的"美丽"标准与美学范畴同时发展，引发了"风景如画的园林"的创造。与此同时，人们也日益青睐独立种植或分组排列的树木。其中，独立种植的优越品种包括垂柳、枫香、木兰、雪松、秃柏、黎巴嫩雪松、加拿大枫树等。关于树木群，根据德国理论家赫希菲尔德[2]的方案，它们必须由 2 个至 7 个树种组成，并选择不同种类的杨树（意大利杨树、荷兰白杨树、欧美杨树 ），毗邻针叶树种（苏格兰的松树、奥地利的松树、韦茅斯的松树、科西嘉的松树），以满足园林的风景安排。与原生硬木不同，这些林木往往被种植在树丛边缘。

这种植物分类所获得的效果，特别是灌木丛与树木的结合，为散步者提供了一个不寻常的全新景象。然而，历史学家更重视的是植物与点缀性小建筑结合的象征性价值。这种植物词汇的定义更多地归功于 19 世纪景观公园的创作者，而正如爱德华·安德烈在 1879 年写的那样："植物分组的艺术

---

1 让 - 马力·莫雷尔，《包含本土与异国引进木本植物的树木学表》，1800 年由布吕伊塞出版社于里昂出版。
2 克里斯蒂安·凯·罗亨兹·赫希菲尔德，《园林的艺术理论》，由路易·丹尼斯在 1778 年至 1780 年间于莱比锡从德语译成。

在一个重要的方面得到了完善。"[1]

通过散步发现的园林

"我们的第一位哲学导师是我们的脚，我们的手，我们的眼睛。"让－雅克·卢梭在《爱弥儿》中写到。这句话似乎是在花园散步时写的，散步者通过他的身体获得感觉，因此他的意识是通过与自然元素的接触而产生的，在这里上演。事实上，在风景如画的园林里，一个人可以在瀑布下、瀑布上抑或是瀑布中散步。我们与在狭窄过道中成为障碍的岩石擦身而过，就像置身于巴格泰勒花园的原始景象中。在这个花园里，构建于中心位置的岩石级联为散步者提供了一条具有多种体验的路径：延伸于石堆各处的蜿蜒小路还部分伴有从高处储水池缓缓而下的溪流。

运动中的水吸引了目光，水流发出的声响随着坠落的力量而变化，撩拨着散步者的听觉。在某些情况下，人们难以听到，在其他的情况下，比如在梅雷维尔（法国埃松省）公园里，瀑布的声音掩盖了所有其他的声音。

我们认可脚与地面接触引起的感觉很重要：它可能是在草地上、沙子上或鹅卵石铺成的路上。鹅卵石的处理被称为所谓的"石头小径"，经常用于中式园林，同样钱伯斯在他的论述中也提到了。

但在这些园林中最新的感官体验肯定是与视觉相关的。园林风景的设置首先来源于风景画，其次就是在场景表现中对透视技巧的正确应用。这些技巧"变革了"空间以及散步者的视觉感知[2]。比如尤吉斯·巴楚萨蒂斯在他的作品《超常规》中所做的尝试，设计者在园林中给窗户安装彩色玻璃，将镜子放在画廊中，还有在洞穴中建造黑暗的房间。然而，为了搞明白这种思想的缘起如何与视觉体验有关？回答是在园林中设置复杂多变的路径进而使散步者同样置身于复杂多变的情景中。

园林的空间实际上是按照这样的方式设计的，沿着预先设定的路径，场景可以设置在远处，然而可以在非常近的地方被看到。借助于地形变化或垂直路径，首先可以从底部的地方看到场景，然后从另一个较高的位置也可以看到场景。在空间设计方面，要花园里拥有丰富的"意外"，有必要首先制订一个统一的设计图，而后再对周围的环境进行定位，作为空间的比例参考。在这些元素中，点缀性小建筑和在园林中移动的散步者的体型起着重要的作用。事实上，一方的位置是根据另一方的视点所定义的。这样说来，每个待观察物体的大小与散步者和点缀性小建筑之间的差异成比例。在园林的组成中，这些标记形成了一个不可变的视觉设备，一个可以从中追溯到路径的网络。然后，在植物和其他天然材料的协助下，小径以多样化且不连续的方式进行演变。园林景观主要元素的不断出现和消失所引起的惊喜效果以及难以置信的其他细节的发现，让小径间的衔接变得丰富起来。最终，通过路径和场景的变化，使得散步者对于园林比例尺的感知是不真实的：留给设计者真正的挑战则是需要令散步者产生错觉，仿佛他们遍历了一个广阔而又多变的空间。

这种多样性也许可以通过移动中的元素来丰富：例如在湖上划过的一条船，在路上通过的一驾马车，大草原中的动物或在田间工作的农民。许多场景的描述被如此安排在风景如画的园林里，比如在艾尔蒙维尔或者是在穆兰－朱莉。这些从风景中借鉴来的场景在园林的设计中是非常重要的，而那些借景不可能被实现的地方，就需要借助于人造的假景观来创建一些虚拟的场景。

在这一方面，霍拉斯·沃波尔在他的《现代园林艺术论文》中引用了一个以对话形式讲述的轶事，这是有趣的，也是有征兆性的[3]。这使我们能够了解存在于英式园林与法式园林之间的对立的风景设计理念。作者回忆起一位法国绅士访问了

---

1 爱德华·安德烈，《园林的艺术，公园与花园的组成概论》，1879 年由马松于巴黎出版；拉菲特再现出版社与马赛再版。

2 关于这个主题，请参考塞何吉尼《娄山姆花园的意大利素材》，出版于 1991 年。

3 H·沃波尔·贺拉斯《现代园艺历史》（1771 年出版，1780 年由作者再版）。法语版的题目为《现代园林艺术的论述》，由尼维努瓦公爵翻译为法语（1784 年出版，2000 年再版）。

他位于斯特罗贝里的庄园并大加赞赏后，提出了以下意见："我不喜欢你这里的假庙宇和人造景观。个人而言，我更倾向用移动着的事物来突出一个全景点。比如，在这里我会安置一个……并在那边安置一个饮水槽。""这不是一件简单的事情，我回答他说，因为我们不可能强迫人们站在一个特定的地点来看。不过，我很高兴听到你说想放置一个饮用水槽在那里，因为那里其实已经有一个了。这是一条来自泰晤士河的小溪，村里的居民们在这里饮马。但我强烈怀疑，如果这里不适合他们，他们还会重返这里将这里的景观活跃起来吗？"沃波尔总结说，"我是真的很担心，这种'英中风格'花园很少被实现。"[1]

当然，在法国所建造的园林中，借助假景观显得更为频繁，与在蒙索花园里特别开展起来的戏剧表演相接近。其创始人路易·卡罗吉斯写道："如果可以让风景如画的花园成为一个幻想的国度，为什么拒绝呢？"[2]然而，在风景如画的园林中，通过真实或虚拟运动产生的错觉也可以做其他解释，这些绘画代表了试图将运动中的艺术相结合，并在园林的实体空间中试验动力艺术的创立原则。

然而，在风景如画的园林中，真实或虚拟的变动产生的错觉也可以用其他方式解释，在创造"自动装置"的继承逻辑中是这样的：这些绘画代表了想让艺术流动起来和在园林的实体空间中检验动力美学创立原则的意图。

园林中的"蜿蜒"路径与迷宫如何变得"别致"

通过在花园中设置路径获得的虚幻效果，就如我们所言是多重的。例如，路线越曲折，花园就显得越空旷。根据路径的转弯和迂回，我们想要达到目标的研究方法或多或少是

渐进的。点缀性小建筑和景观的发现可以通过多个视角获得。路径的设置对于园林的景观和感觉都是至关重要的。

根据当时研究的构成标准，似乎路径的复杂程度越高越好，步行中获得惊喜的效果也会越多。这个准则解释了一个事实，即园林中的路径大多根据迷宫的样式来设计，且正是保留了其空间和虚幻的优点。

大多数的迷宫在《英中式园林风尚》手册中被呈现出来。例如，位于舒瓦西勒鲁瓦的花园（第一册，第14幅版画[3]），在路易十五的授意下，由贡杜安和卡尼尔为庞巴度夫人开发的小岛就是以蜿蜒的小路延伸到一个小山丘的。同样的花瓣状形式被加布里埃尔·图安运用到皇家园林的迷宫项目中，拉鲁日于1779年发表的手册中有所记载（第七册，第11至12幅版画[4]）。

在这些手册中，迷宫以缩略图的形式与园林的其他图像并列。比如，在版画的空白处展示了莫佩尔蒂（法国塞纳马恩河省）公园中的金字塔，这座公园是1782年由亚历山大－西奥多·布隆尼亚为孟德斯鸠公爵建造的（第十二册，第14幅版画[5]），我们意外发现了由弗朗西斯科·贝蒂尼设计的两处迷宫。第一处是矩形的，它是为莫切尼哥王子的阿巴诺花园（意大利）设计的。第二处呈现了螺旋式的路径，有一个中央区域并在上部和下部设置有另外6个区域。

然而，另外两座迷宫的展示是个例外，因为它们占据了整幅版画的篇幅：阿邦特公园的迷宫，特点是其规则的布局和直角路径，1777年绘制并于1779年发表（第七册，第8幅版画[6]）。还有一座迷宫是大约在1780年为位于德国的黑森－卡塞尔王子的威海姆苏赫山地公园规划的（第九册，第7幅版画[7]）。它的路径符合曲线型，构成了一个以楼阁和亭子强调的迷宫，让我们想起了锦缎的图案。这个例子与所谓的

1 H·沃波尔，现代园林艺术的论述。在1784年的版本中，尼维努瓦公爵没有将在英文版中出现的这个注释转载。
2 路易·卡罗吉斯·卡蒙泰勒，《属于沙特尔公爵位于巴黎附近的蒙梭花园》，1779年由达拉佛斯于巴黎出版。
3 参见总分类图14。
4 参见总分类图169、图170。
5 参见总分类图268。
6 参见总分类图166。
7 参见总分类图214。

英中式园林有着明显的相似之处，这些园林呈现在一系列七幅版画中，似乎直接来自同一个目录（第二册，第 23 幅版画和第三册，第 1 至 6 幅版画[1]）。

然而，这些最新的园林模型大小各异，都以创新为特征：它们的路径图案根据混合方案进行演变，由曲线和线性小路组成，一个从古典花园的星形树丛中衍生而来的框架。创新还涉及道路旁的植被附属物。黄杨木篱笆或千金榆雕刻的栅栏被随意生长的灌木所取代。铁线莲、女贞树、山楂、接骨木、榛子树、银花、金雀花、冬青和卫矛交替排列，以获得每个季节次第绽放的效果。

这种路径的新式处理方法就产生了我们所说的"风景如画的迷宫"。热讷维耶（法国上塞纳省）花园的路径在 1785 年被亚历山大·路易·拉布里埃尔重新改造和规划。路径有许多分叉，它们中一些朝向方尖碑汇集，另一些朝向湖泊和一个带有凉亭的假山瀑布（第二十册，第 1 幅版画[2]）。

但我们清楚地发现，所有这些所谓的新式英中园林中都采用了这种形式的"风景如画的迷宫"。

雅克·魏日里在最近的一篇文章中[3]探讨了 18 世纪下半叶迷宫更新的原因，但它们应该得到丰富。

1756 年，法国《文雅信使》杂志发表了一封女士来信，她刚刚成为由雷诺特种植的一座花园的主人，她希望把花园的风格更新，同时向一位知名建筑师请求一个设计方案[4]。建筑师并不赞成修改园林的树林植被和林荫道列的想法，因为"一棵树的真正美丽是从道路一边至另一边，形成一个美丽的拱顶，没有经过矫揉造作的修剪，然而受规则约束，我们的目标是模仿最好的方式使其成为自然生发的树"。相反，主人的意图是修剪成树栅或将所有的树木修剪成扇形。这在当时是非常流行的修剪方法，他们把植被修剪成梅花形栽法以使其形成一个"像桌子一样整齐"的表面。与容纳整个花园景观的杜乐丽花园相比，公园的林荫道都被牺牲了。"我的意图与之相反。"

那位女士说，"因为我的花园里基本没有一处直线。对我而言，尽可能多的非直线将会出现在我新的设计方案中，它们将会是一路盘旋，以至于在 2 米远的地方我们都看不到彼此。而且它们很狭窄，一次只可以两个人并排通过。但不幸的是，我们发现我们拥有相反的品位，您向我提出异议的原因竟然就是这次看起来像个迷宫……而我恰恰对迷宫拥有明确的喜好。到底什么才是不会令我们在其中迷失的花园呢？"主人根据这样的原则来设计花园的树丛。如果建筑师提议一个，那么她就要求二十个，"一个接一个更让人愉悦"，栅栏和种植得非常紧凑的树木就这样形成了。

这个花园的描述反映了 18 世纪上半叶，园林创作者们的品位被引导，例如皮埃尔-贡当·伊芙里，让-米歇尔·舍沃泰和让-巴蒂斯特·舒萨赫。那一时期的园林具有非常多样的组成，由常规和不规则的迷宫构成，在相当数量的各种形状的树丛中彼此相继。关于这个主题，我们可以想起由舒萨赫于 1769 年在福勒里昂比埃尔（法国塞纳马恩省）完工的花园，或者是由贡当和让-夏尔·卡尼尔相继在 1740 年和 1750 年间为富凯德贝利伯爵建造的碧兹花园（法国厄尔省），以及克洛伊公爵的冬宫花园。其中，冬宫花园城堡的重建和现代化改造工程是在 1749 年至 1756 年间进行的。

这些园林构成原则的理论基础可在雅克-弗朗索瓦·布隆戴勒的著作中找到，包括其 1737 年至 1738 年间发表的论文《从行宫的分布谈起》，以及他为艺术学院上课用到的教材和题为《建筑课程》的文章。对于 18 世纪的建筑史和园林史而言，布隆戴勒是一个重要人物，因为他在学校和学院培养了一批建筑师，而他自己也是路桥工程师，从事著名建筑和园林的建设，直到法国大革命时期甚至更远。他培养的建筑师包括克洛德-尼古拉·勒杜、亚历山大-西奥多·布隆尼亚、理查德·米克、马利-约瑟夫·拜赫、夏尔·德·威利，以及威廉·钱伯斯和让-马利·莫雷尔。此外，他还负责编

1 参见总分类图 48，图 50 至图 55。

2 参见总分类图 454。

3 J·魏日里，《迷宫于花园》，出版于 2003 年。

4 法国《文雅信使》杂志，1756 年 8 月号，第 182 至 187 页。

写关于这个主题在《百科全书》[1]中的一部分文章，他对园林爱好者和园林拥有者的影响更为广泛。因此，布隆戴勒园艺理论的受众范围远远超出了他的学生圈。

在布隆戴勒的论文编写 30 年之后，拉鲁日于 1779 年发表了冬宫的平面图（第七册，第 26 至 27 幅版画[2]），后于 1781 年发表了碧兹公园的平面图（第九册，第 3 幅版画[3]）。这些新创作以迷宫及其衍生形式呈现，出现在许多园林的范例中。德国维尔茨堡王子主教花园就是其中之一，由约翰·普罗克普·麦耶尔自 1741 年起开始建造，拥有壮丽的瀑布、中式楼阁和树丛（第十一册，第 3 至 7 幅版画[4]）。其中，正方形的"草坪迷宫"被安置在南部，与中央大道共享。高高的绿篱将花园分为 6 个绿色的"房间"，最上面的 4 个"房间"由树篱分割开来，形成了迷宫。每个"房间"的中间都设有点缀性小建筑，其中包括两座饰有廊柱的圆亭型圣殿，用于供奉酒神巴克斯和花神弗洛拉，还有一个烧炭场、两间小茅屋和一个废墟修道院。这是一个奇特的设计方式，它将古典园林精髓中的规则形状与如风景如画的园林，及其点缀性小建筑的特有元素进行了整合。

根据以往的经验，在风景如画的园林发展得如火如荼的时候，这一类型的园林是令人感觉困惑的。但有两个主要原因合理地解释了这一趋势的发展，第一个原因在于，复合式园林拥护者完善的理论在公众间大获成功。他们这些人中，诸如安东尼－尼古拉斯·杜切内斯，承认在非常规园林中整合部分常规要素，如同布隆戴勒所支持的那样在常规中具有多样性。

在 1775 年发表的文章中，杜切内斯介绍了他的凡尔赛花园翻新设计项目。他在这个小花园中创建了 4 个树丛，每个季节对应其中之一，装饰性的树木和可以形成迷宫的灌木用来凸显四季的更迭。在离城堡最远的区域，设计者却用了非常规的手法进行处理。这正符合了一个原则："常规的方式将永远是住宅周边唯一适合的方式，即使自然的方式在总体分布中占据主导地位，我们也不能放弃丰富多彩的方式交替出现"。[5]

第二个也是最重要的原因，当时社会研究的中式园林概念都是从关于远东园林的文字资料中找到的。这正是我们现在要涉及的主题。

如果所有的园林都是中式风格

首先，我们通过阅读威廉·钱伯斯的《东方造园论》来解释可能出现的误解，这篇文章在法国较为流行。它明确指出："中式园林的手法被宣布为我们接下来要追随的潮流，可是从来我们也没有明晰这种风格是如何定义的。"

究竟这是一门什么样的艺术，它的总体原则又是什么呢？《东方造园论》的若干章节有助于定义其轮廓。当时，关于大自然的基本理念和园林建造中有关模仿的问题被提及："虽然自然风格是中国艺术家的伟大典范，但他们并没有那么依赖于艺术，也绝不允许艺术过于外显。然而在某些时候展示艺术上的技巧也是必须的。他们说，大自然并没有给予他们很多资源。土地、水源和植物，这是大自然的产物。确实，这些物体的形式可以多样化到无穷尽，但是他们本身的种类有限……因此，艺术必须补充自然的不足，它是为给予多样性来服务的，并且还要创新。"[6]

这种方法因此被用来丰富场景和带来新的元素，它的同义词是"从未见过"，用来制造"强烈的感官享受"和一种"十分激烈的欢愉"。在钱伯斯看来，这种新事物可以"把另一个区域的特有事物输送到一个国家：在平原中引入瀑布，

1 由布隆戴勒所写的文章被发表在第二卷和第三卷中。

2 参见总分类图 178 至图 179。

3 参见总分类图 210。

4 参见总分类图 237 至图 241。

5 安托内·尼古拉·杜切斯内，《关于花园的形成》，出版于 1775 年。

6 威廉·钱伯斯，《东方造园论》。作品由英文译成并附有一篇由中国广州谭谦嘉先生所写的解释性论述，1772 年由格里芬于伦敦出版；2003 年由吉拉德·蒙福特出版社再版。

在森林中放入取自山顶的岩石，以及其他同样秀丽的东西。"[1] 然而，虽然花园的象征价值取决于它，这种做法在作者的笔下被颠覆了。他指出："尽管看起来如此丰富，但这种资源很快就会耗尽。"[2] 并且，它还非常昂贵。

针对"由艺术来补充自然的不足"，若干的解决方案被采用。首先，钱伯斯写到："中国人不是直线的敌人，他们知道，在没有直线的帮助下，他们可以达到辉煌。但他们并不厌恶正常的几何图形。这些图形本身很漂亮，而且非常适合不规则的大自然，只是可能会干扰或掩盖他们需要进行美化的小构图。他们也认为，几何图形适合于园林和所有其他用于表现文化艺术的部分，因此没有必要在形式上忽略它们。他们的普通建筑通常被人造梯田、堤岸和几个楼梯坡道所包围[3]。"

被应用在中式园林中的几何形状的装饰品，包括雕像和半身像等，最重要的是刻在石头和树木上的"古董铭文"，它们都参与到完善大自然的构成之中。这也是园艺师与诗人的区别，"当他们想给自己的作品赋予能量时，在大自然下飞翔"成为他们独特的模式。

根据这一研究角度可以理解，在建造一座园林时艺术的作用，它赋予园林生命，带来新鲜感，区分出多个场景，因此也有偏离"自然"的风险。正如威廉·钱伯斯所解释的那样，这可能是英中式园林的悖论，也可能是间接的中式园林。在拉鲁日的汇编中，他描绘的许多常规和复合园林证实了这一假设。此外，通过与论文中提到的其他相关描述的比较也可以证实。

事实上，1770 年前后，多米尼克·玛德琳娜·莫瓦西为比隆元帅瓦海纳街公馆规划的花园，以及洛特勒克先生的花园，都呈现出与圆明园描述的惊人相似之处。前者中设置有树丛，拉鲁日说，"穿过灌木丛的不同路径将带您来到露台。

向左，你会看到一个栽有卡罗莱纳和加拿大杨的梅花形林荫道……牧场被南欧紫荆树、粉红色的金合欢、樱桃树、野樱桃树等树木包围，旁边是一个非常漂亮的组合型迷宫"。

在中国的皇家园林中，钱伯斯发现了同样的方式，许多树丛由金字塔型的常绿乔木（可能是针叶树类）或高大的树木间隔开来，以促进草地上花的生长。大多数植物周围都种植有玫瑰、蔷薇、金银花和散发香气的灌木，增添芬芳气息的同时可以使树木上的干燥部分被隐藏起来。其他树林由各种果树组成。最后，这并不奇怪，以狭窄小巷为特征的夏季花园被作者比作"一个令人愉快的迷宫，其装饰由最令人眼花缭乱的作品组成"[4]。

常规园林和中式园林之间的这种前后联系，也反映在拉鲁日发表过的许多其他案例中。尽管如此，那些外形上相似的地方是最难去分辨的。例如摩纳哥公馆花园外侧的曲折路径（第二册，第 18 幅版画[5]），由布洛尼亚在 1774 年至 1777 年间修建，令人想起那些中式园林中的小路或是桥梁。

因此，常规园林的支持者在论文中发现了一种解决方案，即通过模仿中式花园来更新经典花园的原则。此外，这个过程似乎远远超出了组合园林形式上的相似。对于钱伯斯而言，在他介绍了自然和艺术后，即投身于宣扬指导远东园林结构的主要原则中，"将花园按中式风格来设计的寻常方法，是找到尽可能广泛的图片。"在这里，多样性这个词以及它在哲学上的含义，都成为各种形式的花园之间的联系。那个时代的所有表现形式，不论风景如画的园林还是常规园林，富含惊喜和丰富的设计感都是为了震撼其间的散步者。

常规或复合园林的多样性，依赖于园林的一般形式和其迷宫形式的路径，以及通过植物获得的景观维度。属于路易十六、阿德莱德、维克图和苏菲女士的贝尔维尤花园的设计

1 威廉·钱伯斯，《东方造园论》。
2 威廉·钱伯斯，《东方造园论》。
3 威廉·钱伯斯，《东方造园论》。
4 威廉·钱伯斯，《东方造园论》。
5 参见总分类图 43。

图（在 1780 年被理查德·米克转变为非常规园林之前），在拉鲁日出版时做出了示范（第一册，没有编号的版画[1]）。花园中根据新的常规标准来安排，众多树丛出现在中央通道的两边。它们的形式划分方式对于当时的品位是意义深远的：这些狭窄而规则的路径与其他不规则的路径相交，形成了迷宫般的模式。在树丛偏僻的角落，设置有瀑布、栅栏和一座雕像。在那些不规则的路径和豪华装饰的大厅，则增加了植物元素。每个树丛实际上都种植了一个代表性的树种，以其罕见程度、形状、颜色以及叶子的多样性为特征。例如，一个栽有南欧紫荆树，另一个栽有栗子树，这与分别种植有意大利杨树和卡罗莱纳杨树的树丛形成对比。在相对较小的空间内，拥有这样大量的植物体现了那个时期的收藏精神。但最重要的是其形式：树木不根据建筑的几何形状裁剪，它们拥有自由的形状。在园林景观中，这个方面非常重要：不仅与风景如画的园林关系密切，物种的多样性在场景表征中也很重要。尤其是这种罕见的形状自由的树木、规则的图画和不规则路径的组合，表达了一些新的东西。从正式的角度来看，这一创作过程基于模仿中式园林和多样性原则，简洁但具有深远的意义。总结来说，可以由如下的形式表达出来：花园的构成越多样，花园的形式越中式。

根据模型诠释英中式园林的形式

关于常规和复合园林的组成以及中式园林的所有这些考虑，使我们对东方园林的来源有所了解。其中，首先是威廉·钱伯斯促进了这一模式在欧洲的传播。

在他的作品中，于 1757 年在英国发表的《中国建筑、家居、装饰、机械和生活用具的设计》其中《中国园林的分布》一节的结论部分最接近现实。因为他的分析方法是基于作者在 1743 年和 1748 年在中国旅行期间所做的研究。与罗伯特·伍德关于巴尔米拉和巴勒贝克废墟的汇编[2]以及罗伯特·亚当关于斯普利特废墟的汇编[3]进行比较，这个版本是很正确的。他们通过最新的考古学理论提出建筑学的新知识。正如约翰·哈里斯在关于英国建筑[4]的专著中所说的那样，尽管钱伯斯发现了很大一部分中式建筑物，但与有能力的布朗相反，他的作品开启了一种设计花园的新方式。这种新的方式在东方园艺论述中形成。为了达到这个目标，或者更确切地说，在有助于新发展的背景下，使新的造园理念更加深入人心。钱伯斯介绍说，有关中式园林的信息资料从属于当时的欧洲文化，具有很强的技巧性。作者还在他的论述中涵盖了意大利园林独有形式的描述，以及 18 世纪下半叶前在法国规划的园林，这是在他 1750 年至 1755 年旅居罗马和 1749 年至 1750 年间[5]旅居巴黎时了解到的。

在中式园林与意式和法式园林的规则形式结合的背景下，钱伯斯的《新中式园林》诞生，并由拉鲁日在整个 18 世纪下半叶传播开来。

最明确见证这种新型花园的是那些题为《中式园林》的版画（第六册，第 7 幅版画[6]）和题为《一座中式园林的概念》（第六册，第 16 幅版画[7]）的版画。它们的几何和对称组成使迷宫的形状发生变化。树丛中不同的葱翠小花园是通过栅栏或树篱、装饰品以及被切割成奇怪形状草坪来区分的。

在这个层面的反思中，有必要就被称作"英中式园林"的作品做出详细说明。事实上，这两个术语的组合是指一个花园，其中属中式风格的元素和在英国实现的风景如画的风

1　参见总分类图 25。

2　R. 罗伯特伍德，《巴尔米拉废墟》（出版于 1753 年）和《巴勒贝克废墟》（出版于 1757 年）。

3　R. 罗伯特亚当，《戴克里先恩大帝和斯普利特宫在达尔马提亚的废墟》，出版于 1764 年。

4　约翰·哈里斯、迈克尔·斯诺丁，《威廉·钱伯斯先生——乔治三世建筑师》，1997 年由耶鲁大学出版社于纽黑文和伦敦出版。

5　关于钱伯斯在法国和意大利的居留可参考 J. 巴里埃尔的著作《钱伯斯在法国和意大利》，1997 年。

6　参见总分类图 135。

7　参见总分类图 144。

格被聚集在一起。然而，在 18 世纪下半叶所建造的园林中，我们可以区分几种形式的英中园林。这些差异可以通过不同程度的模型来诠释，并且在这里更要说明的是中式模式。

当时关于东方园林可用的资料基本上统统有待考证，首当其冲的是 1743 年传教士王志诚的一封信[1]。作者通过比较花园的不同来描述北京的皇家宫殿，这些花园包括分隔不同寝宫的花围花园和围绕别院建立的假山花园。换句话说，传教士在介绍规则和不规则花园之间的重大区别：首先，规则的花园影响了在法国建造的"新中式风格花园"，而不规则的花园构成了建造"英中式园林"的模式。

在他的信中，王致诚重点还原了园林的相关元素，他首先坚持通过建造众多的小山和小谷给予土地人造的形态，每个人造景观都有溪水流过，且伴有特定的植物以突出其特点。每个山谷都构成了独立的景观，在那里，楼阁和山洞都被大量地设置其中。不同形式和规模的桥梁也被运用，用来连接不同的景观。最后，在被重复使用最多的元素之中，我们不得不提到假山，它们通常和流水及瀑布联系在一起，有时还会以小岛的形式出现。威廉·钱伯斯通过更多关于景观尺寸的细节记载，以及在这些花园中制造的风景如画的效果，丰富了对完美花园和别院的清晰描述。这反映了作者的源于英式景观经验的美学视野。

这些来源可以与当时的图形文件进行比较，尤其是拉鲁日发表的《圆明园四十景图咏》。通过这种交叉阅读，可以理解这些文件对当时创作潮流的影响，从而领会这种模式在建造"英中式园林"时所遵循的线索。

鉴于这些作品在法国取得的总体成就，对这些资料的解读有下面这两个主要方向。

第一个方向，通过多种形式的园中园组合来复原东方园林。由拉鲁日发表的最典型的例子就是罗伯特·德·扬森骑士的花园，它更为人所知的名字是马尔伯夫花园，位于巴黎的夏悠街，很可能是 1763 年至 1767 年被整修的。在 1777 年出售给亨丽埃特－弗朗索瓦兹·德·马尔伯夫的销售公证中，相关描述与收藏中所呈现的状态非常相似[2]。花园的部分位于公馆对面，根据"新中式花园"的标准设计，并以树丛、之字形小路和一些植物为特征，诸如珍稀树木（黎巴嫩和弗吉尼亚州的雪松、木兰、刺槐、杨树）、灌木（杜鹃花、卡尔米亚、黄杨木）和为数众多的花卉（这个集合的一部分被保存在温室中）。这个区域的边缘耸立着一座小山，山下有一个山洞，区域铺设的广阔草甸一直延伸到花园的"大山"区域。在这里，通过对土地人为的调整，整修出一个真正的天然中式景观，小山、山谷及修道院、假山、木质金字塔、小屋等众多建筑于此被建造。就像王致诚描述的那些花园一样，在这个地方，动物（鹰、山羊、狼）和人物（隐士、牧羊人、中国人）等使不同场景都不乏鲜活元素。只是在这里，这些形象都是用熟陶土制作的！其他的点缀性小建筑分散在扬森的花园中，如温泉浴场、观景台和鸽舍。

这种类型的搭配也被应用到小特里亚农宫皇后花园的建造中，由理查德·米克和安托内·理查德绘制，并于 1777 年至 1778 年整修（第十册，第 1 幅版画[3]）。就如在马尔伯夫游乐园中一样，我们同样要列出 3 个不同的园林。其中之一，也是最具特点的，就是围绕着湖泊设置了一圈的小山和山谷。还有两个点缀性小建筑被用来丰富场景：一座精美的中式风格石桥，一座被命名为"观景台"的楼阁。隐藏在山谷底部的，还有一个源于画家兼园林设计师于贝尔·罗伯特的山洞。被选用于这部分花园的植被，诸如松树、落叶松、金雀花、刺柏和欧石南，伴随着小径和点缀性小建筑展现出别样的高山风光。这种多样性景观的再现和在同一个地方的叠加，展现出当时想象力的创造性和丰富性，它使英中式园林成为世界性的艺

1　王致诚，《给达索先生的信》，1743 年，出版于 1749 年，第 27 卷，第 1-61 页，2003 年再版。
2　吉勒·安托内·朗格鲁瓦，《游乐园、提沃利游乐园和游艺项目》。选自作家贝亚缇丝·德·昂迪亚所著前言的《巴黎最早的休闲公园》一书，1991 年由巴黎市艺术活动代表处于巴黎出版。
3　参见总分类图 223。

术品，一个真正的景观小宇宙，正如巴楚萨蒂斯在他那个时代建议的一样[1]。

园林构建所依据的第二个大方向，是解释如何整合明显混乱的众多场景。在这种情况下，各种景观的呈现原则依然存在，但其规模则缩小到场景的尺度。花园的面貌变化不仅与风景的数量有关，更重要的，是与种类多样的点缀性小建筑有关，也与场景在空间中的有序安置有关。这些园林平面图的大致统一，通常是通过采用中式模式所阐述的寻求"风景如画"的原则来获得，这一模式有利于呈现出壮观的效果。巴格泰勒花园及由弗朗索瓦－约瑟夫·贝朗热设计的神圣詹姆斯游乐园、夏尔特公爵在蒙梭的花园、朗布依埃花园或更出名的蒙维尔侯爵的莱兹荒漠园，这些花园全部都朦胧地展现出这些特点。

在拉鲁日的书中，占据大部分这种类型的英中园林内容的出版，即说明了它在大众中取得的成功。

最后，还存在另一种构建园林的方法，根据风景如画的原则来构思，远东园林的意象被部分地融入整体构图中。因此，相较于总体布局而言，在这些花园中引用中式模式特别适用于场景设计和细节处理。由吉拉尔丹、瓦特勒特和莫雷尔在法国推行的这种景观逻辑，因为强制关联不同场景的做法而被排斥，因为它们太矫揉造作了。与此同时，模仿自然景观的设计风格则受到推崇。结果是，从场地所处的空间角度来看，对于一个小型园林而言，其布局取决于绿植丛、树林、草地、湖泊等开放空间的平衡。前者的布局和后者的范围允许在每个范围内部署，包含周围景观的视觉装置。园林的自然景观与秀丽园林的象征性景观相平衡的情形下，大自然被赋予了伦理、政治和哲学价值。

艾尔蒙维尔公园，于1764年至1775年间由吉拉尔丹侯爵建造，并由让－马利·莫雷尔在工程伊始进行协助，这个例子对于这个主题非常具有代表性。花园的象征性方案和点缀性小建筑，比如山洞、未完工的哲学殿堂和哲学家小屋，反映了让－雅克·卢梭的哲学思想。它特别反映出卢梭的"自然状态"原则，人们转而寻求自己的"自由"身份，并在新社会中找到自身位置的假想起点。

对于分析和了解风景如画的园林，许多作者探讨了其内在含义，含义是复杂的。也许是因为这个复杂性，在拉鲁日的手册中，英中式园林这种类型很少被提及。实际上，对于法国的园林创作来说，它们的数量就更少了：除了艾尔蒙维尔花园，还有莫尔泰丰坦花园（第七册，第2至3幅版画[2]）、罗曼维尔花园（第九册，第1幅版画[3]）、阿尔古尔伯爵的花园（第十一册，第9幅版画[4]）、拉夏贝尔－高德福瓦城堡公园（第十一册，第10、12、13、16幅版画，以及第十二册，第19、20版画[5]）和圣－勒公园（第十二册，第3至9幅版画[6]）。

最具代表性的这类作品在汇编中并没有收录，例如于贝尔·罗伯特参与设计的梅勒维尔公园（法国埃松省）和米尔蒂安地区的贝斯花园（法国瓦兹省），在那里，艺术家在建筑师让－弗朗索瓦·勒鲁瓦和贝朗热的身边工作。还比如说莫佩尔蒂公园。在那里，于贝尔·罗伯特和建筑师亚历山大－西奥多·布隆尼亚（1739—1831）协同工作。布隆尼亚正是金字塔的作者，因为它的独特之处，拉鲁日发表了关于这个公园的版画。皮埃尔－阿德里安·帕丽斯（1745—1819）是皇家音乐学院的建筑师（1778年），他建造了多处巴黎公馆的花园，比如位于香榭丽舍大街的波旁公馆和位于库尔塞勒街的李奇堡先生公馆，他的众多设计方案都在拉鲁日的汇编中缺席了。最后，由让－马利·莫雷尔设计的公园或花园没有一个被汇编。如果为此找到一个解释，就是在那个时代，他的作品太贴近大

---

1 尤吉斯·巴楚萨蒂斯，《脱离常规》。选在《关于图形题跋的四篇论述》，1983年由弗拉马里翁出版社于巴黎出版。

2 参见总分类图160、图161。

3 参见总分类图208。

4 参见总分类图243。

5 参见总分类图244、图246、图247、图273、图274。

6 参见总分类图247至图263。

自然了，因此显得"缺乏兴致"，成为了被批评的对象。他的园林作品，例如于 1770 年至 1777 年为欧蒙公爵建造的吉斯卡尔花园，确实呈现出与英国风景画家布朗[1]的创作相似的地方。

那么我们是否可以得出这样的结论，认为这些花园并没有得到公众的认可？其实，即使是在英国兴建的园林和拉鲁日的手册中所描绘的园林，也不能代表整个英国风景如画的园林！此外，这些园林图样来自于相对日期的文档，其中提到了活跃于 1728 年至 1738 年间的查尔斯·布里奇曼的项目，项目由威廉·肯特（1685—1748）负责建设，霍拉斯·沃波尔为他授予了"发明"风景如画的园林的称号。

实际上，为了绘制奇西克的园林、伯灵顿爵士的府邸（英国伦敦）、埃舍尔·德·亨利·佩勒姆的公园（英国萨里郡）、托马斯·佩勒姆－霍利斯公爵位于克莱蒙特的花园（英国萨里郡）和卡索曼爵士位于旺斯特德的花园（英国埃塞克斯郡），拉鲁日重新采用了 1734 年至 1746 年由约翰·洛克绘制的平面图，以及由乔治·比克汉姆在 1753 年发表的斯陀园和科巴姆爵士府邸平面图的复制品[2]。至于这所公园的点缀性小建筑，它们来自于本顿·丝利 1750 年的作品，并且是被倒刻的[3]。最终，专用于英式园林的项目包括达什伍德家族的西威科公园的景观（英国白金汉郡），1752 年建筑师亨利·弗利克罗夫特在温莎公园设计的帕拉第大桥和摇滚乐园的景色，以及佩因斯希尔公园（英国萨里郡）的主人查尔斯·汉密尔顿在 1738 年至 1773 年建造的唯一一处景观——中式桥梁。在所有这些在英国建造的园林中，最"现代"的非伦敦邱园莫属，威廉·钱伯斯于 1757 年对那里进行改造并加入了大量的点缀性小建筑，包括著名的宝塔。这座园林的景观被绘制在《英中式园林风尚》一书中，采用的是乔沙·柯比和威廉·马洛 1763 年为英国设计师的书配套的版画[4]。

在拉鲁日的汇编中，关于英国创作信息的稀缺，特别是风景如画的法国范例的缺失，不仅说明了英国模式的独立程度，也表明了他对所有这些花园中的园林解决方案缺乏兴趣。布朗的作品与法国新花园运动出现于同一时代，与中式园林的模式相差甚远。上述种种被赋予重要性不是一时风尚或一瞬间的心血来潮，而是中式园林的呈现与认知探索间的相互渗透，这是通过园林本身的壮丽和多样化的经验获得的。

旅行邀约

与当时其他的文档相比，拉鲁日的汇编更好地见证了中式园林的新意义，还有这些新原则的应用领域范围。但是最令人惊喜的，还是这本汇编似乎是由图示的花园图片构成的。

在全套 21 本手册中，除了展示中国皇帝花园和行宫的部分，很少有与主题相一致的内容。在其中一册中，各种各样的寺庙和建筑物出现在他们的景观环境中，见证了德利涅王子恰如其分的"寺庙狂热症"[5]精神（第四册）。另有一册专门介绍了一座被称为莱兹荒漠园的著名园林，它归属于哈希内·德·蒙维尔（第十三册）。另有两册描绘了施泰因富尔特位于德国的花园，它是本特海姆－施泰因富尔特伯爵的财产（第十八册和第十九册）。关于某一特定花园的系列图片也同样是少见的。

把这些手册先放在一边，这个汇编看起来是一系列没有秩序和没有明显逻辑的版画。一些是由一幅平面图组成的，一个景观或许就占据了一整页的篇幅，另有一些就像是花园的拼贴，在一页有限的空间里被联系在一起，而它们之间通常是毫无共同点的。他还重新推出了一系列颇令人惊讶的图片。例如我们引用的第二十册，它是由呈现卡西尼公馆的英

1 E·塞何吉尼，《让－马利·莫雷尔"园林主教"》，出版于 2000 年。

2 G·贝克汉姆，《斯陀园的美丽》，出版于 1750 年。

3 B·本顿·丝利，《斯陀园中的寺庙和其他装饰性建筑物景观》，出版于 1750 年。

4 威廉·钱伯斯，《邱园花园和建筑的规划，立面、剖面和透视图》，1763 年于伦敦出版。

5 夏尔－约瑟夫，利涅亲王，《贝勒伊尔及欧洲大部分花园一瞥》，1781 年于贝勒伊尔出版，1997 年由巴黎出版社于巴黎再版。

式花园开始的，此公馆由建筑师贝利萨赫（1768—1661）在巴比伦街建造，随后由勒蒙尼耶改造。接下来是梅里先生位于罗曼维尔的花园平面图，然后是弗朗西斯科·贝蒂尼的《华美的英式花园》设计图，之后是拉鲁日的另外一位合作者——让蒂的两个设计图，是他完成了讷伊花园（也被称为神圣詹姆斯游乐园）平面图的绘制。

这种明显的不和谐在结合了不同花园的若干细节的版画中采取了另外一种态度。比如，那幅呈现了风景如画的英国温布尔登公园的平面图、两张时下流行的规则花坛图（中式的）和巴黎的拉罗什福科公馆花园的平面图，给出了所寻找的效果的解决办法（第二册，第 14 幅版画[1]）。

事实上，这种无序地将不协调的地点都整合在一起的做法，使得拉鲁日的汇编成为了独一无二的杰作。一方面，从社会文化层面反映了这种被称作"园艺狂热症"的现象，另一方面则反映了所有时代特有的园林[2]。

从这个意义上来说，《世界园林图鉴 英中式园林》手册一版接一版地复原了真实的风景。在其中，读者成为了假想的旅行者，并被邀请从一个国家游历到另一个国家，游走于各式各样的园林中。

1　参见总分类图 39。

2　花园的构思，比如乌托邦，就是说"真实的地方在那里几个空间并置，几个地方本身是不相容的"被米歇尔·福柯于 1967 年 3 月 14 日在巴黎举行的一次会议上提出，并且之后被发表（《异类空间》，1984 年）。还可以参考莫瑟女士 1999 年所著《引用的艺术——启蒙运动时期介于异托邦和超托邦间的花园》。

注：英国牛津郡，在娄山姆花园中的阿波罗雕像。

本章参考文献

Adam (Robert), Ruins of the Palace of the Emperor Diocletian et Spalato in Dalmatia, Londres, 1764.

André (Édouard), L'Art des jardins. Traité général de la composition des parcs et jardins, Paris, G. Masson, 1879 ; réimpression, Marseille, Laffitte Reprints, s. d.

Assunto (Rosario), Il giardino come labirinto della storia, Palerme, Centro studi di storia e arte dei giardini, 1987.

Assunto (Rosario), Il parterre e i ghiacciai. Tre saggi di estetica sul paesaggio del settecento, Palerme, Edizioni Novecento, 1984.

Assunto (Rosario), Retour au jardin. Essais pour une philosophie de la nature, 1976-1987, textes réunis, traduis de l'italien et présentés par Brunon, Hervé, Besançon, Les Éditions de l'Imprimeur, collection « Jardins et Paysages », 2003.

Attiret (Jean-Denis), «Lettre à M. d'Assaut », 1743, dans Lettres Edifiantes et Curieuses de Chine par les Missionnaires Jésuites, Paris, Chez les frères Guérin, 1749, vol. XXVII, p. 1-61 ; réédition : Gérard Monfort Éditeur, 2003.

BaltruSaitis (Jurgis), Aberrations. Quatre essais sur la légende des Formes, Paris, Flammarion, 1983.

Baridon (Michel), Les jardins. Paysagistes - jardiniers - poètes, Paris, Édition Robert Laffont, 1998.

Barrier (Janine), «Chambers in France and Italy », dans Harris

(John), Snodin (Michael), Sir William Chamber Architect to Georges IIIs… (chap. iii, p. 19-34).

Bickham (Georges), The Beautis of Stow, Londres, 1750.

Blaikie (Thomas), Sur les terres d'un jardinier. Journal de voyage 1775-1792, traduit de l'anglais par Janine Barrier, Besançon, Les Éditions de l'Imprimeur, coll. « Jardins et paysages », 1997.

Blondel (Jacques-François), Cours d'architecture, ou traité de la Décoration, distribution et construction des bâtiments, contenant les leçons données en 1750 et les années suivantes, Paris, Desaint, 1771-1777, 6 vol.

Blondel (Jacques-François), De la distribution des maisons de plaisance et de la décoration des édifices en général, Paris, Charles-Antoine Jombert, 1737-1738, 2 vol.

Camporesi (Piero), Il brodo indiano, Milano, Garzanti editore, 1990 ; édition française : Le Goût du chocolat, Paris, Grasset et Fasquelle éditeurs, 1992.

Carmontelle (Louis Carrogis, dit), Jardin de Monceau prés de Paris, appartenant à S. A. S. Mgr le duc de Chartres, Paris, chez Delafosse, 1779.

Castell (Robert), Villas of the Ancients Illustrated, Londres, 1728.

Cayeux (Jean de), Hubert Robert et les jardins, préface de Michel Serre, Paris, Édition Herscher, 1987.

Cereghini (Elisabetta), « Jean-

Marie Morel "patriarche des jardins" », dans Mosser (Monique) dir., Des Jardins, Revue de l'Art nº 129, 2000.

Cereghini (Elisabetta), «Les sources italiennes du jardin de Rousham», dans Mosser (Monique) et Teyssot (Georges) dir., Histoire des jardins de la Renaissance à nos jours, Paris, Flammarion, 1991 ; édition italienne parue en 1990.

Chambers (Douglas), The Planters of the English Landscape Garden : Botany, Trees, and the Georgics, New Haven-Londres, Yale University Press, 1993.

Chambers (William), Dissertation sur le jardinage de l'orient. Ouvrage traduit de l'anglais, suivie de Discours servant d'explication par Tan Chet-Qua, de Quang-Cheou-Fou, Londres, G. Griffin, 1772 ; réimpression : Paris, Gérard Montfort Éditeur, 2003.

Chambers (William), Plans, Elevations, Sections, and Perspective Views of the Gardens and Buildings at Kew, Londres, 1763.

Chambers (William), Traité des édifices, meubles, habits, machines et ustensiles des Chinois, gravés sur les originaux dessinés à la Chine par M. Chambers, architecte, auxquels est ajoutée une description de leurs temples, de leurs maisons, de leurs jardins, Londres, chez Haberkorn, 1757, édition bilingue anglais, français.

Chatel de Brancion (Laurence), Carmontelle au jardin des illusions, préface de G. de Broglie, Paris, Éditions Monelle Hayot, 2003.

Che Bing Chiu, assisté de Baud
Berthier Gilles, Yuanming yuan. Le
jardin de la Clarté parfaite, Besançon,
Les Éditions de l'Imprimeur, coll.
« Jardins et paysages », 2000.

Clément (Sophie), Clément
(Pierre) et Shin Yong-hak,
Architecture du paysage en Extrême-
Orient, Paris, École nationale
supérieure des beaux-arts, 1987.

Collette (Florence) et Péricard-
Mea (Denis) concept. et coord.,
Le Temps des jardins, catalogue
de l'exposition (château
de Fontainebleau 12 juin-
13 septembre 1992), Paris, L'Union
linotypiste, 1992 .

Constans (Martine) dir., Jardiner
à Paris au temps des rois, préfaces
de Jean-Pierre Babelon et Bertrand-
Pierre Galay, Paris, Action artistique
de la ville de Paris, 2003.

Copley (Stephen) et Garside
(Peter) dir., The Politics of the
Picturesque, Cambridge, Cambridge
University Press, 1994.

Croÿ (duc de), Journal inédit du
Duc de Croÿ (1717-1784), ms publié
par le comte de Grouchy et P. Cottin
Paris, 1906-1907, 4 vol.

Delille (Jacques, abbé), Les Jardins
ou l'art d'embellir les paysages, Paris,
Didot l'aîné, 1782.

Duchesne (Antoine-Nicolas),
Considérations sur le jardinage, 1775.

Duchesne (Antoine-Nicolas),
Sur la formation des jardins par l'auteur
des Considérations sur le jardinage, Paris,

chez Dorez, 1775.

Encyclopédie ou Dictionnaire raisonné
des sciences, des arts et des métiers…
Mis en ordre et publié par M. Diderot
et M. d'Alambert, Paris, Briasson, 1751-
1780, 35 vol.

Foucault (Michel), «Des espaces
autres », AMC, n° 5, octobre 1984.

Ganay (Ernest de), «Les jardins
à l'anglaise en France au xviii¬ siècle
(1750-1789) », ms inédit déposé
à la bibliothèque des Arts décoratifs,
Paris, 1923.

Ganay (Ernest de), Les Jardins de
France et leur décor, Paris, Librairie
Larousse, 1949.

Ganay (Ernest, comte de), Traité
de la décoration des dehors, des jardins
et des parcs par feu Mgr le duc d'Harcourt
publié et précédé d'une introduction par
[…], Paris, Émile-Paul frères, 1919.

Girardin (René Louis), De la
composition des paysages, ou des moyens
d'embellir la nature autour des
habitations, en joignant l'agréable à
l'outil, Genève et Paris, chez P. M.
Delaguette, 1777 ; réimpression, Paris,
Champ Vallon, 1992.

Harris (John), Snodin (Michael),
Sir William Chamber Architect to
George IIIs, New Haven-Londres,
Yale University Press, 1997.

Heimbürger Ravalli (Minna),
Disegni di giardini e opere minori di
un artista del' 700, Francesco Bettini,
Florence, Leo S. Olschki éditeur, 1971.

Hirschfeld (Christian-Cay-Lorenz),

Théorie de l'art des jardins, traduit de
l'allemand par Louis Denis, Leipzig.
1779-1780.

Hume (David), A Treatise of Human
Nature, Londres, 1739.

Hunt (John Dixon), Garden and
Grove. The Italian Renaissance Garden
in the English Imagination : 1600-1750,
Londres, Melbourne, J. M. Dent &
Sons Ltd., 1986.

Hussey (Christopher), English
Gardens and Landscape 1700-1750,
Londres, 1967.

Jardins en France 1760-1820, pays
d'illusion, terre d'expériences, préface
de Jurgis Baltrusaïtis et de Monique
Mosser, Paris, Caisse nationale
des monuments historiques, 1977,
catalogue d'exposition (hôtel de Sully).

Joudiou (Gabrielle), La Folie de
Mr. de Saint-James, Paris, 2001.

Lambert (Mme de), OEuvres complètes,
Paris, Léopold Cilin, 1808, p. 155.

Langlois (Gilles Antoine), Folies,
Tivolis et attractions. Les premiers parcs
de loisirs parisiens, préface de Béatrice
de Andia, Paris, Délégation à l'action
artistique de la ville de Paris, 1991.

Le Menaheze (Sophie), L'Invention
du jardin romantique en France, 1761-
1808, Paris, Spiralinthe, 2001.

Lettre sur les jardins anglois, Paris,
chez Moutard, 1775.

Ligne (Charles-Joseph, prince de),
Coup d'oeil sur Beloeil et sur une grande
partie des jardins de l'Europe,

Beloeil, 1781 ; réimpression, Paris, Les Éditions de Paris, 1997.

Mercure de France, août 1756.

Morel (Jean-Marie), Tableau Dendrologique contenant la liste de Plantes ligneuses indigènes et exotiques acclimatées, Lyon, imprimerie Bruyset, 1800.

Morel (Jean-Marie), Théorie des jardins, ou l'art des jardins de la nature, Paris, Vve Panckoucke, 1802.

Morel (Jean-Marie), Théorie des jardins, Paris, Pissot, 1776, Réimpression Genève, Minkoff, 1973.

Mosser (Monique) et Teyssot (Georges) dir., Histoire des jardins de la Renaissance à nos jours, Paris, Flammarion, 1991.

Mosser (Monique), «L'art de la citation. Le jardin de l'époque des Lumières, entre hétérotopie et hypertopie », dans Eveno Claude et Gill Clément (dir.), Le Jardin planétaire, Châteauvallon, Éditions de l'Aube, 1999.

Mosser (Monique), «La perfection du jardin anglo-chinois », dans Constans (Martine) dir., Bagatelle dans ses jardins, Paris, Action artistique de la ville de Paris /Amis de Bagatelle, 1997.

Mosser (Monique), Nys (Philippe) dir., Le jardin, art et lieu de mémoire (actes du colloque, Vassivière-en-Limousin, septembre 1994), Besançon, Les Éditions de l'Imprimeur, 1995.

Picon (Antoine), Architectes et ingénieurs au siècle des lumières, Paris, Éditions Parenthèses, 1988.

Ponte (Alessandra), Le Paysage des origines. Le voyage en Sicile (1777) de Richard Payne Knight, Besançon, Les Éditions de l'Imprimeur,

coll. « Jardins et paysages », 2000.

Prest (John), The Garden of Eden. The Botanic Garden and the Recreation of Paradise, Yale, Yale University Press, 1988.

Pugh (Simon), Garden-Nature-Language, Manchester, 1988.

Racine (Michel) dir., Créateurs des jardins et de paysages, 2 vol., Arles, Actes Sud/ Versailles, ENSP, 2001-2002.

Seeley (Benton), The Views of Temples and Other Ornamental Buildings in the Garden of Stowe, 1750.

Tagliolini, Alessandro et Venturi Feriolo, Massimo, Il giardino : idea, natura, realtà, Milano, Guerini, 1987.

Temple (William), «Upon the Gardens of Epicurus : or, Of Gardening », Miscellanea, Londres, vol. II, 1692.

Vandermeersch (Léon), dir., L'art des jardins dans les pays sinisés, Chine, Japon, Corée, Vietnam, Revue Extrême-Orient /Extrême-Occident, n° 22, 2000.

Vergely (Jacques), «Labyrinthes et jardins », dans Labyrinthes. Du mythe au virtuel (catalogue de l'exposition homonyme réalisée à Bagatelle, 4 juin-14 septembre 2003), Paris, Paris-Musées, 2003.

Walpole (Horace), «The History of the Modern Taste of Gardening », publié dans Anecdots of Painting England, Strawberry Hill, 1771 ; réédité par l'auteur en 1780 ; l'édition française

porte le titre : Essai sur l'art des jardins modernes, traduit en français par M. le duc de Nivernois, Paris, 1784 ; réédition, Paris, Gérard Monfort, 2000.

Walpole (Horace), Lettres de Horace

Walpole écrites à ses amis pendant ses voyages en France (1739-1775) et précédées d'une introduction par le Comte de Baillons, Paris, Didier, 1872.

Watelet (Claude-Henry), Essai sur les jardins, Paris, chez Prault, 1774 ; réimpression : Genève, Minkoff Reprint, 1973.

Watkin (David), The English Vision, the Picturesque in Architecture, Landscape and Garden Design, Londres, John Murray, 1982.

Whately (Thomas), L'Art de former les jardins modernes ou l'art des jardins anglais, traduit de l'anglais par Latapie, Paris, chez Antoine Jombert, 1771 ; réimpr. Genève, Minkoff, 1973.

Wiebenson (Dora), The Picturesque Garden in France, Princeton, New Jersey, Princeton University Press, 1978.

Willeford (Ann), «Une alternative à la philosophie des Lumières (1700-1750) », dans Haase Dubosc (Danielle), Viennot (Élisane), Femmes et pouvoirs sous l'ancien régime, Paris, Éditions Rivages, 1991.

Wilton (Andrew) et Bignamini (Ilaria) dir., Grand Tour. The Lure of Italy in the Eighteenth Century, Londres, Tate gallery, 1996 (catalogue d'exposition).

Wood (Robert), Ruins of Palmira, Londres, 1753.

Wood (Robert), The Ruins of Balbec, Londres, 1757.

Yuanye (Ji Cheng), Le Traité du jardin (1634), traduit du chinois et annoté par Chiu Che Bing, Besançon, Les Éditions de l'Imprimeur, coll. « Jardins et paysages », 1997.

园林版画名录编写说明

自 1931 年项目启动之日起，法国收藏品名录之 18 世纪版画家这一目录目前以发表了 14 卷，最后一卷止于乐基安的作品。版画家作品目录的编写是严格按照字母顺序进行的，无论其声望如何，由乔治·路易·拉鲁日的作品目录来继续名录编写任务是合乎逻辑的。尽管乔治·路易·拉鲁日作为地图和铜版画出版商与经销商有一定的知名度，但是作为版画家他的版画作品并没有出现在任何的参考书目中（一些作品仍然署了他的名字，但没有其他精确的说明了），尽管如此对于他作品名录的编撰工作因其作品和声望还是显得十分有意义的。

1989 年，法国国家图书馆版画与摄影收藏部门收藏目录相关政策伴随着向法国国家图书馆数字图书数据库"玻璃瓷"的信息化录入工作的开展有了重大转折。拉鲁日作品目录创建的工作借由此信息化工具被启动——这项工作的工作量被证实是相当可观的，该目录包含 1596 份描述文件的记录被保存在版画与摄影收藏部，但也同时被保存在地图与平面图部，哲学、历史、人文科学部和文学与艺术部。法国国家图书馆的数字图书数据库网站"玻璃瓷"上线了拉鲁日的纸质出版物和他作品的所有注释似乎是多余的。然而，《世界园林图鉴 英中式园林》（法文原名《英中式园林》），这是一部杰出和不寻常的作品，由拉鲁日于 1775 年至 1789 年之间在他生命的最后几年中以交付的形式出版，附录含有其主要地图和纪念性建筑物景观及其位置的汇编列表。

每张图片都对应相应的图片说明，开头是版画的总分类序列号，后面紧跟着被括在方括号中的手册编号（罗马数字）和版画编号（阿拉伯数字），然后是包含了被说明内容的书目描述。具体的描述包括标题以及法文原版图书中对图片细节的描述，以相同的形式转录。除此之外，还有标有出版日期和出版地址的区域，尺寸，地点，元素。其中地点即为所呈现的地方，元素为自然人（版画作者，主人，奉献者等）和与园林词汇有关的术语。

所采取的方案不对所呈现的园林做出任何历史或艺术的评价，其目的是为研究人员比如园林爱好者提供工作和思考的工具。

我们最多不过是在每本手册的开头加入了拜贺纳赫·高何居斯编写的说明。实际上，由拉鲁日出版的二十一本手册中其中有九册（第一、二、三、六、八、十、十四、十七和二十一册）的出版日期都不可考，拜贺纳赫·高何居斯根据两个主要来源准确地推敲出每一册的出版日期。来源一是摘自都佛的分类总目录，来源二来自都佛寄给施泰因富尔特的夏尔伯爵的通信和发票，然后，在后者于 1780 年去世后，都佛继续和他的儿子路易通信，也就是位于施泰因富尔特的巴尼奥公园的所有者和创始人，拉鲁日专门用第十八册和第十九册还有第二十一册十幅版画中的五幅来描绘了这个公园。

园林版画名录

位于黄河和淮河交界处供奉保佑水域和船员平安的女神庙，此图为第十七册第 30 图（参见总分类图 404）。

第一册

1775 年上半年

25 幅版画 +1 幅没有编号的版画

书籍印刷销售商让·艾德梅·都佛在马斯特里赫特出版的《1775 年上半年出现的新工程什锦总录》一书的摘录中提到了第一册是"《时下流行的新式花园》，横长形对开本，装订插图"。1775 年 11 月 1 日，查尔斯伯爵向都佛先生提出订购这个工程的 9 本书，他不仅得到了这第一册，还收获了 1775 年 7 月至 10 月间面世的第二册的 12 本书（参考 1775 年 11 月 7 日都佛于马斯特里赫特寄给本特海姆伯爵的信和发票）。

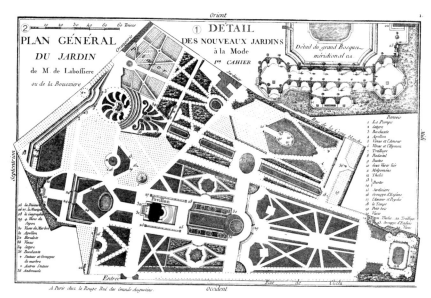

图 1

图 1

I,1. 注：①时下流行新式花园第一册；②拉博斯耶先生园林总平面图。

1775 年，乔治·路易·拉鲁日出版于巴黎。

尺寸：22.4cm×33.8cm（经按压形成凹陷尺寸），20.4cm×32cm（正方线尺寸）。

地点：巴黎克里希街。

元素：巴黎拉布厄克西埃（包税人）的豪华府邸花园，法式园林。

图 2

I,2. 注：拉博斯耶楼阁底层平面图。

1775 年，乔治·路易·拉鲁日出版于巴黎。

尺寸：22cm×30.4cm（经按压形成凹陷尺寸），20.1cm×28.6cm（正方线尺寸）。

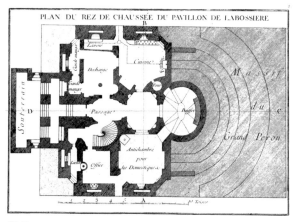

图 2

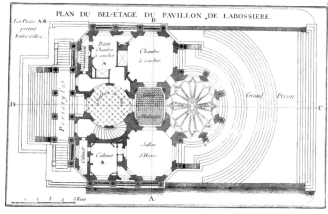

图 3

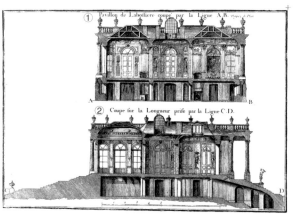

图 4

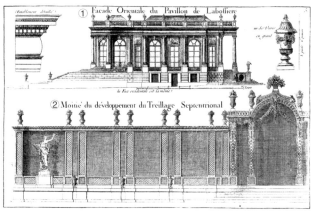

图 5

图 6

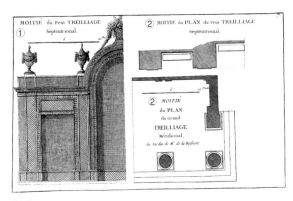

图 7

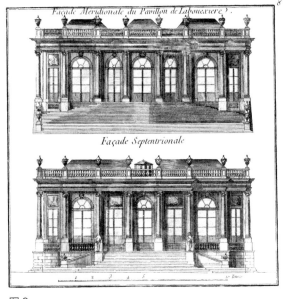

图 8

地点：巴黎克里希街。

元素：巴黎拉布厄克西埃（包税人）的豪华府邸花园，木匠安托万 - 马修（1709—1773，建筑师）修建拉博斯耶楼阁，花园阁楼。

图 3（见左页）

I,3. 注：拉博斯耶楼阁一层平面图。

1775 年，乔治·路易·拉鲁日出版于巴黎。

尺寸：22.5cm×35cm（经按压形成凹陷尺寸），20.6cm×33.4cm（正方线尺寸）。

地点：巴黎克里希街。

元素：巴黎拉布厄克西埃（包税人）的豪华府邸花园，木匠安托万 - 马修（1709—1773，建筑师）修建拉博斯耶楼阁，花园阁楼。

图 4（见左页）

I,4. 注：①沿着 AB 方向剖开的拉博斯耶楼阁；②沿着 CD 方向剖开的剖面图。

1775 年，乔治·路易·拉鲁日出版于巴黎。

尺寸：22.7cm×33.9cm（经按压形成凹陷尺寸），21.4cm×31.7cm（正方线尺寸）。

地点：巴黎克里希街。

元素：巴黎拉布厄克西埃（包税人）的豪华府邸花园，木匠安托万 - 马修（1709—1773，建筑师）修建拉博斯耶楼阁，花园阁楼。

图 5（见左页）

I,5. 注：①东面的拉博斯耶楼阁外观；②北方景观围墙的二分之一展开。

1775 年，乔治·路易·拉鲁日出版于巴黎。

尺寸：25.2cm×39cm（经按压形成凹陷尺寸），24.3cm×38cm（正方线尺寸）。

地点：巴黎克里希街。

元素：巴黎拉布厄克西埃（包税人）的豪华府

邸花园，木匠安托万 - 马修（1709—1773，建筑师）修建拉博斯耶楼阁，花园阁楼，花园的花瓶，18 世纪景观围墙。

图 6

I,6. 注：拉博斯耶先生花园南方栅栏的二分之一。

1775 年，乔治·路易·拉鲁日出版于巴黎。

尺寸：34.9cm×22.4cm（经按压形成凹陷尺寸），32.8cm×20.2cm（正方线尺寸）。

地点：巴黎克里希街。

元素：巴黎拉布厄克西埃（包税人）的豪华府邸花园，木匠安托万 - 马修（1709—1773，建筑师）修建拉博斯耶楼阁，花园阁楼，18世纪景观围墙。

图 7

I,7. 注：① 北方小型景观围墙的二分之一；②北方小型栅栏的二分之一水平面图；③拉博斯耶先生花园南方大型景观围墙的二分之一水平面图。

1775 年，乔治·路易·拉鲁日出版于巴黎。

尺寸：22.1cm×35cm（经按压形成凹陷尺寸），21cm×33.8cm（正方线尺寸）。

地点：巴黎克里希街。

元素：巴黎拉布厄克西埃（包税人）的豪华府邸花园，18 世纪景观围墙。

图 8

I,8. 注：拉博斯耶楼阁南面的外观，北面的外观。

1775 年，乔治·路易·拉鲁日出版于巴黎。

尺寸：22.1cm×22cm（经按压形成凹陷尺寸），20.7cm×20.6cm（正方线尺寸）。

地点：巴黎克里希街。

元素：巴黎拉布厄克西埃（包税人）的豪华府邸花园，木匠安托万 - 马修（1709—1773，建筑师）修建拉博斯耶楼阁，花园阁楼。

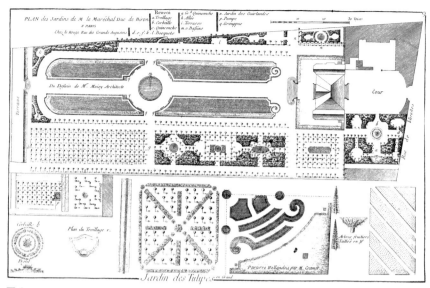

图 9

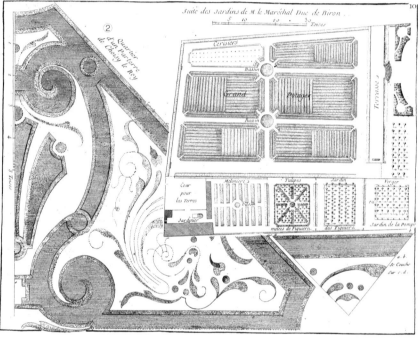

图 10

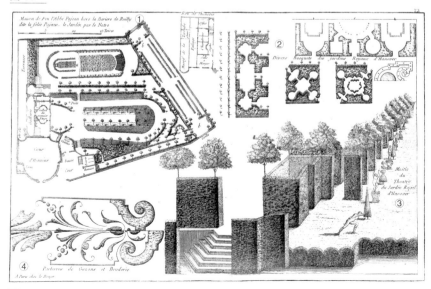

图 12

图 9

I,9. 注: 比隆公爵、元帅先生的花园平面图。在主过道的中间标明了花园的建造者是"来源根据建筑师穆瓦西先生的图纸"。在版画的 b 处标有"由克拉默先生设计的荷兰花圃",在旁边标有"郁金香花园"。

1775 年,乔治·路易·拉鲁日出版于巴黎。

尺寸: 22.1cm×34.5cm（经按压形成凹陷尺寸）, 21.1cm×33.7cm（正方线尺寸）。

地点: 巴黎瓦汉拿街,巴黎比隆公馆花园。

元素: 路易·安托内·德·贡窦·比隆（1701—1788,公爵）的寓所,法式园林,巴黎个人公馆,梅花型树丛,花圃,树丛,绿厅,草坪。

图 10

I,10. 注: ①比隆公爵、元帅先生的花园接续部分; ②舒瓦西勒鲁瓦市的一座花园的四分之一部分。

1775 年,乔治·路易·拉鲁日出版于巴黎。

尺寸: 22cm×28.7cm（经按压形成凹陷尺寸）, 21.4cm×27.8cm（正方线尺寸）。

地点: 舒瓦西勒华（法国,马恩河谷省）城堡公园,巴黎瓦汉那街,巴黎比隆公馆花园。

元素: 路易·安托内·德·贡窦·比隆（1701—1788,公爵）的寓所,路易十五（1710—1774,法国国王）的寓所,花园花圃,模纹花坛,菜园,果园,法式园林。

图 11（见右页）

I,11. 注: 元帅夫人洛特雷克女士的花园平面图,来自戈皮埃尔的设计图纸。

1775 年,乔治·路易·拉鲁日出版于巴黎。

尺寸: 34.7cm×22.3cm（经按压形成凹陷尺寸）, 33.6cm×21.1cm（正方线尺寸）。

地点: 巴黎丹佛罗什洛大街,巴黎洛特雷克府邸花园。

元素: 洛特雷克女士（元帅夫人）的寓所,法式园林,巴黎个人府邸,草坪,迷宫,绿廊,树丛,菜园,果园,中式风格的花园楼宇。

图 12

I,12. 注: ①已故的神父的房屋以及花园; ②各种各样的汉诺威皇家花园小树丛; ③汉诺威皇家花园露天园景的二分之一图示; ④修剪成图案的草坪花圃。

1775 年,乔治·路易·拉鲁日出版于巴黎。

尺寸: 22.3cm×36cm（经按压形成凹陷尺寸）, 21.5cm×34.3cm（正方线尺寸）。

地点: 巴黎赫伊城门,巴黎芭柔豪华花园宅邸,汉诺威（德国）海恩豪森城堡花园。

元素: 布赖地区翁·路易·莱昂芭柔（1678—1754,伯爵）的寓所,巴黎豪华花园宅邸,绿荫剧场,法式园林,模纹花坛,树丛,绿栅栏。

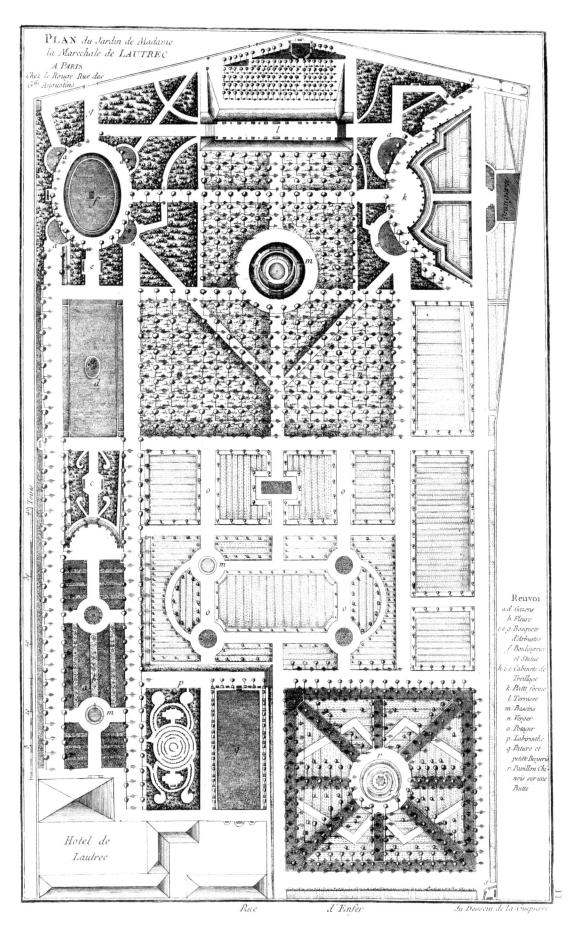

PLAN du Jardin de Madame
la Maréchale de LAUTREC
A PARIS
Chez le Rouge Rue des
Gds Augustins

Renvoi
a.d Gazons
b. Fleurs
c.e.g. Bosquets
d'Arbustes
f. Boulingrin
et Statue
h.i.s. Cabinets de
Treillage
k. Platte forme
l. Terrasse
m. Bassins
n. Verger
o. Potager
p. Labirinthe
q. Pâture et
petite Bergerie
r. Pavillon Chi-
nois sur une
Butte

Hôtel de
Lautrec

Rue   d'Enfer   Au Dessein de la Guepiere

图 11

图13（见第5页）

I,13. 注：①距离巴黎2法里的贝尔尼公园；②曼恩的索城公园；③混合有草坪的模纹花坛。

1775年，乔治·路易·拉鲁日出版于巴黎。

尺寸：22.3cm×34.7cm（经按压形成凹陷尺寸），21.4cm×33.8cm（正方线尺寸）。

地点：弗雷讷（法国，马恩河谷省）贝尔尼城堡，索城（法国，上塞纳省）城堡公园。

元素：法式园林，花园花坛，树丛。

图14

I,14. 注：①舒瓦西迷宫园林；②舒瓦西草坪；③舒瓦西绿庭；④模纹花坛。

1775年，乔治·路易·拉鲁日出版于巴黎。

尺寸：23.9cm×35.8cm（经按压形成凹陷尺寸），23cm×34.8cm（正方线尺寸）。

地点：舒瓦西勒华（法国，马恩河谷省）城堡公园。

元素：模纹花坛，迷宫，草坪，绿庭。

图15

I,15. 注：侯爵夫人蓬巴杜女士的楼阁，位于枫丹白露。来自皇家建筑师拉绪昂斯先生的设计图纸。

1775年，乔治·路易·拉鲁日出版于巴黎。

尺寸：35.1cm×22.1cm（经按压形成凹陷尺寸），33.2cm×20.2cm（正方线尺寸）。

地点：枫丹白露（法国，塞纳马恩省）城堡公园。

元素：让娜·安托内·普瓦松·蓬巴杜（1721—1764，侯爵夫人）的寓所，法式园林，鸟笼，草坪花坛，树丛。

图16（见第5页）

I,16. 注：①昂吉安迷宫花园；②卡尔斯鲁厄花园的平面图，巴登的马格拉夫的寓所；③由建筑师路易先生发表的花园设计图，皮图汗剧院的二分之一，由拉鲁日绘制。

1775年，乔治·路易·拉鲁日出版于巴黎。

尺寸：24cm×35.9cm（经按压形成凹陷尺寸），23.1cm×35cm（正方线尺寸）。

地点：卡尔斯鲁厄（德国，巴登符腾堡州）城堡公园，昂吉安（比利时）城堡公园，皮图汗区域（法国）。

元素：乔治·路易·拉鲁日的寓所，夏尔·弗雷德里克（1728—1811，巴登大公）的寓所，路易·维克多（1731—1800）的设计图，法式园林，迷宫，英式花园的设计图，绿荫剧院。

图17（见右页）

I,17. 注：法国尚蒂利市郊。

1775年，乔治·路易·拉鲁日出版于巴黎。

尺寸：23.8cm×35.8cm（经按压形成凹陷尺寸），21.6cm×33.6cm（正方线尺寸）。

地点：尚蒂利（法国，瓦兹省）郊区，尚蒂利（法国，瓦兹省）森林，尚蒂利（法国，瓦兹省）城堡公园。

元素：森林，法式园林，花园运河，迷宫。

图18（见右页）

I,18. 注：城区，宫殿，凡尔赛公园，特里亚侬宫及其动物园的平面图。与1770年5月19日的庆祝活动相关。这幅版画的第一版被用于一系列描绘王储（日后的国王路易十六）婚礼庆祝活动的铜版画铸模。标题日后被补充完整并且编号被擦拭与修改为"版画：第18幅"。

1775年，乔治·路易·拉鲁日出版于巴黎。

尺寸：21.8cm×32.4cm（经按压形成凹陷尺寸），20.3cm×30.9cm（正方线尺寸）。

地点：凡尔赛（法国，伊夫林省）的城堡公园，凡尔赛（法国，伊夫林省）的小特里亚侬宫，凡尔赛（法国，伊夫林省）大特里亚侬宫，凡尔赛（法国，伊夫林省）克拉格尼城堡。

元素：路易十六（1754—1793，法国国王）婚礼借景，法式园林。

图14

图15

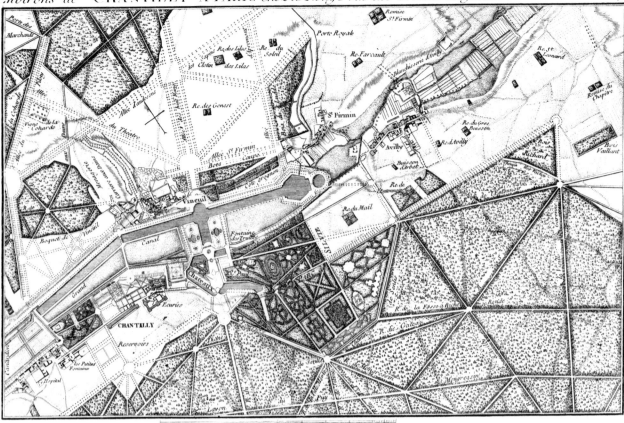

图 17

PLAN DES VILLES, CHATEAU, PARC DE VERSAILLES, TRIANON ET LA MÉNAGERIE *Relativement aux Fêtes du 19 Mai 1770* Pl. 19

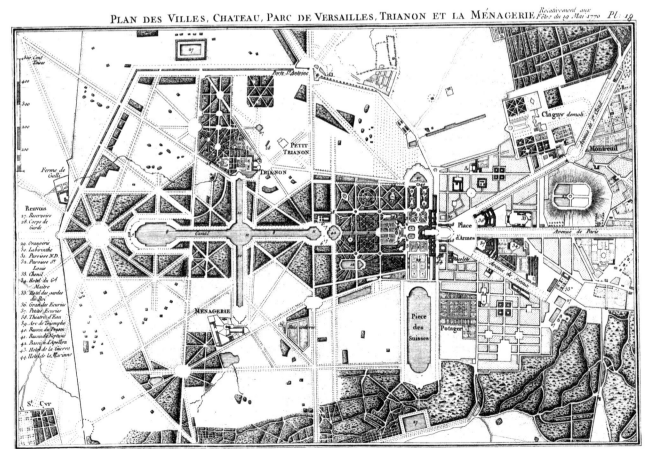

A Paris chez le Rouge rue des grands Augustins

图 18

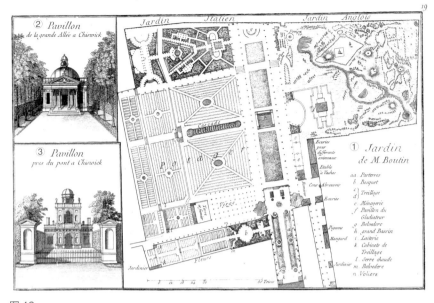

图 19

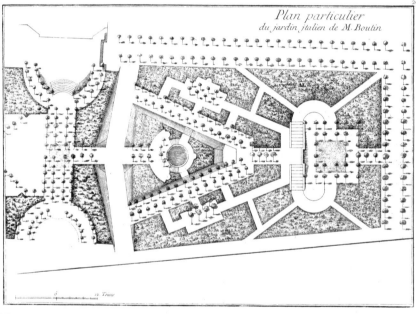

图 20

图 19

I,19. 注：①布丹先生的花园；②位于奇斯威克一条林荫道上的亭子；③毗邻奇斯威克桥的亭子。

1775 年，乔治·路易·拉鲁日出版于巴黎。

尺寸：22.2cm×33.8cm（经按压形成凹陷尺寸），20.7cm×32.4cm（正方线尺寸）。

地点：巴黎圣拉扎尔街，巴黎布丹豪华花园宅邸花园，豪恩斯洛（英国）奇斯维克宫公园。

元素：理查德·波义尔·伯灵顿（1693—1753，伯爵）寓所，西蒙－夏尔·布丹（1720—1794，财政官）的寓所，英式园林，意式园林，菜园，景观瀑布，树丛，果园，附属建筑物，巴黎豪华花园宅邸，花园楼宇。

图 20

I,20. 注：布兰（图中所写译为布兰，实则为布丹）先生的意大利风格花园的平面图。

1775 年，乔治·路易·拉鲁日出版于巴黎。

尺寸：21.9cm×30.5cm（经按压形成凹陷尺寸），20.6cm×29.1cm（正方线尺寸）。

地点：巴黎圣拉扎尔街，巴黎布丹豪华花园宅邸花园。

元素：西蒙－夏尔·布丹（1720—1794，财政官）的寓所，巴黎豪华花园宅邸，意式园林，法国露台花园，树列，花园台阶，树丛。

图 21（见右页）

I,21. 注：①位于里士满，距离伦敦 3 法里的皇家居所；②靠近奇斯威克河的楼阁。

1775 年，乔治·路易·拉鲁日出版于巴黎。

尺寸：21.8cm×30cm（经按压形成凹陷尺寸），20.5cm×28.8cm（正方线尺寸）。

地点：里士满（英国，萨里郡）城堡公园，豪恩斯洛（英国）奇斯威克宫公园。

元素：理查德·波义尔·伯灵顿（1693—1753，伯爵）的寓所，英式园林，花园楼宇。

图 22（见右页）

I,22. 注：奇斯威克花园，位于距离伦敦两法里的地方，属于伯灵顿伯爵。

1775 年，乔治·路易·拉鲁日出版于巴黎。

尺寸：21.2cm×31.5cm（经按压形成凹陷尺寸），19.8cm×29.1cm（正方线尺寸）。

地点：豪恩斯洛（英国）奇斯威克宫公园。

元素：理查德·波义尔·伯灵顿（1693—1753，伯爵）的寓所，英式园林，花园楼宇。

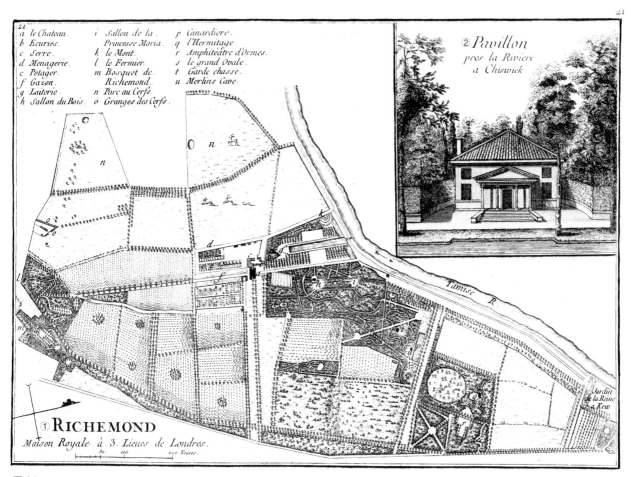

图 21

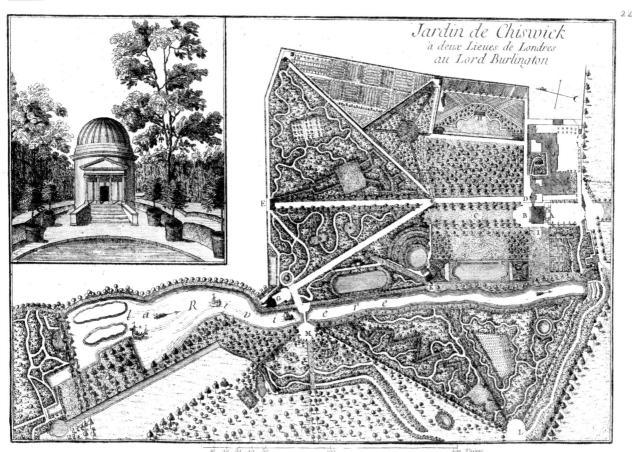

图 22

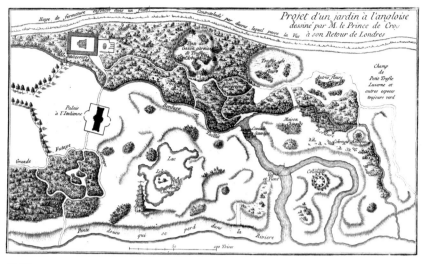

图 23

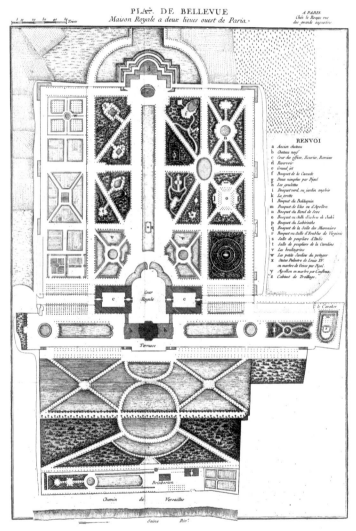

图 25

图 23

I,23. 注：克洛瓦王子从伦敦回来后所设计的英式花园方案图。

1775 年，乔治·路易·拉鲁日出版于巴黎。

尺寸：19.6cm×34cm（经按压形成凹陷尺寸），18cm×31.2cm（正方线尺寸）。

元素：埃玛纽埃尔·克洛瓦（1718—1784，法国元帅）公爵的设计图，英式园林设计图，花园的建筑物，花园湖泊，矮树丛，花园树林。

图 24

I,24,25,26. 注：拉布厄克西埃先生花园的说明。第 24 和第 25 幅版画是正反面印刷的，第 26 幅版画紧随其后。在第 24 幅版画上，有第一册第 1 至 12 幅版画的说明，在第 25 幅版画上有第 12 幅（后续）至 21 幅版画的说明，在第 26 幅版画上有第 22 和 23 幅版画的说明。

1775 年，乔治·路易·拉鲁日出版于巴黎。

尺寸：22.4cm×33.7cm（经按压形成凹陷尺寸）。

地点：巴黎拉布厄克西埃豪华花园宅邸花园。

元素：盖拉德拉布厄克西埃（包税人）的寓所，巴黎豪华花园宅邸，花园建筑。

图 25

[I. 无编号]. 贝勒维皇家庄园平面图，位于巴黎西方 2 法里。

1775 年，乔治·路易·拉鲁日出版于巴黎。

尺寸：48.8cm×33.6cm（经按压形成凹陷尺寸），45.5cm×32.2cm（正方线尺寸）。

地点：默东（法国，上塞纳省）贝勒维城堡。

元素：让娜·安托内特·普瓦松·庞巴度（1721—1764，侯爵夫人）的寓所，路易十五（1710—1774，法国国王）的寓所，让·拉叙朗斯（1695—1755，建筑师）的作品，法式园林，迷宫，树丛，草坪，花园雕塑，绿廊，花园岩洞，花园花坛。

第二册

1775 年第三季度

23 幅版画

查尔斯伯爵第一时间是拒绝购买第二册的,因为他并没有订购这一册,至于这一说法都佛是这样回复他的:"先生,我们没有办法把《英中式园林》这套书分开出售。如要购买需要一次性购全三册。我已经向巴黎的出版商请求过分开购买但是他们拒绝了。请您尽快知会我是否还有意向购买这套图书。"(参考自 1776 年 9 月 6 日都佛于马斯特里赫特寄给本特海姆伯爵的信)

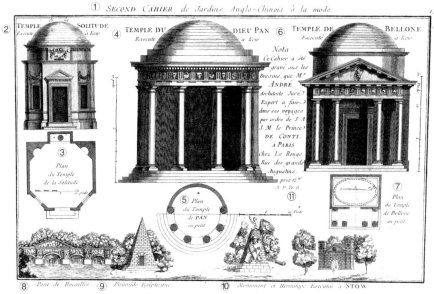

图 26

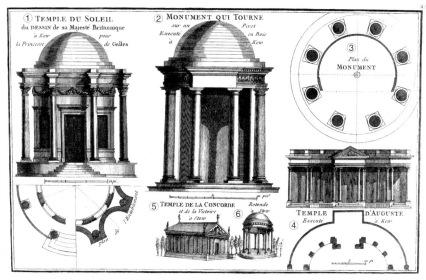

图 27

图 26

II,1. 注:①为图题:"时下流行的英中风格花园第二册";②孤独圣殿,位于邱园;③孤独圣殿的平面图;④畜牧神圣殿,位于邱园;⑤缩小型畜牧神圣殿平面图;⑥贝罗纳圣殿,位于邱园;⑦缩小型贝罗纳圣殿平面图;⑧用石子装饰的桥;⑨埃及金字塔;⑩修建在斯陀园的纪念碑和修道院;⑪本册镌拓自建筑师安德烈先生的图纸,画作根据安德烈先生旅行地的顺序。

1775 年,乔治·路易·拉鲁日于出版于巴黎。

尺寸:23.6cm×36.4cm(经按压形成凹陷尺寸),21.5cm×34cm(正方线尺寸)。

地点: 邱园(英国,萨里郡,里士满),斯陀园(英国,白金汉郡),皇家植物园(英国,萨里郡,里士满,基尤)。

元素:萨克森哥达的奥古斯塔(1719—1772,威尔士王妃)的寓所,乔治三世(1738—1820,英国国王)的寓所,威廉·钱伯斯(1726—1796,建筑师)的作品,威廉·艾顿(1731—1793,园艺师)的作品,威廉·肯特(1684—1748,建筑师)的作品,花园建筑物,石桥,花园金字塔,花园圣殿,修道院。

图 27

II,2. 注:①太阳圣殿,位于邱园,来源根据大不列颠国陛下送给威尔士王妃的设计图纸;② 由木头建造的会环绕中心轴转动的纪念碑,位于邱园;③ 纪念碑平面图;④庄严圣殿,位于邱园;⑤和谐与胜利圣殿,位于斯陀园;⑥圆亭,位于斯陀园;根据建筑师安德烈的作品绘制。

1775 年,乔治·路易·拉鲁日出版于巴黎。

尺寸:23.5cm×36.2cm(经按压形成凹陷尺寸),21.5cm×34cm(正方线尺寸)。

地点: 邱园(英国,萨里郡,里士满),斯陀园(英国,白金汉郡),皇家植物园(英国,萨里郡,里士满,基尤)。

元素: 萨克森哥达的奥古斯塔(1719—1772,威尔士王妃)的寓所,花园圣殿,花园圆亭。

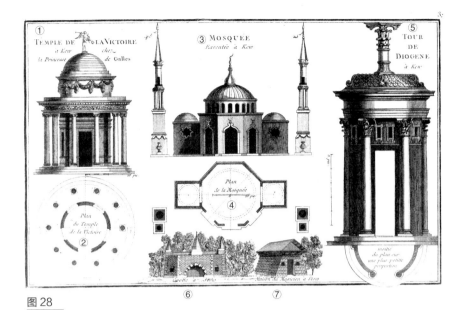

图 28

图 28
II,3. 注：①胜利圣殿，位于邱园，威尔士王妃府邸中；②胜利圣殿平面图；③清真寺，位于邱园；④清真寺平面图；⑤第欧根尼塔楼，位于邱园；⑥斯陀园的洞穴式建筑；⑦斯陀园的术士房屋；根据建筑师安德烈的作品绘制。

1775 年，乔治·路易·拉鲁日出版于巴黎。

尺寸：23.5cm×35.6cm（经按压形成凹陷尺寸），21.4cm×34.4cm（正方线尺寸）。

地点：邱园（英国，萨里郡，里士满），斯陀园（英国，白金汉郡），皇家植物园（英国，萨里郡，里士满，基尤）。

元素：萨克森哥达的奥古斯塔（1719—1772，威尔士王妃）的寓所，花园清真寺，花园圣殿，花园岩洞，花园塔楼。

图 29（见第 12 页）
II,4. 注：①哥特圣殿，位于斯陀园；②维纳斯圣殿，位于斯陀园；③宝塔；④邱园之鲜花园的主要入口，在威尔士王妃府邸中；⑤入口的平面图；⑥邱园大鸟笼的正视图；⑦中式庙宇；⑧大鸟笼的平面图；根据建筑师安德烈的作品绘制。

1775 年，乔治·路易·拉鲁日出版于巴黎。

尺寸：23.5cm×36.3cm（经按压形成凹陷尺寸），21cm×34.1cm（正方线尺寸）。

地点：邱园（英国，萨里郡，里士满），斯陀园（英国，白金汉郡），皇家植物园（英国，萨里郡，里士满，基尤）。

元素：萨克森哥达的奥古斯塔（1719—1772，威尔士王妃）的寓所，哥特式风格的花园圣殿，中式风格的花园圣殿，鸟笼，英国花园宝塔，花园入口。

图 30（见右页）
II,5. 注：①摩尔式圣殿，位于邱园；②摩尔式圣殿的平面图；③和平圣殿，位于邱园；④和平圣殿的平面图；⑤巴绪圣殿，位于邱园；⑥巴绪圣殿的平面图；⑦可以一边行进一边碾平草地的扶手椅；⑧现代道德之庙，位于斯陀园；⑨古代道德之庙；⑩人造岩石布景，位于斯陀园；⑪③⑤是根据建筑师安德烈的作品绘制的。

1775 年，乔治·路易·拉鲁日出版于巴黎。

尺寸：23.6cm×36.5cm（经按压形成凹陷尺寸），21.7cm×34.7cm（正方线尺寸）。

地点：邱园（英国，萨里郡，里士满），斯陀园（英国，白金汉郡），皇家植物园（英国，萨里郡，里士满，基尤）。

元素：萨克森哥达的奥古斯塔（1719—1772，威尔士王妃）的寓所，花园圆亭，摩尔式风格的花园圣殿，人造石头布景，花园中用到的园艺工具—碾子。

图 31（见第 12 页）
II,6. 注：①邱园鲜花园中的中式楼阁，位于威尔士王妃府邸中；②邱园中的中式庙宇；③中式楼阁的平面图；④中式庙宇的平面图；根据建筑师安德烈的作品绘制。

1775 年，乔治·路易·拉鲁日出版于巴黎。

尺寸：22.5cm×34.5cm（经按压形成凹陷尺寸），20.3cm×32.4cm（正方线尺寸）。

地点：邱园（英国，萨里郡，里士满），皇家植物园（英国，萨里郡，里士满，基尤）。

元素：萨克森哥达的奥古斯塔（1719—1772，威尔士王妃）的寓所，中式风格的花园圣殿。

图 32（见右页）
II,7. 注：①乳制品加工房立面图；②霍德尼斯士绅的乳制品加工房；③宝塔的正视图，高为 166 法尺；④宝塔平面图，位于邱园；⑤建造在英国公园中的中式风格的栅栏；⑥长凳的四面正视图；⑦摇椅的四面图；根据建筑师安德烈的作品绘制。

1775 年，乔治·路易·拉鲁日出版于巴黎。

尺寸：23.5cm×36.6cm（经按压形成凹陷尺寸），21.2cm×34.3cm（正方线尺寸）。

地点：邱园（英国，萨里郡，里士满），宾福特（英国，米德塞克斯郡）的锡永公园，皇家植物园（英国，萨里郡，里士满，基尤）。

元素：萨克森哥达的奥古斯塔（1719—1772，威尔士王妃）的寓所，罗伯特·达西·胡德尼斯伯爵（1718—1778，外交官）的寓所，威廉·钱伯斯（1726—1796）修建邱园宝塔，兰斯洛特·布朗（1715—1783，建筑师）设计锡永公园，花园宝塔，乳制品加工房，木篱笆，花园长凳。

图 33（见右页）
II,8. 注：①纽卡斯尔公爵先生所拥有的克莱芒公园的一部分；②胡德尼斯士绅的城堡，位于锡安山；③锡安山公园；根据建筑师安德烈的作品绘制。

1775 年，乔治·路易·拉鲁日出版于巴黎。

尺寸：22.7cm×34.3cm（经按压形成凹陷尺寸），20.8cm×32.1cm（正方线尺寸）。

地点：宾福特（英国，米德塞克斯郡）的锡永公园，伊舍（英国，萨里郡）的克莱芒宫。

元素：罗伯特·达西·胡德尼斯伯爵（1718—1778，外交官）的寓所，托马斯·佩勒姆-

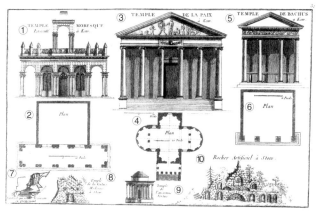

图 30

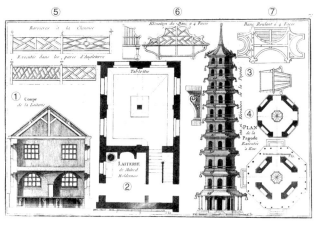

图 32

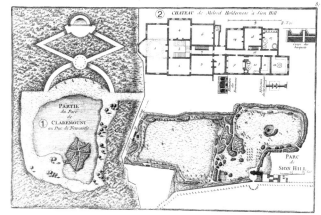

图 33

霍利斯（1693—1768,纽卡斯尔公爵）的寓所,
兰斯洛特·布朗（1715—1783,建筑师）设
计的锡永公园,威廉·肯特（1685—1748,
建筑师）建造的克莱尔芒园的湖泊,查尔斯·布
里吉曼（？—1738,园林建筑师）修造的克
莱尔芒园的圆形剧院,英式园林,绿荫剧院,
人工岛。

图 34（见第 6、7 页）

II,9. 注：距离伦敦 6 法里的克莱芒宫圆形剧
院。

1775 年,乔治·路易·拉鲁日出版于巴黎。

尺寸：23.7cm×36.7cm（经按压形成凹陷尺
寸）,21.5cm×35cm（正方线尺寸）。

地点：伊舍（英国,萨里郡）的克莱尔芒园。

元素：托马斯·佩勒姆·霍利斯（1693—
1768,纽卡斯尔公爵）的寓所,查尔斯·布
里吉曼（？—1738,园林建筑师）修造的克
莱尔芒园的圆形剧院,英式园林,绿荫剧院,
花园湖泊。

图 35

II,10. 注：①彭布罗克公园；②从北面看大
桥的景观；③拱廊景色；④门房－大门；根
据建筑师安德烈的作品绘制。

1775 年,乔治·路易·拉鲁日出版于巴黎。

尺寸：23.7cm×36.7cm（经按压形成凹陷尺
寸）,22.3cm×35cm（正方线尺寸）。

地点：彭布罗克（英国,达费德）的城堡。

元素：英式园林,花园大门,花园桥梁,围墙,
花园建筑物。

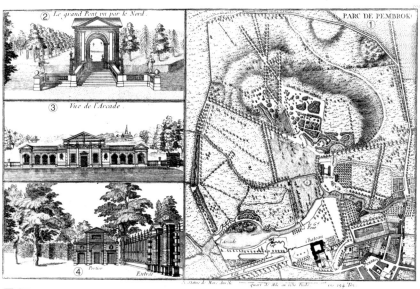

图 35

图 36

II,11. 注：①佩勒姆先生的公园和花园，位于萨里郡，距离伦敦 5 法里；②茅草屋；③岩洞；④修道院；⑤寺院；这幅版画应该与同册中的图 33 与图 34 对照起来看，在那里有关于克莱芒园的其他元素。

1775 年，乔治·路易·拉鲁日出版于巴黎。

尺寸：23.3cm×36.4cm（经按压形成凹陷尺寸），21cm×33.8cm（正方线尺寸）。

地点：伊舍（英国，萨里郡）的克莱芒园。

元素：托马斯·佩勒姆－霍利斯（1693—1768，纽卡斯尔公爵）的寓所此英式园林中

包含的景观建筑有花园圣殿，花园岩洞，花园茅草屋，修道院。

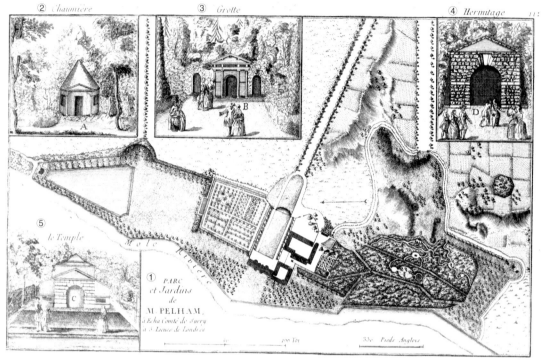

图 36

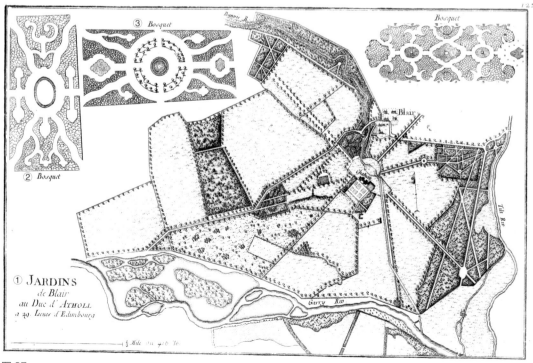

图 37

图 37（见左页）

II,12. 注：①布莱尔花园，阿索尔公爵所有，距离爱丁堡 29 法里；②树丛；③树丛；④树丛；②③④是"树丛"的三种不同式样的图案。

1775 年，乔治·路易·拉鲁日出版于巴黎。

尺寸：22.5cm×34.1cm（经按压形成凹陷尺寸），21cm×32.5cm（正方线尺寸）。

地点：布莱尔·阿瑟尔（英国，泰赛德）的布莱尔城堡公园。

元素：詹姆斯·穆雷（？—1764，阿瑟尔公爵）的寓所，英式园林，树丛。

图 38

II,13. 注：①温室，由威尔士王妃所有，位于邱园；②位于乌得勒支的菠萝暖房用木头制造，标示为 A 的夹层中填满了肥料和鞣料渣。由建筑师安德烈先生在其伦敦的旅程中设计起草。图中有桃树，菠萝，葡萄温室的平面图和众多其他细节。

1775 年，乔治·路易·拉鲁日出版于巴黎。

尺寸：23.1cm×34.4cm（经按压形成凹陷尺寸），21.1cm×32.5cm（正方线尺寸）。

元素：邱园（英国，萨里郡，里士满）的温室，乌得勒支（荷兰）的花园温室，皇家植物园（英国，萨里郡，里士满，基尤）的温室，菠萝，桃子。

图 39

II,14. 注：①温布尔顿公园，乡绅斯潘赛先生所属；②罗什福科邸宅花园；③两种当下流行的花园布局；根据建筑师安德烈的作品绘制。

1775 年，乔治·路易·拉鲁日出版于巴黎。

尺寸：23.7cm×36.8cm（经按压形成凹陷尺寸），21.7cm×34.7cm（正方线尺寸）。

地点：巴黎瓦海纳街，巴黎的罗什福科公馆花园，温布尔顿（英国，萨里郡）花园。

元素：查尔斯·斯潘塞（1740—1820）的寓所，法式园林，英式园林，模纹花坛，私人公馆。

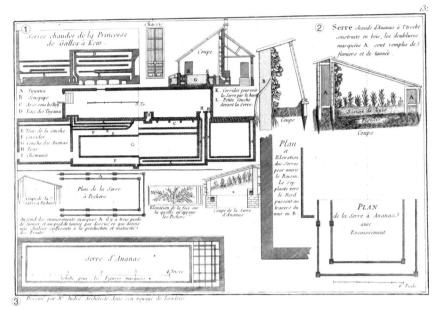

图 38

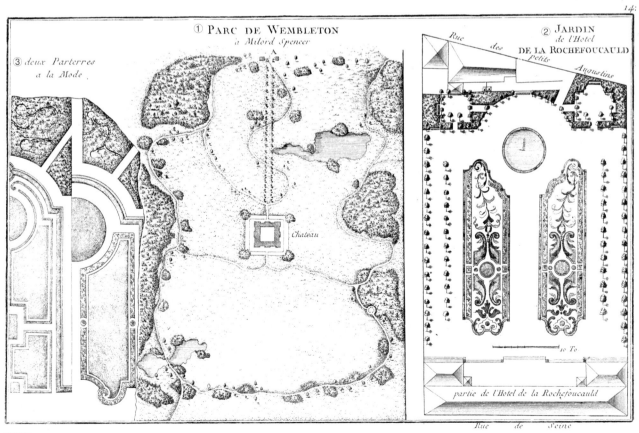

图 39

图 40

II,15. 注：①罗什福科邸宅花坛，来自著名园林设计师巴尔比耶先生的图纸；②中式桥梁，位于邱园；③比隆公爵先生的菜园细节图；根据建筑师安德烈的作品绘制。

1775 年，乔治·路易·拉鲁日出版于巴黎。

尺寸：23.5cm×36.5cm（经按压形成凹陷尺寸），21.8cm×34.6cm（正方线尺寸）。

地点：巴黎罗什福科邸宅的花园，巴黎比隆公馆的花园，邱园（英国，萨里郡，里士满），皇家植物园（英国，萨里郡，里士满，基尤）。

元素：中式风格的花园桥梁，花园花坛，模纹花坛，菜园，花园养鸡场。

图 41

II,16. 注：①布丹先生的乳制品生产屋的平面图；②布丹先生的乳制品生产屋的剖面图；③尚蒂利乳品厂的剖面图；④尚蒂利乳品厂的平面图；根据建筑师安德烈的作品绘制。

1775 年，乔治·路易·拉鲁日出版于巴黎。

尺寸：23.4cm×36.5cm（经按压形成凹陷尺寸），21.5cm×34.3cm（正方线尺寸）。

地点：巴黎布丹豪华宅邸花园的乳制品厂，尚蒂利（法国，瓦兹省）城堡的乳制品生产屋。

元素：巴黎豪华宅邸花园的乳制品厂。

图 42（见右页）

II,17. ①位于圣殿中所属于布弗雷伯爵夫人的英式花园；②一些当下流行的花坛设计构想；③圣西蒙公馆；根据建筑师安德烈的作品绘制。

1775 年，乔治·路易·拉鲁日出版于巴黎。

尺寸：34.4cm×23.1cm（经按压形成凹陷尺寸），32.5cm×21.2cm（正方线尺寸）。

地点：巴黎圣殿街，巴黎（法国）布弗雷公馆，巴黎圣西蒙公馆。

元素：玛丽·夏洛特·布弗雷（1724—?，伯爵夫人）的寓所，巴黎个人公馆，英式园林的花园花坛与草坪。

图 43（见右页）

II,18. 注：①毗邻格勒奈尔城门，所属于摩纳哥王妃；根据建筑师安德烈的作品绘制。

1775 年，乔治·路易·拉鲁日出版于巴黎。

尺寸：34cm×22.2cm（经按压形成凹陷尺寸），31.3cm×19.8cm（正方线尺寸）。

地点：巴黎圣多米尼克街，巴黎摩纳哥公馆花园。

元素：玛丽-凯瑟琳·德·布里尼奥勒（1739—1813，摩纳哥王妃）的寓所，法式园林，花园花坛，树列，草坪。

图 44（见右页）

II,19. 注：①施韦青根花园，距离曼海姆 3 法里，距离海德堡 2 法里；②沿 x 和 y 线纵剖的温室图；③温室平面图；根据建筑师安德烈的作品绘制。右下角的边角处有拉鲁日的签名。

1775 年，乔治·路易·拉鲁日出版于巴黎。

尺寸：24cm×37.3cm（经按压形成凹陷尺寸），22.5cm×35.7cm（正方线尺寸）。

地点：施韦青根（德国，巴登-符腾堡州）的城堡花园。

元素：卡尔-泰奥多尔·勒讷堡（1724—1779，普法尔茨和巴伐利亚选帝侯）的寓所，法式园林，星形路口，花园运河，温室，动物园，橘园。

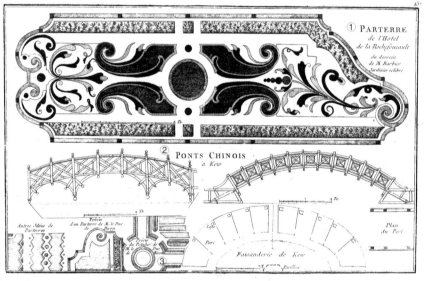

图 40

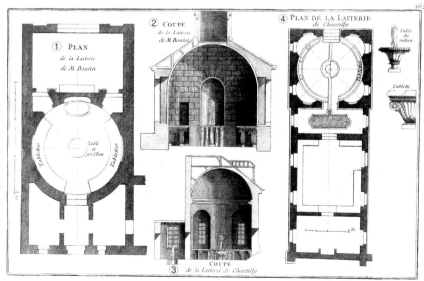

图 41

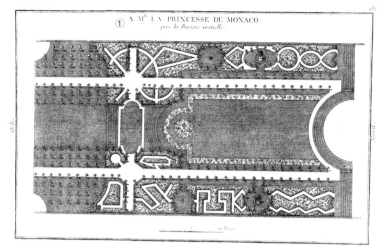

图 43

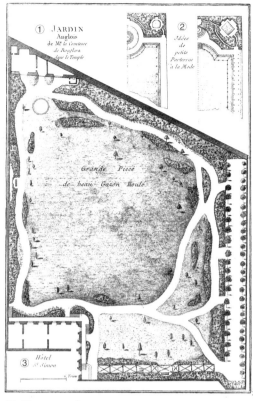

图 42

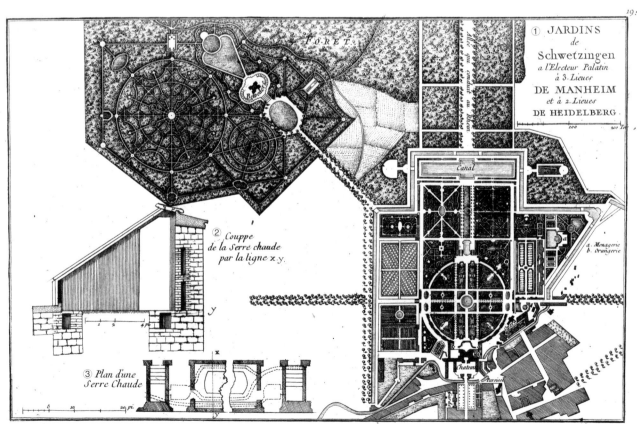

图 44

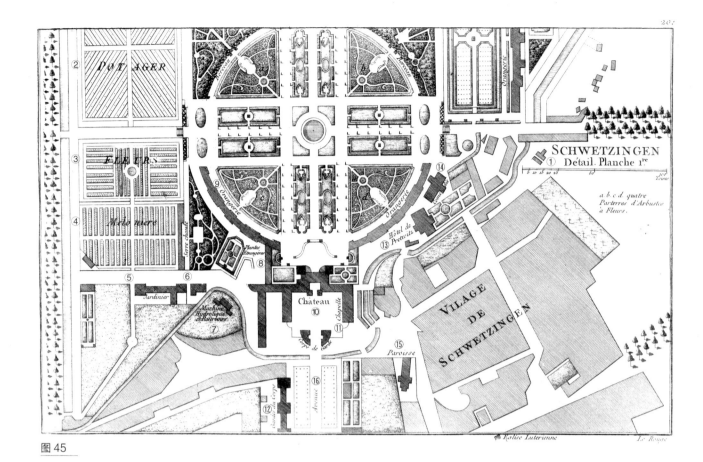

图 45

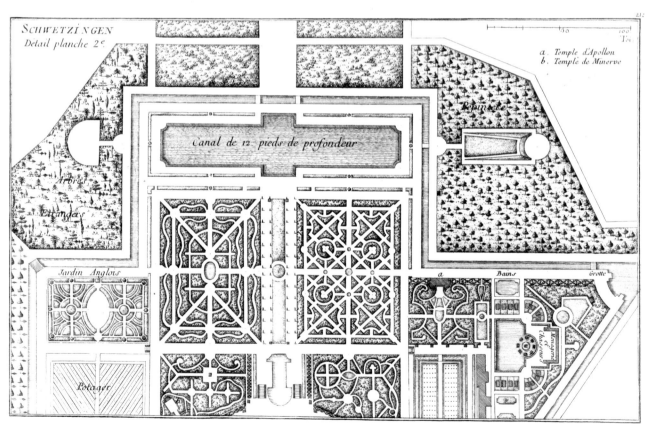

图 46

图 47

图 45（见左页）
II,20. 注：①施韦青根细节插图一；②菜园；③花丛；④甜瓜地；根据建筑师安德烈的作品绘制。

乔治·路易·拉鲁日于 1775 年出版于巴黎。

尺寸：24.1cm×37.2cm（经按压形成凹陷尺寸），22.5cm×36cm（正方线尺寸）。

地点：施韦青根（德国，巴登－符腾堡州）的城堡花园。

元素：卡尔－泰奥多尔德·勒讷堡（1724—1779，普法尔茨和巴伐利亚选帝侯）的寓所，法式园林，花园花坛，橘园，绿荫，温室，菜园。

图 46（见左页）
II,21. 注：施韦青根细节插图二；根据建筑师安德烈的作品绘制。

1775 年，乔治·路易·拉鲁日出版于巴黎。

尺寸：24.2cm×37.4cm（经按压形成凹陷尺寸），22.2cm×36.3cm（正方线尺寸）。

地点：施韦青根（德国，巴登－符腾堡州）的城堡花园。

元素：法式园林，花园运河，花园水池，菜园，动物园，树丛，草坪，花园圣殿。

图 47
II,22. 注：施韦青根细节插图三；根据建筑师安德烈的作品绘制。

1775 年，乔治·路易·拉鲁日出版于巴黎。

尺寸：24.2cm×37.3cm（经按压形成凹陷尺寸），22.8cm×35.9cm（正方线尺寸）。

地点：施韦青根（德国，巴登－符腾堡州）的城堡花园。

元素：星形路口，迷宫，树丛，观景台。

图 48（见第 8、9 页）
II,23. 注：英中式园林宽度为 3 托阿斯乘以 5 托阿斯，深度为 13 托阿斯乘以 33 托阿斯。由园艺装饰师蒂姆先生设计并绘制。

1775 年，乔治·路易·拉鲁日出版于巴黎。

尺寸：22.9cm×34.5cm（经按压形成凹陷尺寸），20.9cm×33.7cm（正方线尺寸）。

元素：英中式园林的设计图，绿茵，菜园。

第三册

1776 年 9 月至 10 月间

28 幅版画 + 1 幅没有编号的版画

第二册问世后，拉鲁日提议把三册装订为一套进行出售，看起来第三册的创作工作已经结束并且已经在巴黎进行出售了。实际上，都佛很可能在他的客户同意的前提下于 1776 年 10 月 22 日在施泰因富尔特把图册寄出了（参考自 1776 年 10 月 22 日都佛于马斯特里赫特寄给本特海姆伯爵的信）。书籍出版销售商都佛那时可能并不知道，这仅仅是这套巨著的前几册而已。第三册的第十八版呈现了拉鲁日于 1775 年绘制的埃尔芒翁维尔的完整平面图。用来蚀刻这幅铜版画的铜板在 1778 年 7 月 2 日卢梭去世后被修改过。1776 年的原版画上在湖的南面本来刻有两座"裸"岛，但后来在被修改过的作品里，其中一座名叫杨树岛的岛上被刻上了卢梭的墓碑，相邻的大岛上被刻上了画家乔治 - 弗雷德里克·马耶的墓碑。卢梭墓碑上的碑文被刻在椭圆形装饰框内，马耶墓碑的两行解释性文字被刻在了岛旁边。因为这个日后的加刻，完整平面图的创作日期被附加在这封信里："1775 年由工程师拉鲁日进行地形测绘。"（这幅版画的第二版由多拉·韦伯森复刻，并发表在 1978 年由普林塞顿出版社发行的《法国风景如画的园林》一书中的第 54 幅配图，在这幅复刻版里并没有体现 1775 年原始版本和出现两座墓碑的修改版之间的差异）。

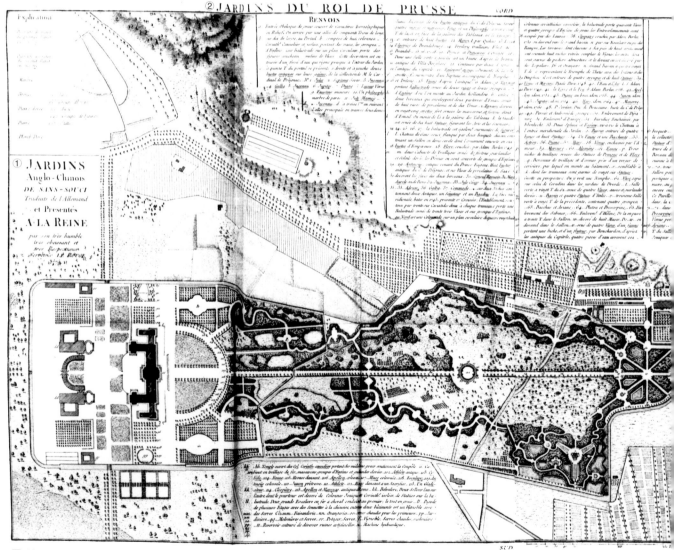

图 49

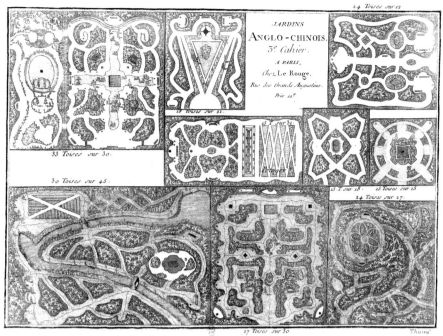

图 50

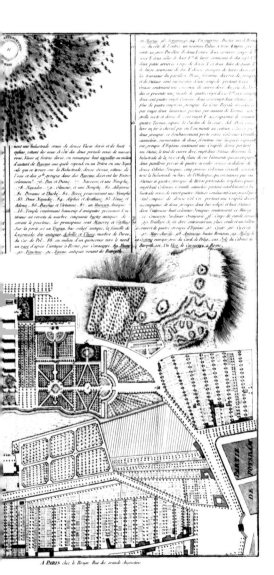

图 49

III，无编号．注：①英中风格园林之无忧宫花园是谦逊的、顺从的、恭敬的臣子拉鲁日由德文翻译并呈现给皇后的；②普鲁士国王的花园。

1775 年，乔治·路易·拉鲁日出版于巴黎。

尺寸：44.6cm×87.9cm（经按压形成凹陷尺寸），42.3cm×85.8cm（正方线尺寸）。

地点：波茨坦（德国，勃兰登堡州）的无忧宫花园。

元素：腓特烈二世（1712—1786，普鲁士国王）的寓所，德国的英中风格园林。

图 50

III,1.注：由蒂姆设计的英中风格花园第三卷，1776 年出版于巴黎大奥古斯丁街，拉鲁日家中。

尺寸：24.1cm×32.5cm（经按压形成凹陷尺寸），21.5cm×29.9cm（正方线尺寸）。

元素：英中风格园林的设计图。

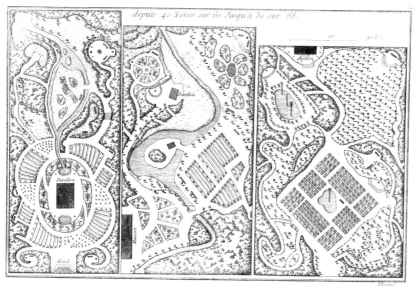

图 51

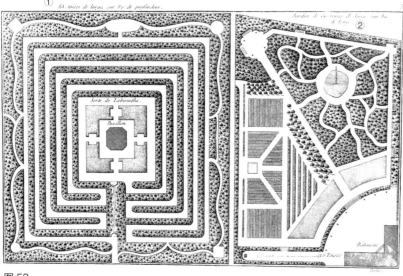

图 52

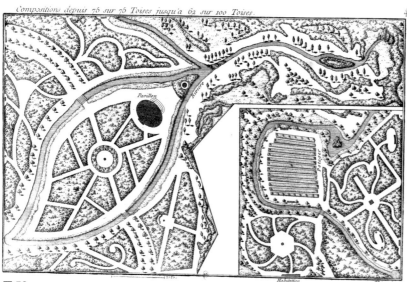

图 53

图 51

III,2. 注：由蒂姆设计的三幅英中风格园林平面图，从长 60 托阿斯，宽 40 托阿斯，到长 68 托阿斯，宽 30 托阿斯。

1776 年，乔治·路易·拉鲁日出版于巴黎。

尺寸：23.3cm×35cm（经按压形成凹陷尺寸），21.5cm×32.9cm（正方线尺寸）。

元素：英中风格园林的设计图。

图 52

III,3. 注：①由蒂姆设计的长 89 托阿斯，宽 83 托阿斯的花园；②由蒂姆设计的长 89 托阿斯，宽 60 托阿斯的花园。

1776 年，乔治·路易·拉鲁日出版于巴黎。

尺寸：22.7cm×36.7cm（经按压形成凹陷尺寸），21cm×33.9cm（正方线尺寸）。

元素：英中风格园林的设计图，图中包含迷宫、花园花坛、树丛、花园楼宇。

图 53

III,4. 注：由蒂姆设计的花园组图，花园大小分别为：长 76 托阿斯，宽 76 托阿斯；长 62 托阿斯，宽 100 托阿斯。

1776 年，乔治·路易·拉鲁日出版于巴黎。

尺寸：23.5cm×35cm（经按压形成凹陷尺寸），21cm×33.1cm（正方线尺寸）。

元素：英中风格园林的设计图，图中包含人工岛、花园楼宇、菜园。

图 54（见右页）

III,5. 注：①由蒂姆设计的组图，地皮大小为长 92 托阿斯，宽 90 托阿斯；②由蒂姆设计的组图，地皮大小为长 84 托阿斯，宽 54 托阿斯。

1776 年，乔治·路易·拉鲁日出版于巴黎。

尺寸：22.4cm×38.4cm（经按压形成凹陷尺寸），20.5cm×36.5cm（正方线尺寸）。

元素：英中风格园林的设计图，图中包含绿荫、花园楼宇。

图 55

III,6. 注：由蒂姆设计的组图地皮大小为长
162 托阿斯，宽 132 托阿斯。

1776 年，乔治·路易·拉鲁日出版于巴黎。

尺寸：23.9cm×37cm（经按压形成凹陷尺
寸），22.4cm×28.1cm（正方线尺寸）。

元素：英中风格园林的设计图，图中包括花园
楼宇、菜园。

图 56

III,7. 注：由蒂姆设计的组图地皮大小为长
180 托阿斯，宽 88 托阿斯。

1776 年，乔治·路易·拉鲁日出版于巴黎。

尺寸：37.5cm×24.3cm（经按压形成凹陷尺
寸），35.7cm×17.5cm（正方线尺寸）。

元素：英中风格园林的设计图。

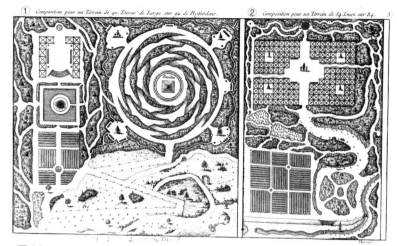

图 54

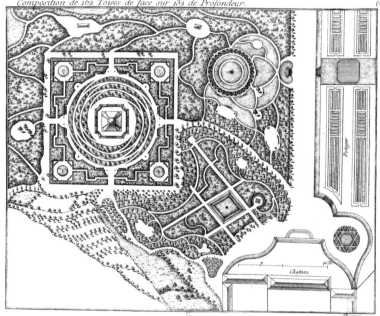

图 55

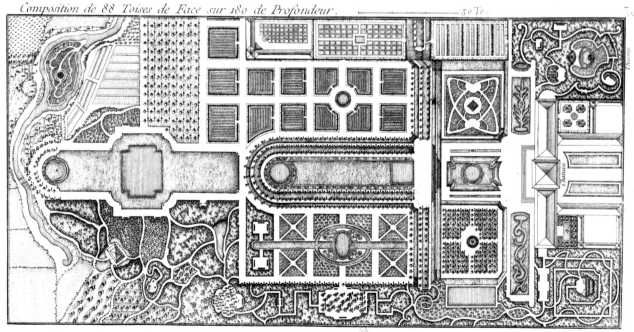

图 56

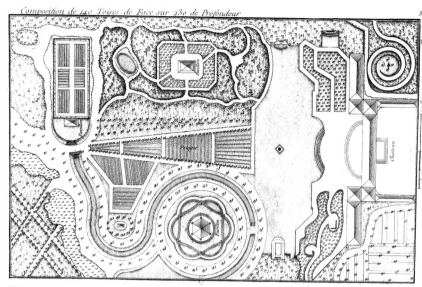

图 57

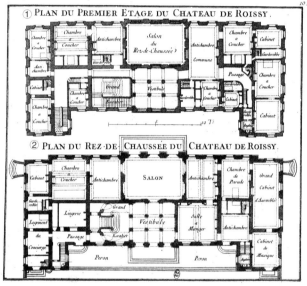

图 59

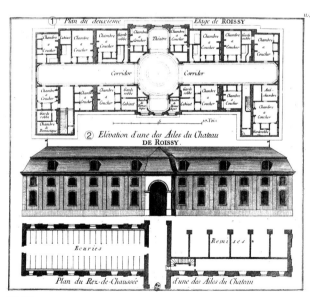

图 60

图 57

III,8. 注：由蒂姆设计的组图地皮大小为长
230 托阿斯，宽 140 托阿斯。

1776 年，乔治·路易·拉鲁日出版于巴黎。

尺寸：36.9cm×24.1cm（经按压形成凹陷尺
寸），34.9cm×22cm（正方线尺寸）。

元素：英中风格园林的设计图，图中包括花园
楼宇，菜园。

图 58（见右页）

III,9. 注：鲁瓦西公园。

1776 年，乔治·路易·拉鲁日出版于巴黎。

尺寸：39cm×24.8cm（经按压形成凹陷尺
寸），37.5cm×23.4cm（正方线尺寸）。

地点：鲁瓦西（法国，塞纳马恩省）的城堡公园。

元素：约翰·罗德·劳瑞斯顿（1671—
1729，财政官）的寓所，图中展示了英式园
林与法式园林，园林中包括草坪、树丛、花园
花坛、菜园、橘园。

图 59

III,10. 注：① 鲁瓦西城堡二层平面图；②鲁
瓦西城堡底层平面图。

1776 年，乔治·路易·拉鲁日出版于巴黎。

尺寸：23.9cm×26.8cm（经按压形成凹陷尺
寸），22.1cm×24.9cm（正方线尺寸）。

地点：鲁瓦西（法国，塞纳马恩省）城堡。

元素：约翰·罗德·劳瑞斯顿（1671—
1729，财政官）的寓所。

图 60

III,11. 注：①鲁瓦西城堡三层平面图；②鲁
瓦西城堡的一座侧翼的正视图；③城堡的一
座侧翼的底层平面图。

1776 年，乔治·路易·拉鲁日出版于巴黎。

尺寸：23.9cm×26.8cm（经按压形成凹陷尺
寸），22.7cm×25.5cm（正方线尺寸）。

地点：鲁瓦西（法国，塞纳马恩省）城堡。

元素：约翰·罗德·劳瑞斯顿（1671—
1729，财政官）的寓所。

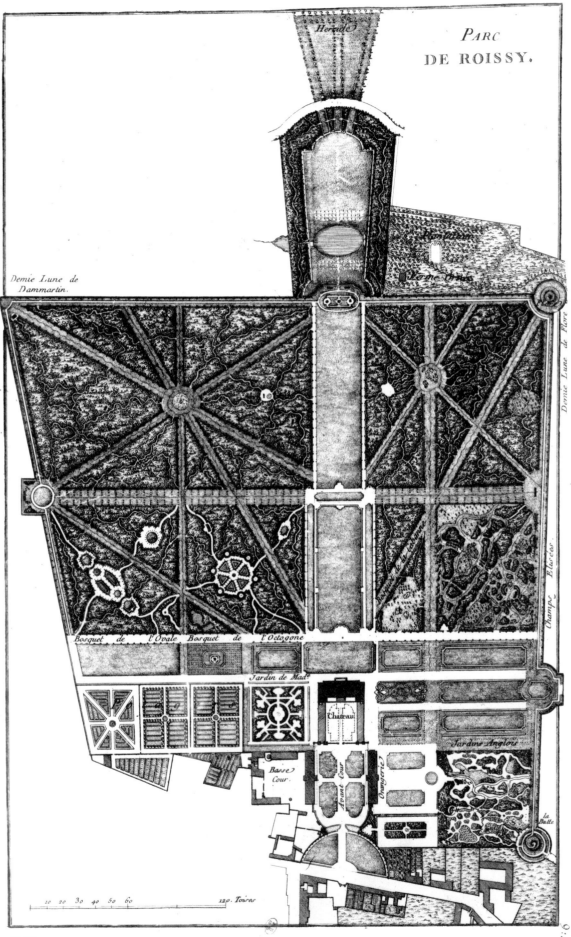

图 58

图 61

III, 12. 注：①从庭院一侧看鲁瓦西城堡的正
视图；②从公园一侧看鲁瓦西城堡的正视图。

1776 年，乔治·路易·拉鲁日出版于巴黎。

尺寸：23.9cm×26.9cm（经按压形成凹陷尺
寸），21.8cm×24.8cm（正方线尺寸）。

地点：鲁瓦西（法国，塞纳马恩省）城堡。

元素：约翰·罗德·劳瑞斯顿（1671—
1729，财政官）的寓所。

图 62

III, 13. 注：①鲁瓦西城堡一座侧翼的三层；
②鲁瓦西城堡面向花园一面侧翼的侧视图；
③鲁瓦西城堡贵妇花园；④鲁瓦西花园花坛
的四分之一图；⑤鲁瓦西灌木丛。

1776 年，乔治·路易·拉鲁日出版于巴黎。

尺寸：25.4cm×34.7cm（经按压形成凹陷尺
寸），23.7cm×33.2cm（正方线尺寸）。

地点：鲁瓦西（法国，塞纳马恩省）城堡，鲁
瓦西（法国，塞纳马恩省）的城堡公园。

元素：约翰·罗德·劳瑞斯顿（1671—
1729，财政官）的寓所，法式园林，英式园林，
园林中包括树丛、花园花坛。

图 63

III, 14. 注：鲁瓦西花园细节。

1776 年，乔治·路易·拉鲁日出版于巴黎。

尺寸：23.8cm×37.7cm（经按压形成凹陷尺
寸），22.6cm×36.3cm（正方线尺寸）。

地点：鲁瓦西(法国,塞纳马恩省)的城堡公园。

元素：约翰·罗德·劳瑞斯顿（1671—
1729，财政官）的寓所，英式园林，园林中
包括树丛、花园楼宇、水利机械。

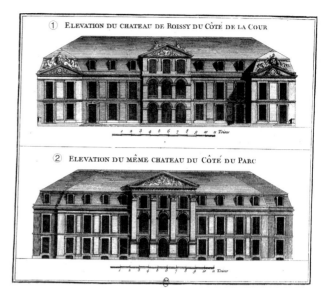

图 61

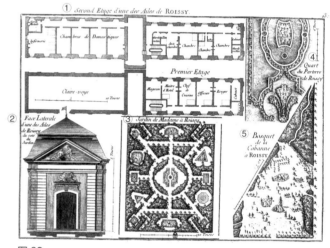

图 62

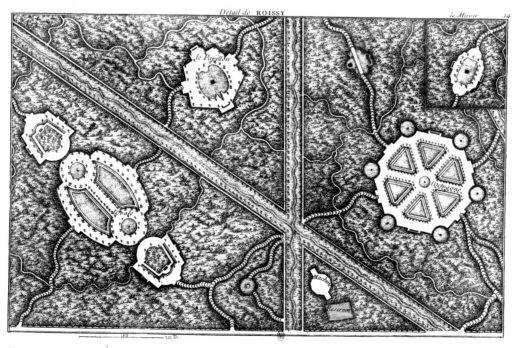

图 63

图 64

III,15. 注：①鲁瓦西树林剧场设计方案；②鲁瓦西香榭丽舍大道。

1776 年，乔治·路易·拉鲁日出版于巴黎。

尺寸：24.2cm×28cm（经按压形成凹陷尺寸），22.9cm×26.2cm（正方线尺寸）。

地点：鲁瓦西（法国，塞纳马恩省）的城堡公园。

元素：约翰·罗德·劳瑞斯顿（1671—1729，财政官）的寓所，英式园林，园林中包括绿荫剧场。

图 65

III,16. 注：鲁瓦西英式花园，测绘图由拉鲁日先生于 1775 年绘画并镌印。

1776 年，乔治·路易·拉鲁日出版于巴黎。

尺寸：24.4cm×37.9cm（经按压形成凹陷尺寸），22.1cm×35.6cm（正方线尺寸）。

地点：鲁瓦西（法国，塞纳马恩省）的城堡公园。

元素：约翰·罗德·劳瑞斯顿（1671—1729，财政官）的寓所，英式花园，园林中包括绿荫、花园瀑布、花园楼宇。

图 66

III,17. 注：鲁瓦西新建英式园林。

1776 年，乔治·路易·拉鲁日出版于巴黎。

尺寸：24.6cm×38.2cm（经按压形成凹陷尺寸），22.3cm×36.2cm（正方线尺寸）。

地点：鲁瓦西（法国，塞纳马恩省）的城堡公园。

元素：约翰·罗德·劳瑞斯顿（1671—1729，财政官）的寓所，英式园林，园林中包括草坪。

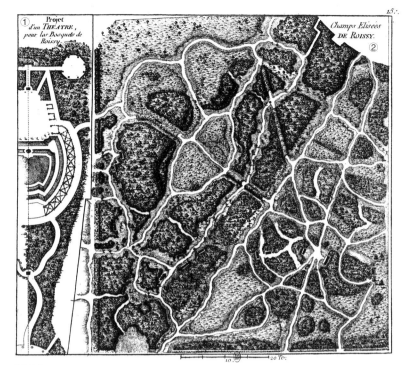

图 64

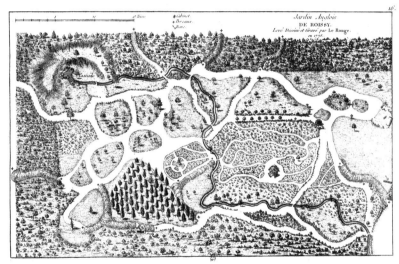

图 65

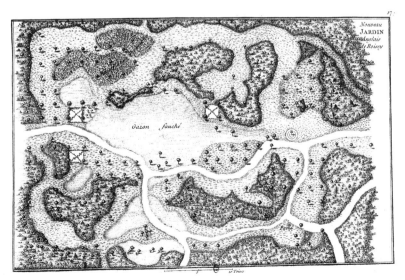

图 66

图 67

III,18. 注：埃尔芒翁维尔花园。

1776 年，乔治·路易·拉鲁日出版于巴黎。

尺寸：34.7cm×25.8cm（经按压形成凹陷尺寸），32.9cm×23.7cm（正方线尺寸）。

地点：埃尔芒翁维尔（法国，瓦兹省）的城堡公园。

元素：勒内·路易·吉拉尔丹（1735—1808，侯爵）的寓所，让-雅克·卢梭（1712—1778）的寓所，法国的英中风格园林荒漠园，池塘。

图 68

III,19. 注：埃尔芒翁维尔的陵墓和洞穴平面图。

1776 年，乔治·路易·拉鲁日出版于巴黎。

尺寸：24.9cm×37.6cm（经按压形成凹陷尺寸），23cm×35.7cm（正方线尺寸）。

地点：埃尔芒翁维尔（法国，瓦兹省）公园

元素：勒内·路易·吉拉尔丹（1735—1808，侯爵）的寓所，让-雅克·卢梭（1712—1778）的寓所，花园岩洞，花园陵墓。

图 69

III,20. 注：①埃尔芒翁维尔小树林中的亭子外观图；②小树林中的亭子平面图；③埃尔芒翁维尔小树林平面图；④修道院门；⑤修道院正面。

1776 年，乔治·路易·拉鲁日出版于巴黎。

尺寸：23.9cm×37.4cm（经按压形成凹陷尺寸），22.2cm×35.7cm（正方线尺寸）。

地点：埃尔芒翁维尔（法国，瓦兹省）公园

元素：勒内·路易·吉拉尔丹（1735—1808，侯爵）的寓所，让-雅克·卢梭（1712—1778）的寓所，英式园林，花园的景观建筑包括花园楼宇、修道院。

图 70（见右页）

III,21. 注：①图题：埃尔芒翁维尔花园细节；②毁坏的圣殿的正视图；③毁坏的圣殿的平面图；④海员房屋的剖面图；⑤从北面的入口看亭子；⑥海员房屋的平面图；⑦正视图。

1776 年，乔治·路易·拉鲁日出版于巴黎。

尺寸：21.5cm×35.5cm（经按压形成凹陷尺寸）。

地点：埃尔芒翁维尔（法国，瓦兹省）公园。

元素：勒内·路易·吉拉尔丹（1735—1808，侯爵）的寓所，让-雅克·卢梭（1712—1778）的寓所，花园的景观性建筑包括花园圣殿、人造废墟、花园楼宇。

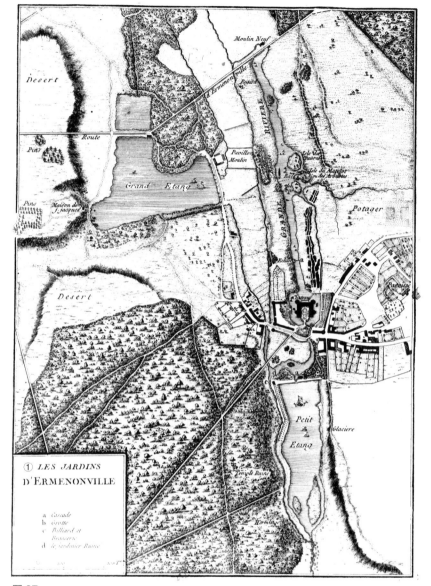

图 67

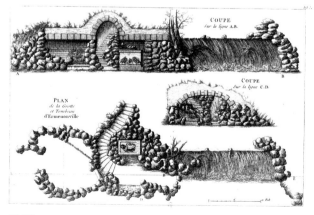

图 68

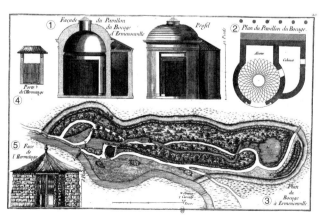

图 69

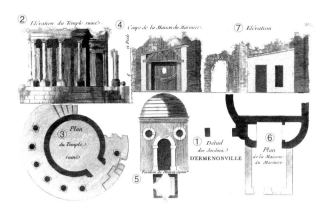

图 70

图 71

III,22. 注：①哲人之屋，位于埃尔芒翁维尔的荒漠园中；②渔人之屋；③哲人之屋的外观图；④哲人之屋的平面图。

1776 年，乔治·路易·拉鲁日出版于巴黎。

尺寸：24.6cm×28cm（经按压形成凹陷尺寸），22.8cm×26.3cm（正方线尺寸）。

地点：埃尔芒翁维尔（法国，瓦兹省）公园。

元素：勒内·路易·吉拉尔丹（1735—1808，侯爵）的寓所，让–雅克·卢梭（1712—1778）的寓所，花园的景观建筑包括花园楼宇、修道院。

图 72

III,23. 注：①苔丝夫人的花园，位于赛夫和凡尔赛之间；②园林设计师和布景师克拉梅先生的英式花园设计构思。

1776 年，乔治·路易·拉鲁日出版于巴黎。

尺寸：24.1cm×36.9cm（经按压形成凹陷尺寸），22.7cm×35.4cm（正方线尺寸）。

地点：沙维尔（法国，上塞纳省）城堡公园。

元素：阿德里安–凯瑟琳德·苔丝（？—1814）的寓所，英式园林，法式园林，花园楼宇，人造小丘。

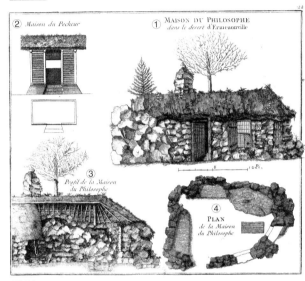

图 71

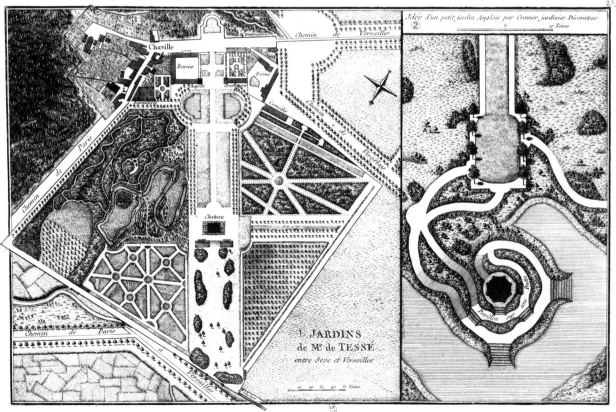

图 72

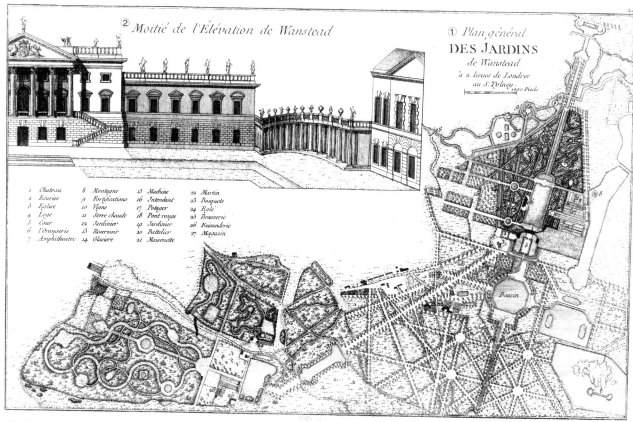

② Moitié de l'Élévation de Wanstead

① Plan général
DES JARDINS
de Wanstead
à 2 lieues de Londres
au S. Tylney

1 Chateau	8 Montagne	15 Machine	22 Martin
2 Ecuries	9 Fortifications	16 Intendant	23 Bosquets
3 Eglise	10 Vigne	17 Potager	24 Eole
4 Loge	11 Serre chaude	18 Pont rouge	25 Brasserie
5 Cour	12 Jardinier	19 Jardinier	26 Faisanderie
6 l'Orangerie	13 Reservoir	20 Battelier	27 Magazin
7 Amphithéatre	14 Glaciere	21 Maisonnette	

图 73

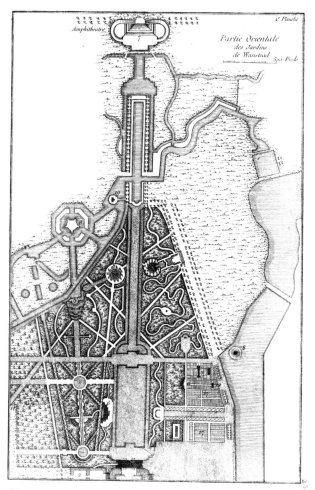

Amphithéatre

Partie Orientale
des Jardins
de Wanstead

图 74

图 73

III,24. 注：①旺斯特德花园总平面图，位于圣泰尔尼，距离伦敦 2 法里；②旺斯特德庄园的二分之一正视图；平面图由 1735 年约翰罗克的一副平面图复制而来。

1776 年，乔治·路易·拉鲁日出版于巴黎。

尺寸：24.5cm×38.1cm（经按压形成凹陷尺寸），23cm×36.6cm（正方线尺寸）。

地点：旺斯特德花园（英国，伦敦）。

元素：理查德·柴尔德·泰尔尼伯爵的寓所，英式园林。

图 74

III,25. 注：旺斯特德花园的东部部分——第二幅版画。

1776 年，乔治·路易·拉鲁日出版于巴黎。

尺寸：35.3cm×23.7cm（经按压形成凹陷尺寸），33.6cm×21.9cm（正方线尺寸）。

地点：旺斯特德花园（英国，伦敦）。

元素：理查德·柴尔德·泰尔尼伯爵的寓所，英式园林，绿荫剧场，人造小丘，花园运河，菜园，温室，橘园。

图 75

III,26.注：旺斯特德花园的西部部分——第三幅版画。

1776 年，乔治·路易·拉鲁日出版于巴黎。

尺寸：24.9cm×38.8cm（经按压形成凹陷尺寸），23cm×36.6cm（正方线尺寸）。

地点：旺斯特德花园（英国，伦敦）。

元素：理查德·柴尔德·泰尔尼伯爵的寓所，英式园林，花园水池，池塘，人工岛，花园运河，树丛。

图 76

III,27.注：旺斯特德花园的北部部分——第四幅版画。

1776 年，乔治·路易·拉鲁日出版于巴黎。

尺寸：23.2cm×35cm（经按压形成凹陷尺寸），21.5cm×33.1cm（正方线尺寸）。

地点：旺斯特德花园（英国，伦敦）。

元素：理查德·柴尔德·泰尔尼伯爵的寓所，英式园林，池塘，花园养禽场，花园水池。

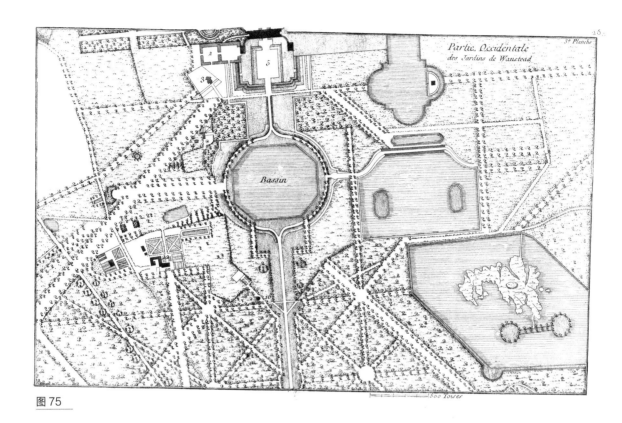

图 75

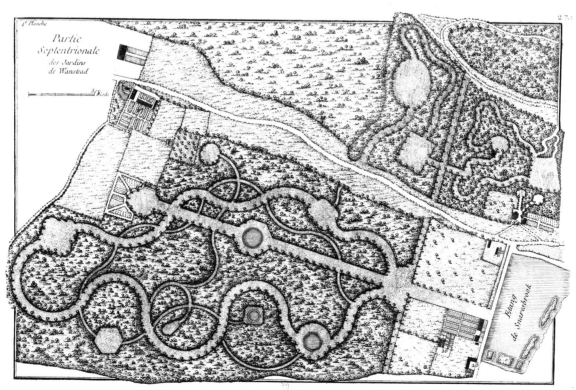

图 76

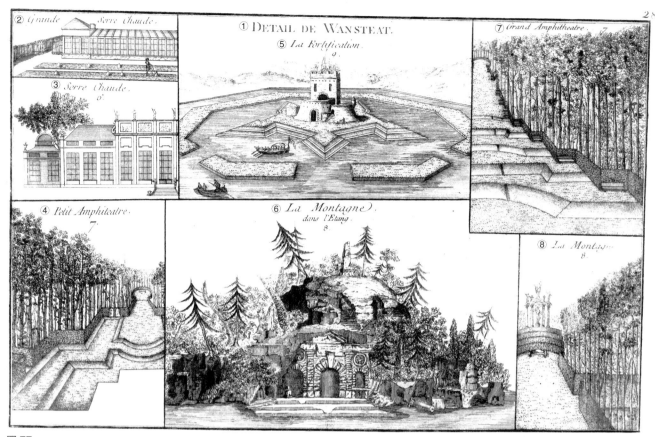

图 77

图 77

III,28. 注：①图题：旺斯特德花园细节；②
大热带温室；③大温室 6；④小圆形剧院 7；
⑤堡垒 9；⑥池塘中的假山 8；⑦大圆形剧
院 7；⑧假山 8。

1776 年，乔治·路易·拉鲁日出版于巴黎。

尺寸：24.2cm×36.8cm（经按压形成凹陷尺
寸），22.3cm×35cm（正方线尺寸）。

地点：旺斯特德花园（英国，伦敦）。

元素：理查德·柴尔德·泰尔尼伯爵的寓所，
英式园林，花园的景观建筑，温室，人工岛，
人造小丘，观景台，花园圣殿，绿荫剧院，花
园岩洞，人造堡垒。

第四册

1776 年 11 月至 12 月间
30 幅版画

这一册大约于 1776 年底问世。从那时起，都佛很好奇地提议把前四册分成 48 本书出版发售。由于这部著作的巨大成功，拉鲁日把第一册从 9 本书增加到 12 本书从而提高了售价。（1776 年下半年的《新工程什锦总录》一书中提到："新式英中式园林的细节，由拉鲁日创作，4 部横长形对开本，装订插图，48 本书。"）

图 78

IV,1. 注：①英中风格花园第四册，斯托城堡，靠近花园的一面；②纳尔逊静修屋；③方尖碑（用于测定日落时间）；④迪东洞穴；⑤大门；⑥入口处两座凉亭的其中一座；⑦月神圣殿；⑧公园入口处两座凉亭的其中一座；⑨酒神圣殿。

1776 年，乔治·路易·拉鲁日出版于巴黎。

尺寸：22.9cm×36.8cm 宽（经按压形成凹陷尺寸），21.1cm×35.2cm（正方线尺寸）。

地点：斯陀园（英国，白金汉郡）的城堡公园。

元素：花园楼宇，宏伟的大门，花园方尖碑，花园圣殿。

图 79

IV,2. 注：伦敦沃克斯豪尔的部分景观。

1776 年，乔治·路易·拉鲁日出版于巴黎。

尺寸：24.5cm×37.4cm（经按压形成凹陷尺寸），21.5cm×34.7cm（正方线尺寸）。

地点：沃克斯豪尔花园（英国，伦敦）。

元素：伦敦的花园景点，餐厅。

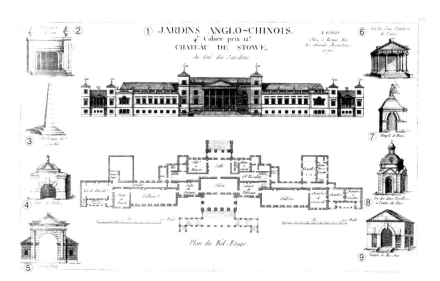

图 78

图 79

图 80

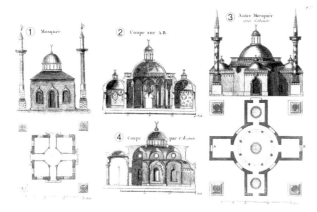

图 81

图 82

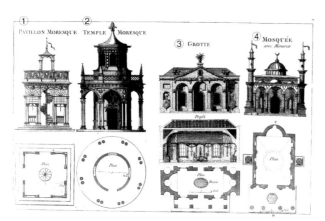

图 84

图 80

IV,3. 注：英式花园的洞穴和修道院。

1776 年，乔治·路易·拉鲁日出版于巴黎。

尺寸：22.7cm×36.2cm（经按压形成凹陷尺寸），21.2cm×34.7cm（正方线尺寸）。

元素：花园岩洞、修道院。

图 81

IV,4. 注：①清真寺；② A–B 剖面图；③其他带有小室的清真寺；④ C–D 剖面图。

1776 年，乔治·路易·拉鲁日出版于巴黎。

尺寸：23.2cm×35.1cm（经按压形成凹陷尺寸）。

元素：花园清真寺。

图 82

IV,5. 注：英式花园中的洞穴型凉亭。

1776 年，乔治·路易·拉鲁日出版于巴黎。

尺寸：22.5cm×36cm（经按压形成凹陷尺寸），21cm×34.5cm（正方线尺寸）。

元素：花园楼宇，花园岩洞。

图 83（见第 27 页）

IV,6. 注：各种各样的岩洞。中式及其他风格。

1776 年，乔治·路易·拉鲁日出版于巴黎。

尺寸：24.6cm×38.4cm（经按压形成凹陷尺寸），23.3cm×36.9cm（正方线尺寸）。

元素：中式风格的花园楼宇，花园岩洞，花园柱廊。

图 84

IV,7. 注：①摩尔式凉亭；②摩尔式圣堂；③岩洞；④有尖塔的清真寺庙。

1776 年，乔治·路易·拉鲁日出版于巴黎。

尺寸：23.5cm×36.8cm（经按压形成凹陷尺寸），21.4cm×35.3cm（正方线尺寸）。

元素：摩尔式风格花园楼宇，花园岩洞，花园清真寺，花园水池。

图 85

IV,8. 注：英式花园中的各种小圣殿。

1776 年，乔治·路易·拉鲁日出版于巴黎。

尺寸：23.2cm×34.8cm（经按压形成凹陷尺寸），22.1cm×33.7cm（正方线尺寸）。

元素：花园圣殿。

图 86

IV,9. 注：英式花园中的三幢建筑物。

1776 年，乔治·路易·拉鲁日出版于巴黎。

尺寸：23.5cm×35.9cm（经按压形成凹陷尺寸），22.1cm×34.4cm（正方线尺寸）。

元素：花园楼宇。

图 87

IV,10. 注：英式花园中的五座圣殿。

1776 年，乔治·路易·拉鲁日出版于巴黎。

尺寸：24.5cm×37.4cm（经按压形成凹陷尺寸）。

元素：花园楼宇，花园圣殿。

图 88

IV,11. 注：英式花园中的四幢建筑物。

1776 年，乔治·路易·拉鲁日出版于巴黎。

尺寸：18.9cm×34cm（经按压形成凹陷尺寸），17.2cm×32.3cm（正方线尺寸）。

元素：花园楼宇。

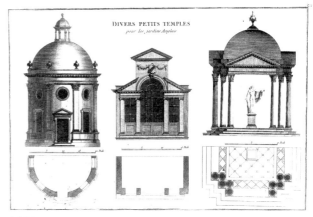

图 85

图 86

图 87

图 88

① Barque Chinoise Dessinée dans le grand Parc de W

② Tour Gothique à Whitton au Duc d'Argyl.

③ Batiment Neuf Sur la Butte des Nains à Windsor.

图89

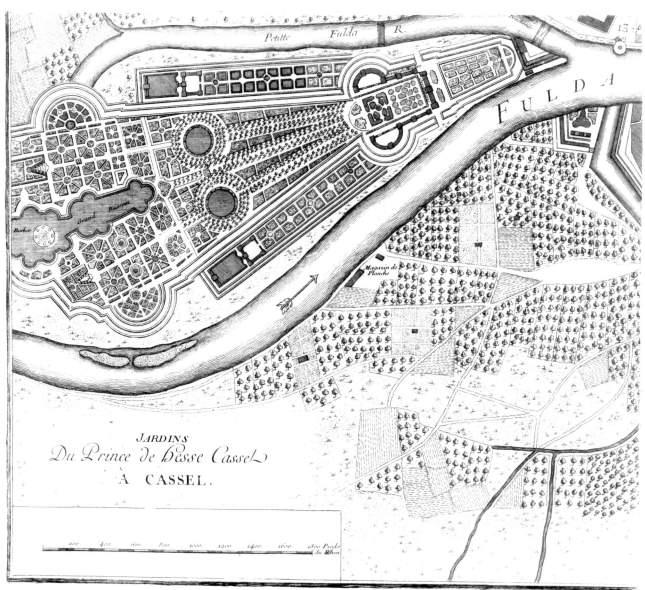

JARDINS Du Prince de Hesse Cassel À CASSEL.

图90

图 89（见左页）

IV,12. 注：①中国小船，绘制于温莎公园中；②哥德式塔楼，位于惠顿，属于阿盖尔公爵；③新楼房，位于温莎的小矮岗上。

1776 年，乔治·路易·拉鲁日出版于巴黎。

尺寸：23.9cm×35.3cm（经按压形成凹陷尺寸），21.1cm×33.2cm（正方线尺寸）。

元素：惠顿（英国，米德塞克斯郡）的惠顿公园塔楼，温莎（英国，伯克郡）的城堡公园，阿奇博尔·德坎贝尔（1682—1761，阿盖尔公爵）的寓所，哥特式风格花园楼宇，中式风格小船，花园塔楼。

图 90（见左页）

IV,13. 注：黑森卡塞尔王子的花园，位于卡塞尔。

1776 年，乔治·路易·拉鲁日出版于巴黎。

尺寸：25.8cm×29.3cm（经按压形成凹陷尺寸），24.4cm×28cm（正方线尺寸右上部被截断）。

地点：卡塞尔（德国，黑森州）威廉高地公园。

元素：富尔达河（德国，河流），威廉一世（1743—1821，黑森凯塞尔选侯国的选帝侯）的寓所，法式园林。

图 91

IV,14. 注：①凡尔赛海神水池的中心部分；由国王御用建筑设计师洛里奥绘制；②此处的凸出角距离中心 A 处 16 托阿斯。

1776 年，乔治·路易·拉鲁日出版于巴黎。

尺寸：23.2cm×35.2cm（经按压形成凹陷尺寸），21.4cm×33.5cm（正方线尺寸）。

地点：凡尔赛（法国，伊夫林省）城堡公园的海神水池，尼普顿（罗马神话中的海神），十七世纪的水池喷泉，喷水池。

图 92

IV,15. 注：①修道院园林的凉亭设计图，由克罗瓦亲王绘制；②中国的亭子称作"亭"。

1776 年，乔治·路易·拉鲁日出版于巴黎。

尺寸：34.7cm×23cm（经按压形成凹陷尺寸），32.3cm×21.5cm（正方线尺寸）。

地点：埃斯科河畔孔代（法国，北加莱省）修道院城堡公园。

元素：埃玛·纽埃尔·克洛瓦公爵（1718—1784，法国元帅）的寓所，中式风格的花园凉亭。

① PARTIE CENTRALE DU BASSIN DE NEPTUNE A VERSAILLES.

图 91

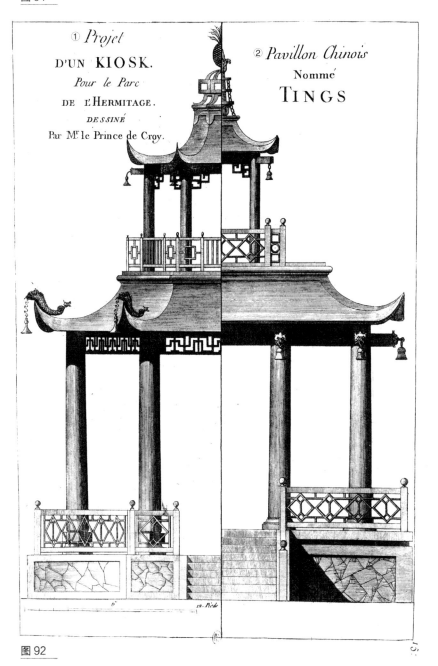

图 92

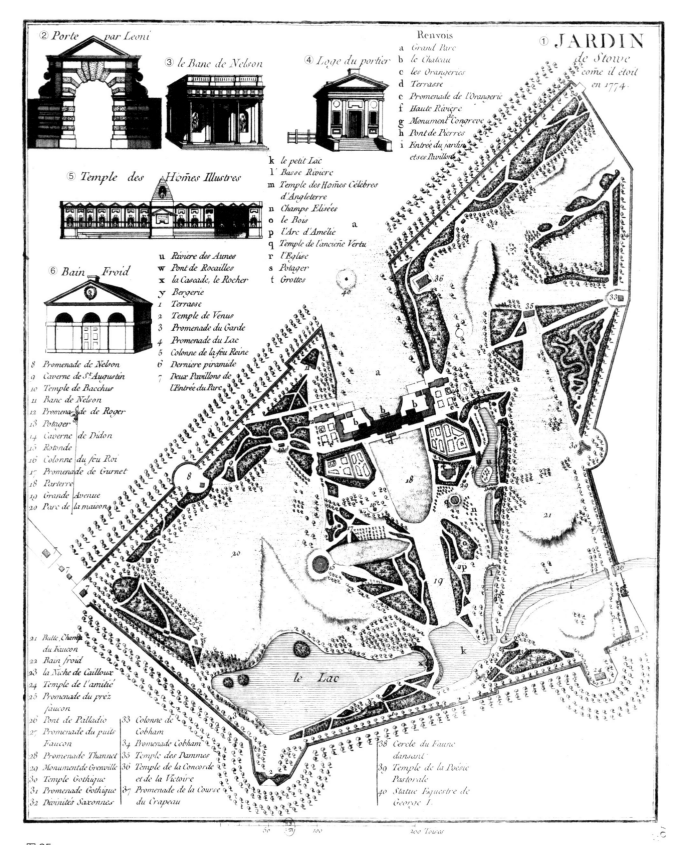

图 95

图 93（见第 11 页）

IV, 16. 注：从巴克斯伯爵位于西威科姆花园中小桥上看维纳斯圣殿的景观。这座花园属于达什伍德骑士芭克斯伯爵。

1776 年，乔治·路易·拉鲁日出版于巴黎。

尺寸：24.1cm×37.2cm（经按压形成凹陷尺寸），22cm×34.9cm（正方线尺寸）。

地点：西威科姆（英国，白金汉郡）城堡公园。

元素：达什·伍德·弗朗西斯爵士（1709—1782)的寓所，维纳斯(罗马神话的爱神)圣殿，花园圣殿，英式园林，花园桥梁，人工岛。

图 94（见第 11 页）

IV,17. 注：①达什伍德骑士位于西威科姆花园的瀑布；②温莎公园的岩洞。

1776 年，乔治·路易·拉鲁日出版于巴黎。

尺寸：26.4cm×29.8cm（经按压形成凹陷尺寸），23.5cm×26.9cm（正方线尺寸）。

地点：温莎（英国，伯克郡）城堡公园，西威科姆（英国，白金汉郡）城堡公园。

元素：达什·伍德·弗朗西斯爵士（1709—1782）的寓所，英式园林，瀑布，花园湖泊，花园岩洞。

图 95（见左页）

IV,18. 注：①斯陀园，1774 年全貌；②莱奥尼门；③涅尔逊长椅；④看门人的小屋；⑤英国贵族光荣之庙；⑥冷水浴池。

1776 年，乔治·路易·拉鲁日出版于巴黎。

尺寸：32.7cm×27.1cm（经按压形成凹陷尺寸），31cm×25.4cm（正方线尺寸）。

地点：斯陀园（英国，白金汉郡）城堡公园，乔治·纽金特·坦普尔·格伦维尔（1753—1813，白金汉侯爵）的寓所，莱奥尼加科莫（1688—1746，建筑师）。

元素：斯陀园大门，英式花园，花园楼宇，宏伟的大门，花园圣殿。

图 96

IV,19. 注：①斯陀园现在的平面图；②堡垒；③友谊圣殿；④石子砌成的亭子附室；⑤圣母神殿；⑥牧诗圣殿；⑦多利安柱式拱门。

1776 年，乔治·路易·拉鲁日出版于巴黎。

尺寸：22.6cm×338.2cm（经按压形成凹陷尺寸）。

地点：斯陀园（英国，白金汉郡）城堡公园。

元素：花园圣殿，花园宏伟的拱门，橘园，英国城堡。

图 97

IV,20. 注：① 靠近花园一面的斯陀园新外观；②靠近公园一边的外观。

1776 年，乔治·路易·拉鲁日出版于巴黎。

尺寸：19cm×25.1cm（经按压形成凹陷尺寸），17.1cm×23.1cm（正方线尺寸）。

地点：斯陀园（英国，白金汉郡）城堡。

元素：英国城堡。

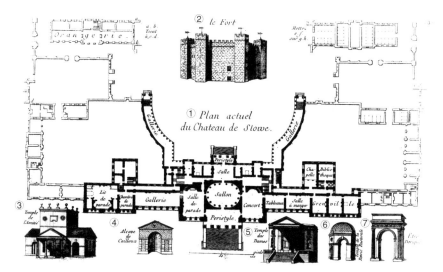

图 96

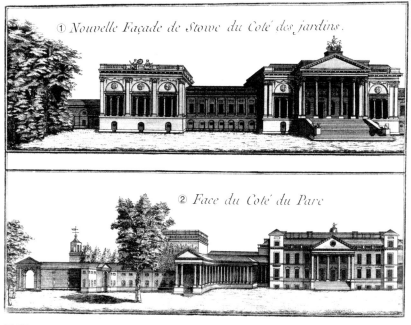

图 97

图98

IV,21.注：① 斯陀园；②沃尔夫将军方尖碑；③乔治一世骑士塑像；④科林斯式柱形拱门；⑤考伯海姆勋爵；⑥格伦维尔上尉；⑦卡洛琳王妃；⑧乔治二世。

1776 年，乔治·路易·拉鲁日出版于巴黎。

尺寸：25.4cm×30.1cm（经按压形成凹陷尺寸），24.3cm×29.3cm（正方线尺寸）。

地点：斯陀园（英国，白金汉郡）城堡公园。

元素：詹姆斯·沃尔夫（1726—1759，将军）的纪念碑，乔治一世（1660—1727，英国国王）骑马雕像，理查德·考伯海姆（1675—1749，勋爵）纪念碑，托马斯·格伦维尔（？—1747，舰长）纪念碑，卡罗琳·马蒂尔德

（1751—1775，丹麦王妃）纪念碑，乔治二世（1683—1760，英国国王）纪念碑，英式园林，花园建筑物，花园宏伟的拱门，花园方尖碑。

图99（见第10页）

IV,22.注：从北方看到的邱园废墟景观。

1776 年，乔治·路易·拉鲁日出版于巴黎。

尺寸：24.1cm×29.6cm（经按压形成凹陷尺寸），23.3cm×27.8cm（正方线尺寸）。

地点：邱园（英国，萨里郡，里士满），皇家植物园（英国，萨里郡，里士满，基尤）。

元素：奥古斯塔德·萨克森哥达（1719—1772，威尔士王妃）的寓所，威廉·钱伯斯

（1726—1796）建造的邱园，英式园林，人造废墟。

图100（见第10页）

IV,23.注：南面的邱园废墟。

1776 年，乔治·路易·拉鲁日出版于巴黎。

尺寸：24.4cm×29.2cm（经按压形成凹陷尺寸），21.3cm×26.8cm（正方线尺寸）。

地点：邱园（英国，萨里郡，里士满），皇家植物园（英国，萨里郡，里士满，基尤）。

元素：奥古斯塔德·萨克森哥达（1719—1772，威尔士王妃）的寓所，威廉·钱伯斯（1726—1796）建造的邱园，英式园林，人造废墟，花园圣殿。

② *Obelisque du Général Wolfe* ① STOWE ③ *Statue Equestre de George I.* ④ *L'Arc Corinthien*
⑤ *Lord Cobham* ⑥ *Capitaine Grenville* ⑦ *Reine Caroline* ⑧ *George Second*

图98

图 101
IV,24. 注：沿着长廊方向切割的邱园古代艺术长廊的部分剖面。
1776 年，乔治·路易·拉鲁日出版于巴黎。
尺寸：24.5cm×29cm。
地点：邱园（英国，萨里郡，里士满），皇家植物园（英国，萨里郡，里士满，基尤）。
元素：佛洛拉（罗马神话花神）雕塑，弥涅尔瓦（罗马神话智慧女神）雕塑，花园柱廊，古典雕塑。

图 102
IV,25. 注：沿宽方向切割的同一长廊剖面。由版画师尼古拉朗松奈特刻制。
1776 年，乔治·路易·拉鲁日出版于巴黎。
尺寸：25.3cm×33.1cm（经按压形成凹陷尺寸）。
地点：邱园（英国，萨里郡，里士满），皇家植物园（英国，萨里郡，里士满，基尤）。
元素：花园柱廊，图中的古典雕塑包括乌刺尼亚（希腊神话女神）的雕塑，厄刺托（希腊神话女神）的雕塑，狮身人面女像。

图 103
IV,26. 注：邱园哥特式教堂的正视图。
1776 年，乔治·路易·拉鲁日出版于巴黎。
尺寸：29.4cm×23cm（经按压形成凹陷尺寸），26.5cm×21.3cm（正方线尺寸）。
元素：邱园（英国，萨里郡，里士满）教堂，英国哥特式建筑。

图 101

图 102

图 103

图 104

IV,27. 注：多样的英式塔楼。

1776 年，乔治·路易·拉鲁日出版于巴黎。

尺寸：24.7cm×38.5cm（经按压形成凹陷尺寸）。

元素：花园凉亭。

图 105

IV,28. 注：由哈弗佩妮设计的不同的亭。

1776 年，乔治·路易·拉鲁日出版于巴黎。

尺寸：24.5cm×32.7cm（经按压形成凹陷尺寸），23.2cm×31.4cm（正方线尺寸）。

元素：花园凉亭。

图 106（见右页）

IV,29. 注：由哈弗佩妮设计的不同的亭。

1776 年，乔治·路易·拉鲁日出版于巴黎。

尺寸：24.7cm×29.7cm（经按压形成凹陷尺寸）。

元素：花园凉亭。

图 107（见右页）

IV,30. 注：由哈弗佩妮设计的瀑布及山洞式建筑。

1776 年，乔治·路易·拉鲁日出版于巴黎。

尺寸：24.6cm×28cm。

元素：花园岩洞，瀑布。

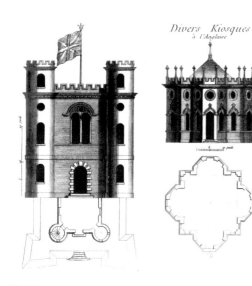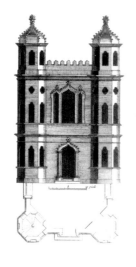

图 104

图 105

图 106

Cascade et Grottes par Halfpenny

图 107

第五册

1776 年 12 月（或更晚）

30 页文字描述，20 幅版画

图 108

中式建筑、家具、服装、机器和工具综述，由英国建筑师钱伯斯在中国绘制完成的原图（包括一份关于当地庙宇、房屋、园林的描述）在巴黎制作为版画，由皇家地图学工程师拉鲁日先生于 1776 年作于大奥古斯汀街的家中，共 30 页。

这一册四开本图书的印刷权已于 1776 年 11 月 15 日取得。这册图书显然是 1777 年被交付的。这是一本最初由钱伯斯先生于 1757 年在伦敦发表的著作的翻印版，这本新发行的法语版是与英语翻印版同时出现的（参考 1990 年由剑桥出版社发行的由艾琳哈里斯所著的《1556—1785 年间的英国建筑书籍与作者们》一书的第 162 页）。

我们可以假设这册由拉鲁日翻印的版本是被都佛在 1777 年提议作为《英中式园林》这套著作的第五册的，当时的发票是这样写的：《英中式园林》，第五册，12 本书（参考自 1777 年都佛于马斯特里赫特寄给本特海姆伯爵的信和发票；这本 1777 年都佛出版

的名录并没有在都佛的遗产名单中出现）。拉鲁日翻刻文字的时候进行了一定程度上的自由发挥：他把一些句子中的词语顺序进行颠倒，还把一些章节的标题简化并把前言对英国刻版师们的吹嘘进行了调整。英语版的此书有 21 幅版画而拉鲁日的法语版只有 20 幅版画：他把第一幅和第二幅版画合并为了第一幅，剩下的版画也被重新排版了。拉鲁日把英语版里刻版师们的名字去掉了，在他的版本里只保留了一位法国裔刻版师 C.J. 夏奥米耶的名字。

元素：中式建筑·中式园林

图 109

V, 1. 注：①位于广州的一座园林的楼阁；②中式房屋的二楼；③底层；④一座广式大宝塔的四分之一细节图。

1776 年，乔治·路易·拉鲁日出版于巴黎。

尺寸：23.5cm×37cm（经按压形成凹陷尺寸），22.5cm×35.5cm（正方线尺寸）。

元素：广州（中国）大宝塔，中式的园林楼阁。

图 108

图 110

V,2. 注：交趾支那（今越南南部）大宝塔的亭子。

1776 年，乔治·路易·拉鲁日出版于巴黎。

尺寸：29.8cm×25.2cm（经按压形成凹陷尺寸），28.5cm×24cm（正方线尺寸）。

元素：广州（中国）大宝塔，中国宝塔，越南宝塔。

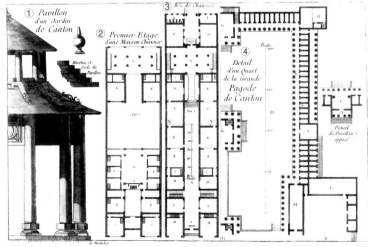

图 109

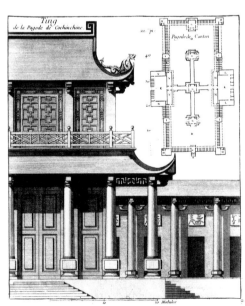

图 110

图 111

图 112

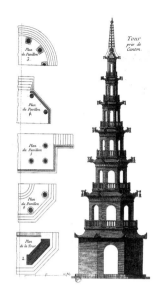

图 113

图 114

图 115

图 111
V,3. 注：① 中式庙宇；② 鞑靼文题词；③ 顶层的模型。
1776 年，乔治·路易·拉鲁日出版于巴黎。
尺寸：29.7cm×25.1cm（经按压形成凹陷尺寸），28.9cm×24.6cm（正方线尺寸）。
元素：中式建筑，鞑靼语，中国庙宇。

图 112
V,4. 注：位于广州地区的一座宝塔上的亭子。
1776 年，乔治·路易·拉鲁日出版于巴黎。
尺寸：28.6cm×22.8cm（经按压形成凹陷尺寸），26.8cm×21.9cm（正方线尺寸）。
元素：广州（中国）宝塔。

图 113
V,5. 注：广州附近的塔。
1776 年，乔治·路易·拉鲁日出版于巴黎。
尺寸：37.7cm×24.3cm（正方线尺寸）。
元素：广州（中国）塔。

图 114
V,6. 注：① 一座广州园林里的桥；②［中文题词］。
1776 年，乔治·路易·拉鲁日出版于巴黎。
尺寸：30.5cm×26cm（经按压形成凹陷尺寸）。
元素：广州（中国）园林，中国园林中的桥，中文。

图 115
V,7. 注：一座中式房屋的剖面图沿着上一版的 XY 方向。
1776 年，乔治·路易·拉鲁日出版于巴黎。
尺寸：32.5cm×23.9cm（经按压形成凹陷尺寸）。
元素：中式建筑，中式园林，竹子，中国住宅。

图 116
V,8. 注：一间中式公寓的内部。
1776 年，乔治·路易·拉鲁日出版于巴黎。
尺寸：25.2cm×30.1cm（经按压形成凹陷尺寸）。
元素：中式建筑的装潢与装饰品，中国家具。

图 117
V,9. 注：一间中式公寓的内部。
1776 年，乔治·路易·拉鲁日出版于巴黎。
尺寸：24.8cm×29.4cm（经按压形成凹陷尺寸），21.2cm×27.5cm（正方线尺寸）。
元素：中式建筑的装潢与装饰品，中国家具，中国灯饰。

图 118（见右页）
V,10. 注：①广式牌楼；②广式房屋的外观。
1776 年，乔治·路易·拉鲁日出版于巴黎。
尺寸：23.1cm×29cm（经按压形成凹陷尺寸）。
元素：广州（中国）牌楼，中式建筑，中国牌楼，中国住宅外观。

图 119（见右页）
V,11. 注：中式立柱与房架。
1776 年，乔治·路易·拉鲁日出版于巴黎。
尺寸：32.7cm×25.5cm（经按压形成凹陷尺寸），30.3cm×23.5cm（正方线尺寸）。
元素：中式建筑的立柱与木质房架。

图 120（见右页）
V,12. 注：中式家具，夏奥米耶创作。
1776 年，乔治·路易·拉鲁日出版于巴黎。
尺寸：23.5cm×36.8cm（经按压形成凹陷尺寸），22.9cm×36.2cm（正方线尺寸）。
元素：中国家具。

图 121（见右页）
V,13. 注：①中式家具；②独脚小圆桌；③风箱；④桌子；雕塑师夏奥米耶创作。
1776 年，乔治·路易·拉鲁日出版于巴黎。
尺寸：32.7cm×25.2cm（经按压形成凹陷尺寸），31.3cm×23.9cm（正方线尺寸）。
元素：中国家具。

图 122（见右页）
V,14. 注：中式瓷质花瓶和瓷质品，由夏奥米耶创作。
1776 年，乔治·路易·拉鲁日出版于巴黎。
尺寸：24.5cm×37.4cm（经按压形成凹陷尺寸）。
元素：中国花瓶，中国茶壶。

图 123（见右页）
V,15. 注：中式瓷质茶壶与大口酒杯，由夏奥米耶创作。
1776 年，乔治·路易·拉鲁日出版于巴黎。
尺寸：24.8cm×30.1cm（经按压形成凹陷尺寸），21.9cm×28.1cm（正方线尺寸）。
元素：中国茶壶，中国花瓶。

Interieur d'un Appartement Chinois.

图 116

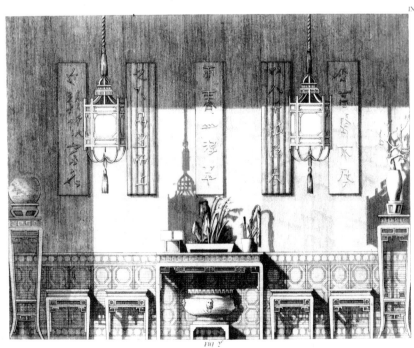

图 117

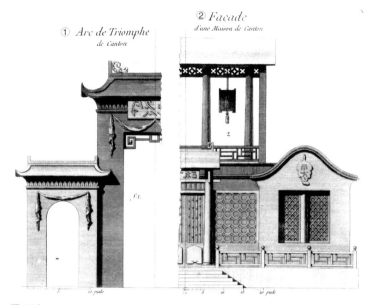

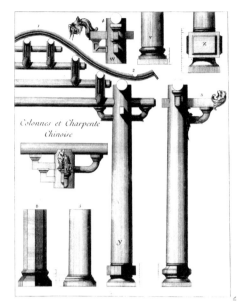

图 118

图 119

图 120

图 121

图 122

图 123

图 124

V,16. 注：中式船。

1776 年，乔治·路易·拉鲁日出版于巴黎。

尺寸：37.4cm×24.5cm（经按压形成凹陷尺寸），35.1cm×22.4cm（正方线尺寸）。

元素：中国小船。

图 125

V,17. 注：中式机器与服饰；①仪态优雅的女子；②农民；③渔民。

1776 年，乔治·路易·拉鲁日出版于巴黎。

尺寸：37.7cm×24.1cm（经按压形成凹陷尺寸）。

元素：中国脱粒机，中国灌溉机器与设备，中国服装，中国农民，中国贵族，中国园林的花坛。

图 126（见右页）

V,18. 注：①和尚；②尼姑；③宫廷宦官；④皇帝；⑤内阁大臣。

1776 年，乔治·路易·拉鲁日出版于巴黎。

尺寸：23.4cm×37cm（经按压形成凹陷尺寸）。

元素：中国服装，中国佛教和尚，中国宦官，中国皇帝，中国大臣。

图 127（见右页）

V,19. 注：①乞丐和尚；②大家闺秀；③武官；④侍从。

1776 年，乔治·路易·拉鲁日出版于巴黎。

尺寸：24.1cm×37.9cm（经按压形成凹陷尺寸）。

元素：中国服装，中国佛教和尚，中国乞丐僧侣，中国侍从，中国官员，中国贵族。

图 128（见右页）

V, 20. 注：①住在船屋的中国人；②文官；③夏装；④着冬装的达官贵人。

1776 年，乔治·路易·拉鲁日出版于巴黎。

尺寸：24cm×37.7cm（经按压形成凹陷尺寸）。

元素：中国渔民，中国船只，中国官员，中国贵族，中国商人。

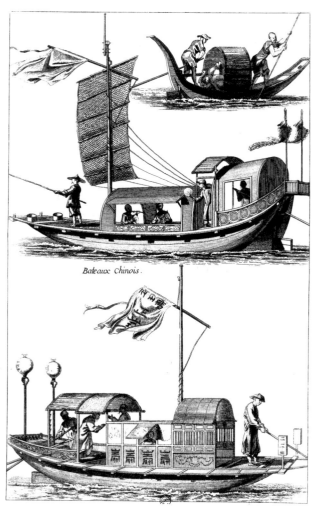

图 124

图 125

① Bonze　② Religieuse　③ Eunuque du Palais　④ l'Empereur　⑤ Ministre d'Etat

图 126

① Bonze Mendiant　② Femme de Qualité　③ Mandarin militaire　④ Servante

图 127

① Chinois qui demeurent dans les bateaux　② Mandarin de Lettres　③ Habit d'Eté　④ Marchands et gens de Distinction l'Hiver

图 128

第六册

1778 年 5 月至 6 月间
30 幅版画

第六册既没有特别的标题也没有著作时间，这册书应该是在 1778 年的下半年被都佛收编进自己的出版目录里的。然而，查尔斯伯爵的儿子兼继承人本特海姆 - 施泰因富尔特的路易伯爵在三年后丢失了这册图书及购买发票，于是他又要求重新运送了一本。但是书商都佛在缺少发票的情况下不能证明这第六册已于 1778 年 6 月 20 日被运送到施泰因富尔特了（参考自 1781 年 11 月 6 日都佛于马斯特里赫特寄给路易伯爵的信，这本 1778 年下半年都佛出版的名录并没有在都佛的遗产名单中出现）。

图 129
VI,1. 注：第六册，贵族的宫殿和庄园，30 幅插图。
1778 年，乔治·路易·拉鲁日出版于巴黎。
尺寸：24.6cm×28cm（经按压形成凹陷尺寸），22.6cm×26.4cm（正方线尺寸）。
地点：伊斯坦布尔（土耳其）大皇宫花园。

图 130（见右页）
VI,2. 注：①维尔日妮河上的大桥，位于温莎公园；②岩石洞穴旁的瀑布，位于温莎公园。
1778 年，乔治·路易·拉鲁日出版于巴黎。
尺寸：23.8cm×34.7cm（经按压形成凹陷尺寸），22.5cm×32.2cm（正方线尺寸）。
地点：温莎（英国，伯克郡）城堡公园。
元素：英式园林，花园桥梁，瀑布。

图 131（见右页）
VI,3. 注：①汉密尔顿的松山园中的桥；②温莎公园的桥。
1778 年，乔治·路易·拉鲁日出版于巴黎。
尺寸：24.5cm×29.1cm（经按压形成凹陷尺寸）。
地点：温莎（英国，伯克郡）城堡公园，潘斯山（英国，萨里郡）城堡公园。
元素：查尔斯·汉密尔顿（1704—1786）的寓所，英式园林，花园桥梁，黎明时的船。

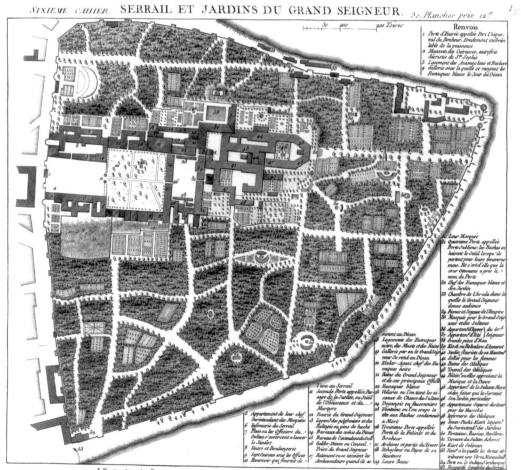

图 129

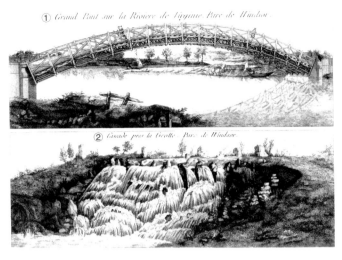

图 130

图 131

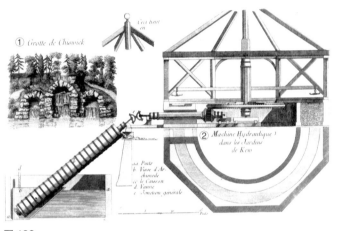

图 133

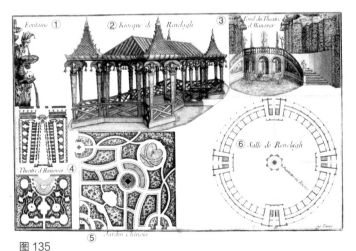

图 135

植物园（英国，萨里郡，里士满，基尤）。

元素：萨克森哥达的奥古斯塔（1719—1772，威尔士王妃）的寓所，威廉·钱伯斯（1726—1796）建造的邱园宝塔，威廉·钱伯斯（1726—1796）建造的邱园橘园，英式园林，花园圣殿，花园桥梁，英国花园宝塔，花园湖泊。

图 133

VI,5. 注：①奇斯威克庄园的洞穴；②邱园中的水利机械。

1778 年，乔治·路易·拉鲁日出版于巴黎。

尺寸：24.3cm×38cm（经按压形成凹陷尺寸）。

地点：豪恩斯洛（英国）奇斯威克庄园，邱园（英国，萨里郡，里士满），皇家植物园（英国，萨里郡，里士满，基尤）。

元素：萨克森哥达的奥古斯塔（1719—1772，威尔士王妃）的寓所，英式园林，花园岩洞，水利机械。

图 134（见第 13 页）

VI,6. 注：位于林肯郡蒂尔康奈勋爵贝尔顿庄园内的新水域。

1778 年，乔治·路易·拉鲁日出版于巴黎。

尺寸：23.7cm×37.5cm（经按压形成凹陷尺寸），22.5cm×36.2cm（正方线尺寸）。

地点：格兰瑟姆（英国，林肯郡）的贝尔顿庄园。

元素：约翰·布朗洛（1690—1754，蒂尔康奈勋爵）的寓所，英式园林，瀑布，人造废墟。

图 132（见第 13 页）

VI,4. 注：①邱园里湖泊、橘园和埃俄罗斯（希腊神话的风神）圣殿景观；②邱园里湖泊、胜利圣殿和大宝塔的景观。

1778 年，乔治·路易·拉鲁日出版于巴黎。

尺寸：24.5cm×38.2cm（经按压形成凹陷尺寸）。

地点：邱园（英国，萨里郡，里士满），皇家

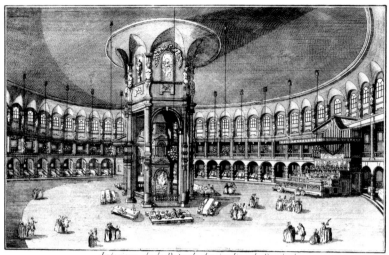

图 136

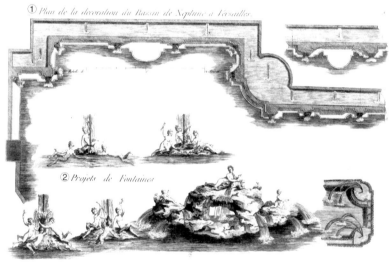

图 137

图 138

图 135（见前页）
VI,7. 注：①喷泉；②兰尼拉凉亭；③汉诺威戏院后景；④汉诺威戏院；⑤中式园林；⑥兰尼拉大厅。
1778 年，乔治·路易·拉鲁日出版于巴黎。
尺寸：24.3cm×37.5cm（经按压形成凹陷尺寸），22.3cm×35.2cm（正方线尺寸）。
地点：兰尼拉花园（英国，伦敦），汉诺威海恩豪森城堡花园（德国）。
元素：花园凉亭，花园花坛，中式园林，绿荫剧院，剧场，喷泉。

图 136
VI,8. 兰尼拉庄园圆形大厅内部。
1778 年，乔治·路易·拉鲁日出版于巴黎。
尺寸：23.5cm×37.3cm（经按压形成凹陷尺寸），21.7cm×35.2cm（正方线尺寸）。
地点：兰尼拉花园圆亭（英国，伦敦）。
元素：剧场，花园圆亭，餐厅，乐队，管风琴。

图 137
VI,9. 注：①凡尔赛海神池喷水池装饰平面图；②喷泉设计图。
1778 年，乔治·路易·拉鲁日出版于巴黎。
尺寸：24.6cm×38.5cm（经按压形成凹陷尺寸）。
地点：凡尔赛（法国，伊夫林省）城堡公园的海神喷水池。
元素：十七世纪喷水池，喷水池设计图。

图 138
VI,10. 注：凡尔赛海神喷水池侧面部分。
1778 年，乔治·路易·拉鲁日出版于巴黎。
尺寸：25cm×33.7cm（经按压形成凹陷尺寸），23.5cm×32.2cm（正方线尺寸）。
地点：凡尔赛（法国，伊夫林省）城堡公园的海神喷水池。
元素：涅锐伊得斯（希腊神话中的海洋女神）的雕塑，十七世纪喷水池，特里同（希腊神话中海之信使）雕塑，海豚（装饰性）雕塑。

图 139

VI,11. 注：①喷泉设计图；②剖面图；③正视图；④平面图。

1778 年，乔治·路易·拉鲁日出版于巴黎。

尺寸：38.1cm×24.4cm（经按压形成凹陷尺寸）。

元素：喷水池设计图，海豚（装饰性）雕塑，狮子（装饰性）雕塑。

图 140

VI,12. 注：柏森根花园，尊贵的德国黑森州公爵先生所有。

1778 年，乔治·路易·拉鲁日出版于巴黎。

尺寸：35cm×23.5cm（经按压形成凹陷尺寸），33cm×21.4cm（正方线尺寸）。

地点：达姆施塔特（德国，黑森州）柏森根花园的橘园，恩斯特·路德维希（1667—1739，黑森达姆施塔特伯爵）的寓所，法式园林，模纹花坛，树列，花园水池，橘园。

图 141

VI,13. 注：柏森根花园的接续部分。

1778 年，乔治·路易·拉鲁日出版于巴黎。

尺寸：35.1cm×23.5cm（经按压形成凹陷尺寸），33.4cm×21.6cm（正方线尺寸）。

地点：达姆施塔特（德国，黑森州）柏森根花园的橘园。

元素：恩斯特·路德维希（1667—1739，黑森达姆施塔特伯爵）的寓所，法式园林，模纹花坛，树列，花园水池。

图 139

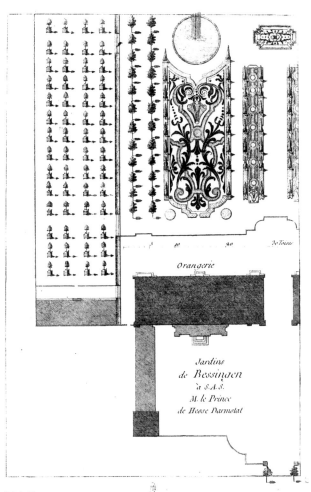

图 140

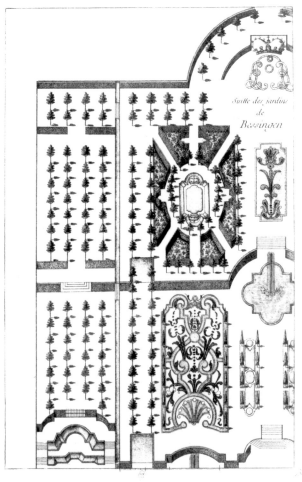

图 141

图 142

VI,14. 注：提列特花园，夏奥米耶雕塑作品。

1778 年，乔治·路易·拉鲁日出版于巴黎。

尺寸：38.2cm×24.4cm（经按压形成凹陷尺寸）。

地点：巴黎圣安德烈艺术街，巴黎提列特德拉比西埃公馆花园。

元素：夏尔 - 让 - 巴蒂斯特（1710—？，提列特德拉比西埃侯爵）的寓所，法式园林，花园水池，模纹花坛，花园花坛。

图 143（见右页）

VI,15. 注：沙律德维林先生的花园，位于圣克劳德。夏奥米耶作品。

1778 年，乔治·路易·拉鲁日出版于巴黎。

尺寸：38cm×24.4cm（经按压形成凹陷尺寸），36.1cm×22.3cm（正方线尺寸）。

地点：圣克劳德（法国，上塞纳省）别墅花园，若奥弗·瓦沙·律德维林（1705—1788）的寓所，法式园林，花园花坛，模纹花坛，结构式瀑布，花园运河，菜园。

图 144

VI,16. 注：①一个中式花园的设计构想；②达葛梭先生的花园，位于弗罕讷；③一个树丛三种不同的平面图；夏奥米耶作品。

1778 年，乔治·路易·拉鲁日出版于巴黎。

尺寸：22.7cm×34.5cm（经按压形成凹陷尺寸），21cm×32.7cm（正方线尺寸）。

地点：马恩河畔弗罕讷（法国，塞纳马恩省）城堡公园。

元素：亨利·弗朗索瓦·达格索（1668—1751，行政官员）的寓所，中式风格的花园设计图，法式园林，树丛。

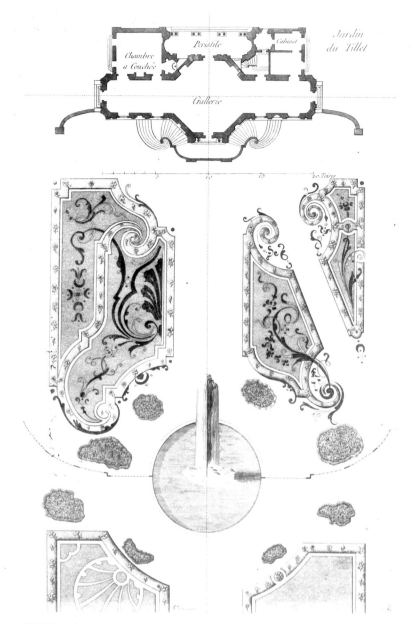

图 142

图 144

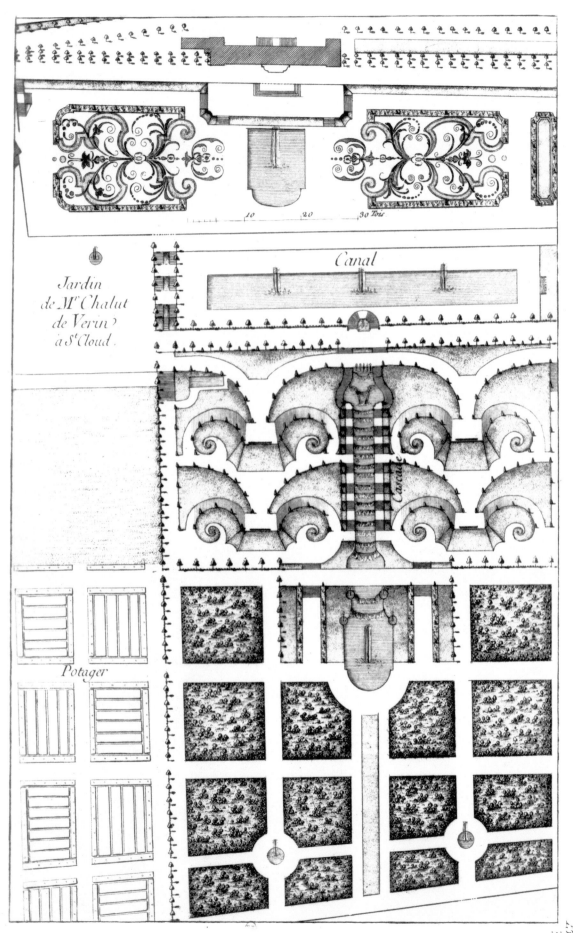

Jardin
de Mʳ Chalut
de Verin
à Sᵗ Cloud.

Canal

Cascade

Potager

图 143

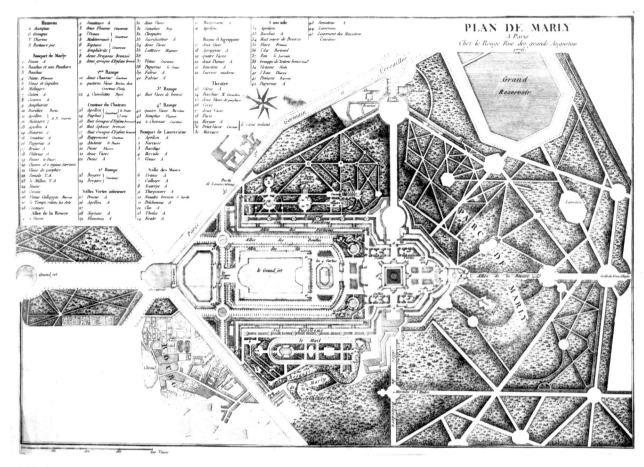

图 145

图 145

VI,17. 注：马尔利花园平面图，夏奥米耶
作品。

尺寸：39cm×56.7cm（经按压形成凹陷尺
寸），36.5cm×54.8cm（正方线尺寸）。

地点：马尔利勒华（法国，伊夫林省）的城堡
公园。

元素：法式园林。

图 146

VI,18. 注：另一处瀑布的设计图。马尔利旧
瀑布的二分之一，夏奥米耶作品。

1778 年，乔治·路易·拉鲁日出版于巴黎。

尺寸：38.2cm×24.3cm（经按压形成凹陷尺
寸），36.6cm×22.3cm（正方线尺寸）。

地点：马尔利勒华(法国，伊夫林省)城堡公园。

元素：法式园林，喷泉，花园水池，结构化瀑布。

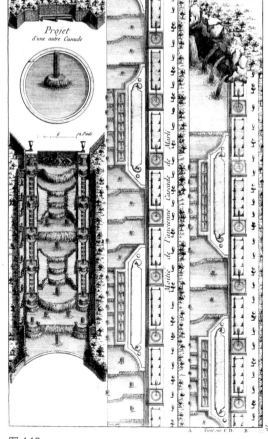

图 146

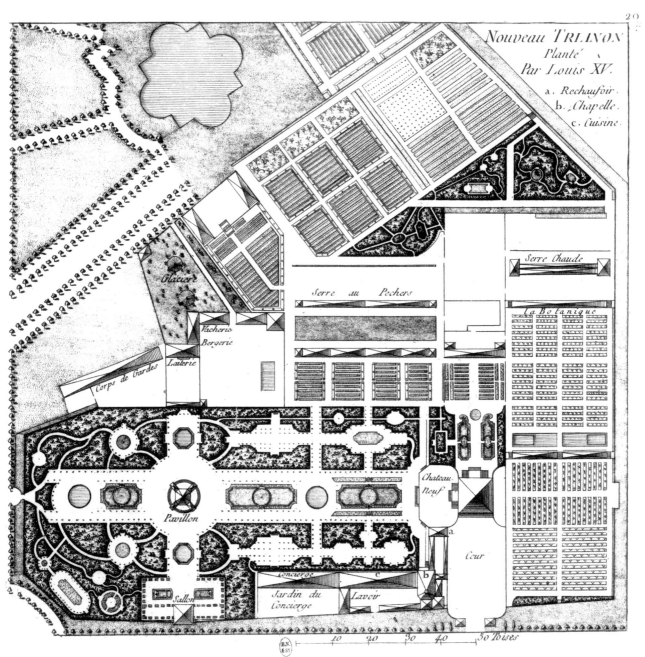

图 148

图 147（见第 14、15 页）

VI,19. 注：①小特里亚侬宫的英中风格园林的设计图，1774 年由皇后御用园艺师安托内·理查德设计，夏奥米耶作品；②狄安娜圣殿的正视图和平面图。

1778 年，乔治·路易·拉鲁日出版于巴黎。

尺寸：34.3cm×49.9cm（经按压形成凹陷尺寸），32cm×47.5cm（正方线尺寸）。

地点：凡尔赛（法国，伊夫林省）小特里亚侬宫的花园。

元素：英式园林设计图，花园圣殿。

图 148

VI,20. 注：由路易十五命令规划并种植植物的新特里亚侬殿。

1778 年，乔治·路易·拉鲁日出版于巴黎。

尺寸：37.3cm×24.3cm（经按压形成凹陷尺寸）。

地点：凡尔赛（法国，伊夫林省）小特里亚侬宫花园。

元素：路易十五（1710—1774，法国国王）借景，法式园林，温室，冰窖。

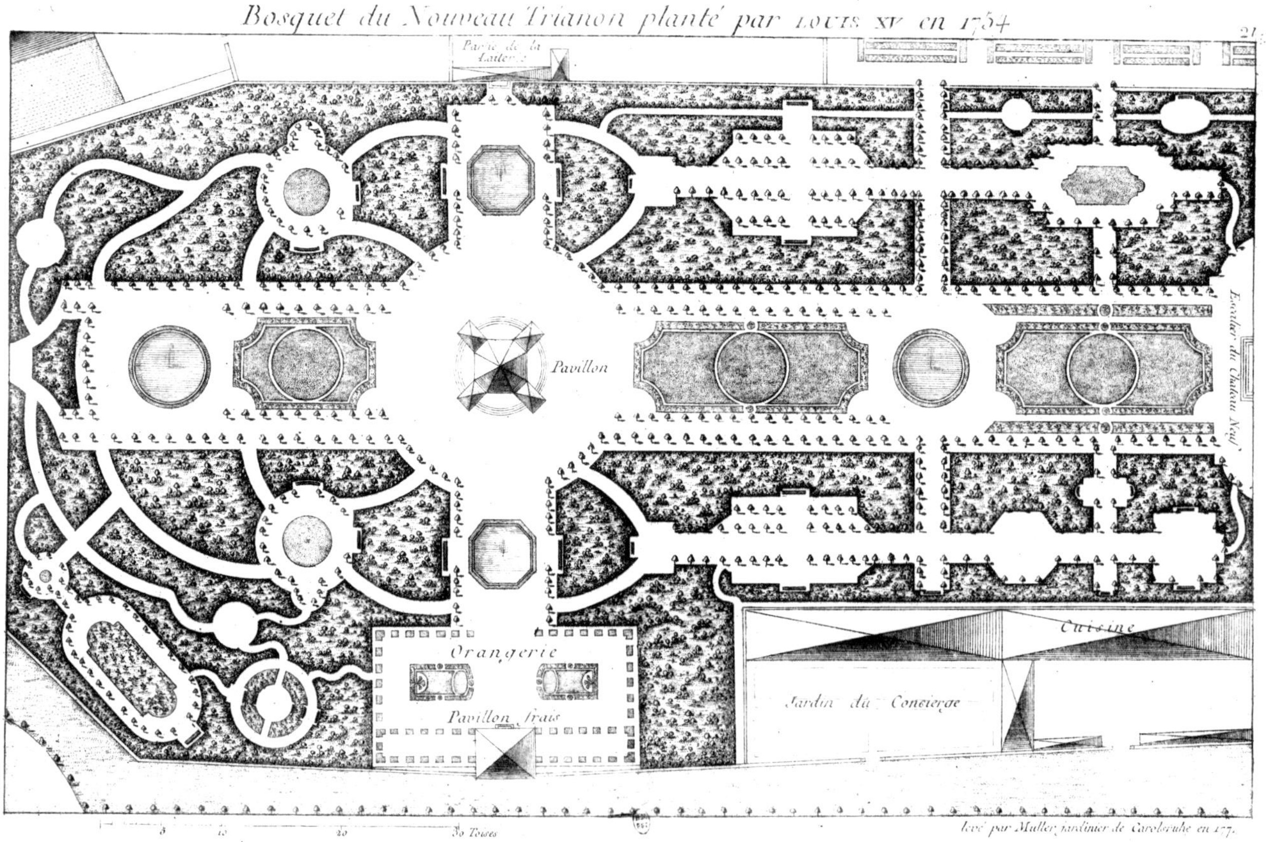

图 149

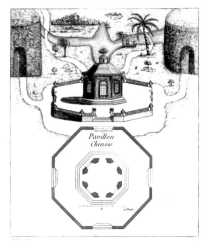

图 150

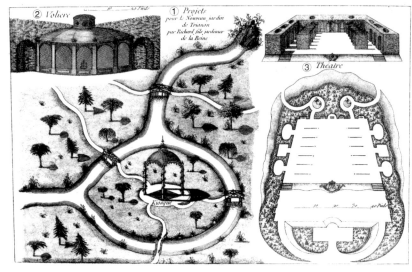

图 151

图 149

VI,21. 注：1754 年由路易十五命令规划种植的新特里亚侬殿树林。卡尔斯鲁厄的园林师穆勒测绘于 1774 年。

1778 年，乔治·路易·拉鲁日出版于巴黎。

尺寸：24.5cm×37.4cm（经按压形成凹陷尺寸），22cm×36.6cm（正方线尺寸）。

地点：凡尔赛（法国，伊夫林省）小特里亚侬宫花园。

元素：路易十五（1710—1774，法国国王）借景，法式园林，花园楼宇，橘园，树丛，花园水池。

图 150

VI,22. 注：理查德设计的中式亭子。

1778 年，乔治·路易·拉鲁日出版于巴黎。

尺寸：30cm×25.9cm（经按压形成凹陷尺寸），28.3cm×23.9cm（正方线尺寸）。

地点：凡尔赛（法国，伊夫林省）小特里亚侬宫花园。

元素：英式园林设计图，中式风格花园楼宇。

图 151（见左页）

VI,23. 注：①特里亚侬宫新花园的设计图，由王后的御用园林师安托内理查德的儿子设计；②大鸟笼；③戏院。

1778 年，乔治·路易·拉鲁日出版于巴黎。

尺寸：24.3cm×37.6cm（经按压形成凹陷尺寸），22.3cm×35.5cm（正方线尺寸）。

地点：凡尔赛（法国，伊夫林省）小特里亚侬宫花园。

元素：英式园林设计图，绿荫剧场，中式风格花园小亭，大鸟笼，花园桥梁。

图 152

VI,24. 注：①图题：骑士詹森先生的花园总览图；②方尖碑；③角锥塔；④观景台；⑤小观景台或蜗牛线形塔的平面图；⑥温室的装饰。

1778 年，乔治·路易·拉鲁日出版于巴黎。

尺寸：24.3cm×37.8cm（经按压形成凹陷尺寸），22cm×35.5cm（正方线尺寸）。

地点：巴黎詹森公馆花园。

元素：罗伯特·詹森（骑士）的寓所，温室，花园方尖碑，观景台，菜园。

图 153

VI,25. 注：骑士詹森先生花园主要部分的树林，毗邻马约城门。

1778 年，乔治·路易·拉鲁日出版于巴黎。

尺寸：37.9cm×24.5cm（经按压形成凹陷尺寸），35.3cm×21.9cm（正方线尺寸）。

地点：巴黎詹森公馆花园。

元素：罗伯特·詹森（骑士）的寓所，英式园林，树丛，绿廊，菜园，树列。

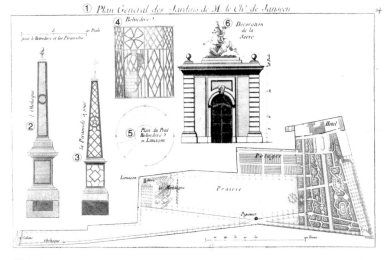

图 152

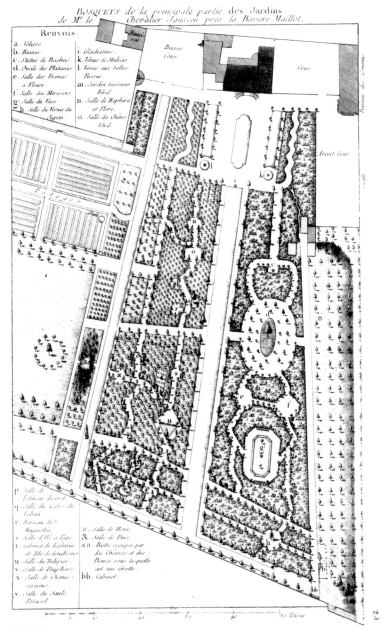

图 153

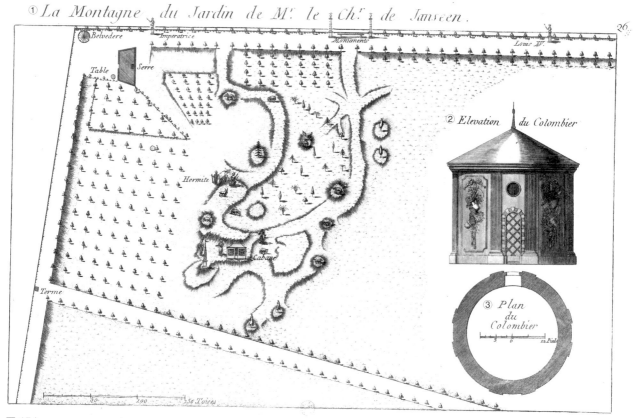

图 154

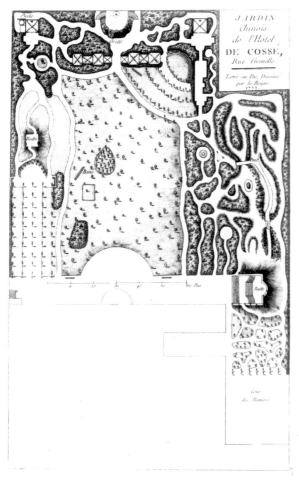

图 155

图 154

VI,26. 注：①图题：骑士詹森先生花园的小山；②鸽舍正视图；③鸽舍平面图。

1778 年，乔治·路易·拉鲁日出版于巴黎。

尺寸：24.3cm×38cm（经按压形成凹陷尺寸），21.5cm×35.5cm（正方线尺寸）。

地点：巴黎詹森公馆花园。

元素：罗伯特·詹森（骑士）的寓所，英式园林，花园建筑物，鸽舍。

图 155

VI,27. 注：科斯邸宅的中式花园，格勒奈尔街，1777 年由拉鲁日测绘并绘制。

1778 年，乔治·路易·拉鲁日出版于巴黎。

尺寸：37.9cm×24.2cm（经按压形成凹陷尺寸），35.5cm×22.4cm（正方线尺寸）。

地点：巴黎格勒奈尔街，巴黎维拉尔公馆。

元素：路易埃－赫居尔－蒂莫莱昂（1734—1792，科塞布里萨克公爵）的寓所，巴黎中式风格的花园，巴黎个人公馆，花园的景观性建筑。

图 156
VI,28. 注：骑士詹森先生的英中结合式花园中的一个浴室设计图。
1778 年，乔治·路易·拉鲁日出版于巴黎。
尺寸：38cm×24.6cm（经按压形成凹陷尺寸）。
地点：巴黎詹森公馆花园。
元素：罗伯特·詹森（骑士）寓所，花园水池设计图。

图 157
VI,29. 注：埃克斯顿公园的瀑布，由盖恩斯伯勒先生所有。
1778 年，乔治·路易·拉鲁日出版于巴黎。
尺寸：22.6cm×34.4cm（经按压形成凹陷尺寸）。
地点：艾克斯顿（英国，拉特兰郡）的艾克斯顿庄园公园。
元素：亨利·诺埃尔(？—1796,庚斯博罗伯爵）的寓所，英式园林，喷泉，花园瀑布。

图 158
VI,30. 注：①卡尔顿花园，位于蓓尔美尔，所属于已故的威尔士王妃；②宝塔、清真寺、阿尔罕布拉殿或摩尔圣殿，位于邱园的偏僻处。
1778 年，乔治·路易·拉鲁日出版于巴黎。
尺寸：24.2cm×38cm（经按压形成凹陷尺寸）。
地点：邱园（英国，萨里郡，里士满），卡尔顿庄园公园（英国，伦敦），皇家植物园（英国，萨里郡，里士满，基尤）。
元素：萨克森哥达的奥古斯塔（1719—1772，威尔斯王妃）寓所，威廉·钱伯斯（1726—1796），邱园宝塔，英式园林，花园维护工作，英国花园宝塔，摩尔式风格花园圣殿，花园清真寺。

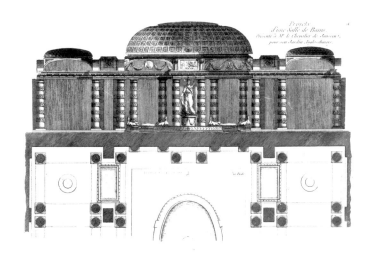

图 156

图 157

图 158

第七册

1779 年第四季度

27 幅版画

都佛于 1780 年 1 月 27 日把这第七册发送到了施泰因富尔特（参考自 1780 年 2 月 15 日都佛于马斯特里赫特寄给查尔斯伯爵的信，这本 1779 年下半年都佛出版的名录并没有在都佛的遗产名单中出现）。

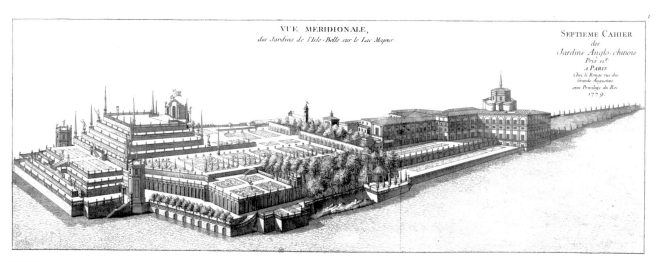

图 159

图 159

VII,1. 注：英中风格花园第九卷。在主湖上的贝尔岛花园南面的景观。

1779 年，乔治·路易·拉鲁日出版于巴黎。

尺寸：24.3cm×63.2cm（经按压形成凹陷尺寸），22cm×62cm（正方线尺寸）。

地点：博罗梅安群岛（意大利）美丽岛花园。

元素：维塔利亚诺·博罗梅奥（1620—1690，伯爵）的寓所，意大利花园露台，模纹花坛，意大利的岛，十七世纪的意大利宫殿。

图 160

VII,2. 注：莫尔泰丰坦地区周边及花园总览图，由拉鲁日先生在 1776 年 11 月测绘。

1779 年，乔治·路易·拉鲁日出版于巴黎。

尺寸：24.3cm×37.8cm（经按压形成凹陷尺寸），21.5cm×35.5cm（正方线尺寸）。

地点：莫尔泰丰坦（法国，瓦兹省）城堡公园。

元素：路易·普勒蒂埃（1730—1799，巴黎最高法院院长）的寓所，法国的英中风格花园。

图 161（见右页）

VII,3. 注：英中风格城堡花园，由苏瓦松总督普勒蒂埃先生所有。

1779 年，乔治·路易·拉鲁日出版于巴黎。

尺寸：30.8cm×49.5cm（经按压形成凹陷尺寸），29.2cm×47.9cm（正方线尺寸）。

地点：莫尔泰丰坦（法国，瓦兹省）城堡公园。

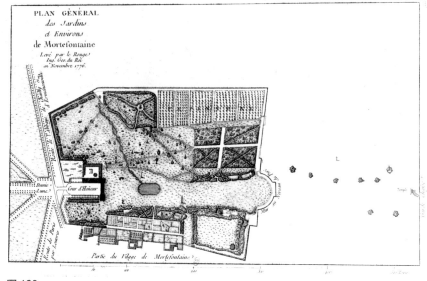

图 160

元素：路易·普勒蒂埃（1730—1799，巴黎最高法院院长）的寓所，法国英中风格园林。

图 162（见右页）

VII,4. 注：①马尔利花园的第一份设计图；②靠近无忧花园的普鲁士国王宫殿的景色。

1779 年，乔治·路易·拉鲁日出版于巴黎。

尺寸：24.2cm×37.7cm（经按压形成凹陷尺寸），22.3cm×35.6cm（正方线尺寸）。

地点：马尔利勒华（法国，伊夫林省）城堡公园，波茨坦（德国，勃兰登堡州）无忧宫城堡。

元素：弗雷德里克二世（1712—1786，普鲁士国王）的寓所，十七世纪的喷水池，十七世纪的景观性建筑栅栏。

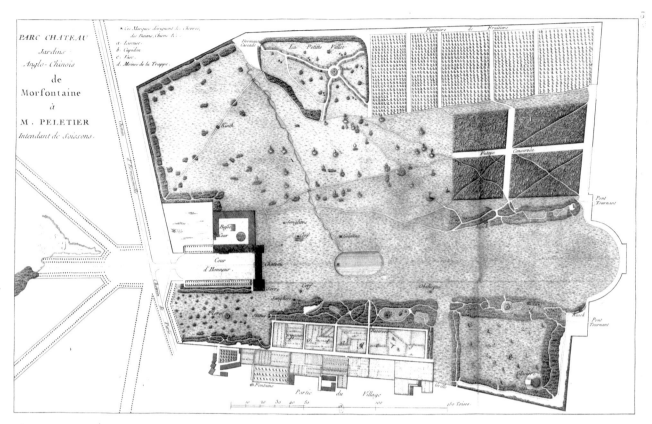

图 161

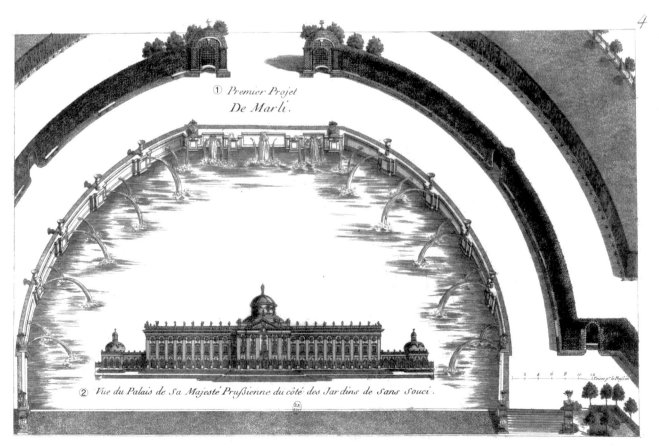

图 162

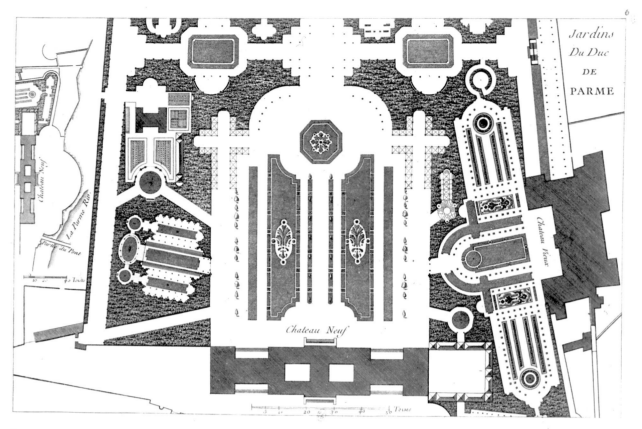

图 164

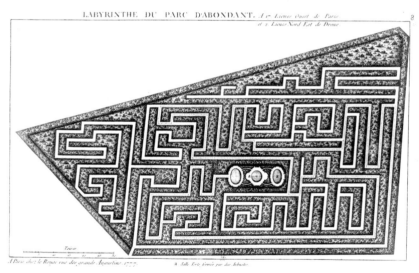

图 166

图 163（见第 20 页）

VII,5. 注：属于荷兰纳索伯爵的荷兰花园。

1779 年，乔治·路易·拉鲁日出版于巴黎。

尺寸：37.7cm×24.1cm（经按压形成凹陷尺寸），35.2cm×22cm（正方线尺寸）。

地点：荷兰海牙的莫里斯纳索花园。

元素：莫里斯纳索（1567—1625，奥朗日亲王）的寓所，荷兰文艺复兴时期的花园，花园水池，模纹花坛，树列，绿荫。

图 164

VII,6. 注：帕尔马公爵的花园。

1779 年，乔治·路易·拉鲁日山出版丁巴黎。

尺寸：24cm×37.8cm（经按压形成凹陷尺寸），22.6cm×36.3cm（正方线尺寸）。

地点：帕尔马（意大利，艾米利亚－罗马涅大区）的公爵宫花园。

元素：斐迪南（1765—1802，帕尔马公爵）的寓所，意大利法式园林。

图 165（见第 18、19 页）

VII,7. 注：位于北京的皇家园林。有帷幔的两座凉亭细节图。

1779 年，乔治·路易·拉鲁日出版于巴黎。

尺寸：24cm×37.9cm（经按压形成凹陷尺寸），22.5cm×35.9cm（正方线尺寸）。

地点：北京（中国）圆明园。

元素：莫尔泰丰坦（法国，瓦兹省）公园借景，中式园林，花园凉亭设计图。

图 166

VII,8. 注：阿邦当公园迷宫园林，位于巴黎以西 17 法里，德勒东北面 2 法里处。

1779 年，乔治·路易·拉鲁日出版于巴黎。

尺寸：24.5cm×39.9cm（经按压形成凹陷尺寸），22.1cm×38.1cm（正方线尺寸）。

地点：阿邦当（法国，厄尔－卢瓦尔省）公园。

元素：迷宫。

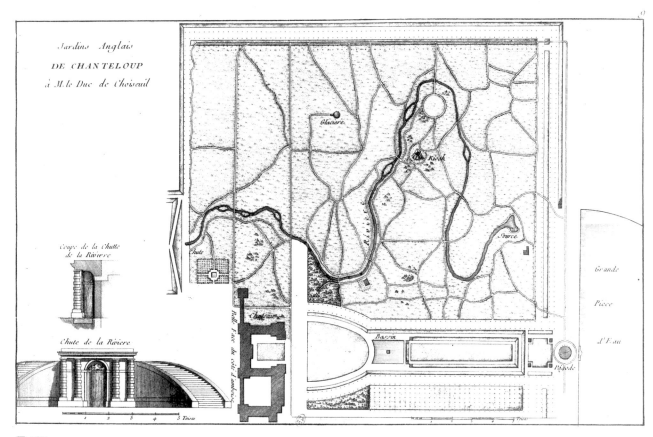

图 167

图 167
VII,9. 注：尚特卢英式花园，由公爵舒瓦瑟勒先生所有。

1779 年，乔治·路易·拉鲁日出版于巴黎。

尺寸：24.3cm×37.7cm（经按压形成凹陷尺寸），22.3cm×35.7cm（正方线尺寸）。

地点：昂布瓦兹（法国，安德尔－卢瓦尔省）的尚特卢城堡公园。

元素：埃迪安·弗朗索瓦（1719—1785，舒瓦瑟勒公爵）的寓所，玛丽－安娜·德·拉提摩耶（1642—1722，于尔桑公主）的寓所，英式园林，结构化瀑布，花园小亭，冰窖。

图 168
VII,10. 注：由公爵舒瓦瑟勒先生所有的尚特卢花园宝塔亭。

1779 年，乔治·路易·拉鲁日出版于巴黎。

尺寸：37.7cm×24cm（经按压形成凹陷尺寸），35.4cm×21.8cm（正方线尺寸）。

地点：昂布瓦兹（法国，安德尔卢瓦尔省）尚特卢城堡宝塔。

元素：埃迪安·弗朗索瓦（1719—1785，舒瓦瑟勒公爵）寓所，路易－丹尼斯·加缪（建筑师）的尚特卢宝塔，花园小亭，法国花园宝塔。

图 168

图 169

图 169（见左页）

VII,11. 注：国王花园（后称为植物花园）总设计图，位于巴黎，由加里布埃尔·图安设计。

1779 年，乔治·路易·拉鲁日出版于巴黎。

尺寸：37.8cm×24.2cm（经按压形成凹陷尺寸），35.5cm×21.8cm（正方线尺寸）。

元素：巴黎植物园设计图，法式园林。

图 170

VII,12—14. 注：巴黎植物园的规划设计图。分布于三张图上的版画。

1779 年，乔治·路易·拉鲁日出版于巴黎。

元素：巴黎植物园设计图，迷宫，温室，花园花坛，树列。

图 170 a

12. 皇家花园的第一幅版画。

尺寸：24.1cm×37.8cm（经按压形成凹陷尺寸）。

图 170 b

13. 皇家花园的第二幅版画。

尺寸：23.9cm×37.5cm（经按压形成凹陷尺寸）。

图 170 c

14. 皇家花园的第三副版画。花园延伸至河流处的设计图。

尺寸：24.1cm×37.7cm（经按压形成凹陷尺寸）。

图 171

VII,15. 注：布杜尔城堡花园，尊贵的利涅王子所有。

1779 年，乔治·路易·拉鲁日出版于巴黎。

尺寸：43.7cm×24.6cm（经按压形成凹陷尺寸），42.7cm×23.5cm（正方线尺寸）。

地点：布杜尔（比利时）城堡公园。

元素：夏尔·约瑟夫（1735—1814，利涅亲王）的寓所，英式园林。

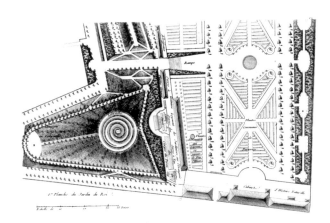

图 170a

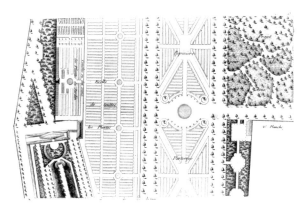

图 170b

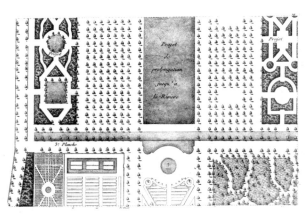

图 170c

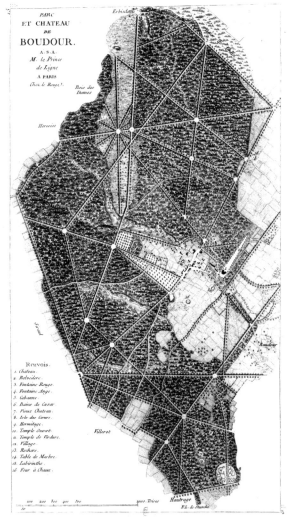

图 171

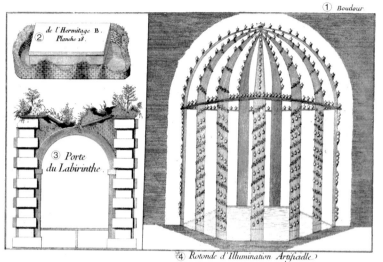

图 173

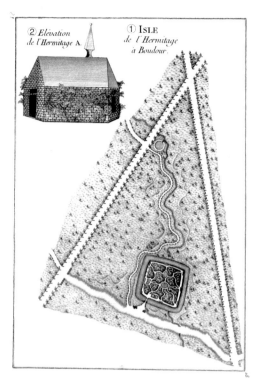

图 174

图 172（见第 23 页）
VII,16. 注：①布杜尔花园的篱笆；②布杜
尔花园的小屋；③平面图；④布杜尔花园中
式观景台的平面图；此版画被两次编号。
1779 年，乔治·路易·拉鲁日出版于巴黎。
尺寸：38cm×24.2cm（经按压形成凹陷尺
寸），35.7cm×22cm（正方线尺寸）。
地点：布杜尔（比利时）城堡公园
元素：夏尔·约瑟夫（1735—1814，利涅亲王）
的寓所，花园小屋，中式风格木篱笆，观景塔。

图 173
VII,17. 注：①布杜尔花园；② B 处修道院
平面图细节，第 18 幅版画；③迷宫花园的
大门；④人工照明的圆亭。
1779 年，乔治·路易·拉鲁日出版于巴黎。
尺寸：23.7cm×37.5cm（经按压形成凹陷尺
寸），21.7cm×34.9cm（正方线尺寸）。
地点：布杜尔（比利时）城堡公园。
元素：夏尔·约瑟夫（1735—1814，利涅亲王）
的寓所，花园照明，花园圆亭，迷宫，大门，
修道院。

图 174
VII,18. 注：①布杜尔修道院岛；② A 处修
道院正视图；此幅画被两次编号。
1779 年，乔治·路易·拉鲁日出版于巴黎。
尺寸：40cm×28cm（经按压形成凹陷尺寸），
37.8cm×25.7cm（正方线尺寸）。
地点：布杜尔（比利时）城堡公园。

元素：夏尔·约瑟夫（1735—1814，利涅亲王）
的寓所，英式园林，修道院，人工岛。

图 175
VII,19-23. 注：在法国所有越冬树木、灌木、
半灌木种植总览表。将它们排列在下面的表
格中以便于指明它们在自然生长条件下的高
度的不同，树叶的不同形状，知晓不同颜色，
比如：深绿色，浅绿色，海绿色，底色为白
色的以及常青叶等等。表格将尽可能的呈现
出这些细微的差异，同样地，现代花园也要
求林木应该尽量多种多样。谨献给：昂吉维
莱尔伯爵比亚德雷先生，国王花园建筑，艺
术学会与皇家手工厂的总管与总指挥；由皇
后的御用园林师理查德先生与国王的工程师
和皇家地理学家拉鲁日先生编写，1779 年
作为巴黎大奥古斯汀路，拉鲁日家中。
1779 年，乔治·路易·拉鲁日出版于巴黎。
地点：巴黎比隆公馆花园。
元素：卡尔·冯林奈（1707—1778，博物
学家）借景，安托万·罗兰德·朱西厄（1748—
1836，植物学家）借景，树木取样，植物学
分类。

图 175 a（见右页）
19. 注：比隆公馆花园内的种植总览表；①
树木栽培的外观图；②同一树林的正面图。
尺寸：24cm×37.7cm（经按压形成凹陷尺
寸），22.7cm×36.3cm（正方线尺寸）。

图 175 b（见右页）
20. 注：最高大的树种。高大的树种。
尺寸：24cm×37.4cm（经按压形成凹陷尺
寸），22.5cm×36.6cm（正方线尺寸）。

图 175 c（见第 142 页）
21. 注：中等高度的树种。最高的灌木种。
尺寸：37.4cm×23.8cm（经按压形成凹陷尺
寸），22.3cm×36.5cm（正方线尺寸）。

图 175 d（见第 142 页）
22. 注：灌木。
尺寸：24cm×37.6cm（经按压形成凹陷尺
寸），22.7cm×36.4cm（正方线尺寸）。

图 175 e（见第 143 页）
23. 注：灌木与半灌木。蔓生灌木，用于覆
盖藤架。
尺寸：24cm×37.4cm（经按压形成凹陷尺
寸），22.6cm×36.4cm（正方线尺寸）。

TABLEAU

De la Plantation générale de tous les Arbres, Arbrisseaux et Sousarbrisseaux existants en France qui supportent nos Hivers, rangés sur Six Lignes en Amphithéatre pour designer la Hauteur de leur accroissement naturel placés de façon qu'on y trouve la différence des figures de leurs feuilles, leurs couleurs, Scavoir: Verd-Foncé, Verd clair, Verd de Mer, ou blanche dessous, les toujours verds; Ces différentes nuances sont opposées—autant qu'il est possible. aussi les jardins modernes demandent ils que tout y soit varié

DEDIÉ ET PRESENTÉ

a M. le Comte de la Billardrie d'Angiviller

Directeur et Ordoñateur Général des Batimens du Roi Jardins arts Académies et Manufactures Royales

par Richard jardinier de la Reine
et le Rouge Ing.r Geographe du Roi

A PARIS

Chéz le Rouge rue des grands Augustins

Avec Privilége du Roi

1779

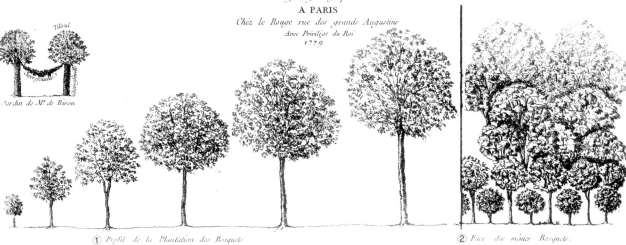

Tilleul — Acerseuille — Chevrefeuille — Jardin de M.r de Biron

① Profil de la Plantation des Bosquets.   ② Face des mêmes Bosquets.

图 175a

J. veut dire par Jussieux. R. par Richard. L. par Lineus.

LES PLUS GRANDS ARBRES.   20

Pinus Maritima Major. Le Grand Pin Maritime.	Acer Pseudoplatanus. Erable Sycomore.	Fraxinus Juglandi Folia D. Jussieux in demonstratione Bot. Hort. Reg. Parisiis. Frêne à Feuilles de Noyer.	Quercus Rubra. Chêne Ecarlate.	Pinus Cedrus. Cèdre du Liban.	Acer Collinionianum Species Nova. Erable de Collinson.	Juglans Regia Serotina. Noyer de la St Jean.	Betula Alba. Bouleau ordinaire.	Pinus Strobus. Pin de Milord Weimouth.	Carpinus Betulus. Charme.
Acer Negundo. Erable à feuilles de Frêne.	Prunus Virgiana. Cerisier à grappes de Virginie.	Pinus Picea. Sapin.	Acer Platanoides. Erable plane.	Juglans Nigra. Noyer à fruit noir et long.	Populus Alba. Peuplier blanc Ypreau.	Pinus Pinea. Pin Cultivé.	Liriodendrum Tulipifera. Tulipier de Virginie.	Gleditia Triacanthos. Fevier d'Amérique ou Acacia à 3 Epinnes.	Quercus Haliphlæos. J. Chêne Velu ou de Bourgogne.
Pinus Silvestris. Pin d'Ecosse ou de Geneve.	Populus Nigra. Peuplier Noir ou de Lombardie.	Robinia Pseudoacacia. Faux-Acacia.	Ulmus Americana. J. l'Orme d'Amérique ou le bois dur.	Pinus Abies. Pesse Picea.	Platanus Orientalis. Platane d'Orient.	Juglans Nigra. Noyer dont les noix ont la Pulpe blanche et le bois noir.	Populus Heterophylla et Erecta. Peuplier de l'Evêque de Yorck.	Pinus Brevifolia. J. Sapinette blanche.	Tilia Europea. Tilleul des Bois.
Fraxinus Americana. Frêne de Caroline.	Populus Caroliniana. Peuplier de Caroline.	Pinus Silvestris. Pin d'Ecosse.	Fagus Purpurea. J. Hêtre Pourpre.	Æsculus Hippocastanum. Maronier d'Inde.	Tilia Americana. Tilleul de Canada.	Pinus Strobus. Pin de Milord Weimouth.	Ulmus Canadensis. R. Orme de Canada.	Julans Nigra Fructu Rotundo. R. Noyer d'Amérique à fruit rond.	Platanus Occidentalis. Platane d'Occident.
Pinus Cedrus. Cèdre du Liban.	Populus Canadensis. R. Peuplier de Canada.	Morus Papyrifera. Meurier à Papier.	Quercus Robier. Chêne des Bois.	Quercus Ilex. Chêne Verd d'Amerique qui a les bords des feuilles roulée en dessous.	Cerasus Padus Fructu Nigro. R. Cerisier à grappe à fruit noir.	Rhus Succedanea. Sumac Faux Vernis du Japon.	Populus Balsamea Fœmina. R. Peuplier Liare.	Pinus Gileadensis. R. Sapin Beaumier de Gilade.	

LES GRANDS ARBRES.

Acer Canadensis. J. Erable du Canada a trois grandes Feuilles à bois Jaspé.	Betula Lenta. Bouleau Merisier.	Quercus Ilex Balearica. Chêne verd à gland dour des Isles Baleares.	Populus Ramis pendentibus. Peuplier de l'Evêque de York à branches pendentes.	Æsculus Pavia. Pavia, ou Maronier à fleurs Rouges.	Betula Alnus L. Varie. Nigra. l'Aune Noir d'Amérique.	Thuya Orientalis. Arbre de Vie de la Chine ou Thuya de la Chine.	Cratægus Tormmalis. Alizier des Bois.	Robinia Simica. le Faux Acacia de la Chine.	Amygdalus Flore albo. l'Amandier à fleurs Blanches.
Quercus ilex foliis integra repandis. Chêne vert d'Amérique.	Acer Montpeliolanum. Erable de Montpelier.	Æsculus pavia flava. J. Pavia Jaune ou Maronier à fleur jaune.	Pyrus Coronaria. Pommier Odorant.	Cupressus Semper Vivens fastigiata. J. Ciprés femelle.	Acer Montbarrienté. Erable de Montbar.	Rhus Glaber Mas. R. Sumac de Canada Mâle.	Carpinus Ostrya. Charme à fruit d'Houlon.	Malus Semper Vivens. Pommier qui garde ses feuilles jusqu'au Fortes gelées Fleurs décentes.	Acer Opulus. J. Erable Opale.
Acer Negundo. Erable à feuille de Frêne.	Prunus Silvestris L. Varietas multiplex. Merisier à fleur double.	Thuya Occidentalis. Arbre de Vie d'Amérique.	Salix Alba. Saule blanc.	Amygdalus. Amandier Pêche à fleur Rouge.	Cratægus Aria. Alizier à feuille ronde blanchee dessous, ou Allouchier.	Pinus Cedrus. Cedre du Liban.	Acer rubrum. Erable rouge.	Guilandina dioica. Le Chicot de Canada.	Morus Alba. Meurier Blanc.
Pinus Larix. Meleze Noir.	Pyrus Hybridus. Poirier Mens à fleur et fruit odorant.	Sorbus Hybrida. Sorbier de Laponie.	Salix Caprea. Marceau.	Cupressus Semper Vivens expansa. J. Ciprés Male.	Prunus Mahaleb. Bois de St Lucie.	Sorbus Domestica. Sorbier Domestique.	Acer Campestre. Erable des bois.	Pinus Maritima Minor. J. Pin Maritime (petit).	Salix Triandra. Saule chéque ecaille du Chaton à 3 Etamines.
Cratægus Aria. Alizier à feuilles blanches dessous ou Allouchier.	Acer Saccharinum. Erable à Sucre.	Quercus Ilex. Chêne Verd.	Salix Babilonica. Saule parasol.	Betula Americana. Bouleau d'Amérique.	Morus Nigra. Meurier Noir.	Pinus Larix. Meleze.	Prunus Padus. Cerisier à grappe.	Robinia. le Faux Acacia à Semence unique dans son legume.	Cratægus. L'Alizier.
Quercus Ragnol Major. Chêne qui conserve ses feuilles vertes jusqu'aux fortes gelées.	Betula Populifolia. Bouleau à feuille de peuplier d'Amérique.	Fraxinus. le Frêne à la Manne.	Tilia Americana. Nouvelle espece de Tilleul d'Amérique.	Quercus Turners. Chêne Turners. il ne quitte ses feuilles qu'aux plus grandes gelées que.	Betula Nigra Americana. Bouleau noir d'Ameriqu.				

图 175b

21

LES ARBRES DE MOYENNE GRANDEUR.

21

Crataegus Coccinea. Epine d'Amerique à fruit rouge bon à manger.	Phyllirea Oleæ folia. Filaria à feuilles d'Olivier.	Celtis Australis. Micocoulier à fruit noir.	Robinia Hispida. Acacia rose.	Prunus Ceralis plena. Cerisier à fleur double.	Taxus Baccata. l'If.	Cornus Sanguinea. Sanguin ou Bois punais.	Ptelea Trifolia. Ptelea.	Eleagnus Angustifolia. l'Olivier Sauvage.	Prunus Laurocerasus. le Laurier Cerise.
Liquidambar Styraciflua. Copalme à feuilles d'Erable.	Sambucus Racemosa. Sureau à fruit rouge.	Crataegus Crusgalli. Epine d'Amerique à petit fruit.	Juniperus Virginiana. Genevrier de Virginie à deux individus.	Cornus Mas. le Cornouiller portant fruit bon à manger.	Cytisus Laburnum. le faux Ebenier des Alpes.	Crataegus viridis. Epine d'Amerique à petit fruit verd.	Magnolia grandiflora. Laurier Tulipier. Arbre Superbe portant les plus grandes fleurs.	Crataegus Oxyacantha rosea. l'Epine à fleur rose.	Juglans Alba. Noyer Hicori. Noix blanche d'Amerique.
Pyrus Cydonia Lusitanica. le Coignassier de Portugal.	Pinus Canadensis. Sapinette à fruit noir.	Crataegus Oxyacantha plena. l'Epine à fleur double.	Rhus Glabrum. Sumac de Canada.	Liquidambar Orientale. Copalme d'Orient.	Prunus Lusitanica. Azaree des Portugais.	Celtis Occidentalis. Micocoulier d'Occident.	Staphylea pinnata. Nez coupé ou faux Pistachier.	Populus balsamea Mas. Tacamahaca.	Pinus Nigra R. Pin Noir.
Rhamnus Catharticus. Nerprun purgatif.	Zanthoxylum Clava Herculis. Frêne epineux de Canada ou Fagara.	Evonymus Europeus latifolius. Fusin à larges feuilles.	Quercus Phellanus R. Chêne de la Floride.	Celtis Orientalis. Micocoulier d'Orient.	Staphylea Trifolia. Nez coupé de Virginie.	Crataegus. Epine à feuille de Saule.	Pinus Balsamea. Sapin qui porte le baume blanc d'Amerique. Hemeles Spruce des Anglois.	Evonymus Atropurpureus D. Jacq. hort. Vindob. Tab. 120. Fusin d'Amerique à fleur noir.	Rhus Typhinum Mas. Sumac de Virginie Mâle à fleurs blanches.
Corylus Colurna. Coudrier du Levant.	Phyllirea Latifolia. Filaria à larges feuilles.	Rhamnus Frangula. la Bourdaine ou Bourgène.	Sambucus Nigra. le Sureau.	Bignonia Catalpa. très grand arbre quand il attend sa grandeur, c'est à venir apparistre sa tête par des coupes de l'oeil, c'est pourquoy je le place icy.	Taxus Baccata. l'If.	Cornus Sanguinea Virginiana. Sanguin de Virginie à bois rouge en Hyver.	Sambucus Nigra Laciniata. Sureau à feuilles Laciniées.	Evonymus Europeus. le Fusin.	Crataegus Pyracantha. le Buisson ardent.
Prunus Sativa. Prunier à deux rose.	Rhus Typhinum Foemina. Sumac de Virginie portant fruit.	Cornus Sanguinea Americana. Sanguin d'Amerique.	Pinus. le Pin.	Mespilus Germanica. le Néflier à fruit bon à manger.	Cytisus Laburnum flore pedunculo longiore. faux Ebenier à qui très long fleurit plus tard que l'autre.				

LES PLUS GRANDS ARBRISSEAUX.

Morus Rubra. Mûrier d'Amerique à fruit rouge.	Anona Triloba. l'Asseminier.	Arbutus Unedo. Arbousier ou le Fraisier en Arbre.	Cornus. Cornouiller nouveau de semences d'Amerique.	Aralia Spinosa. Angelique Epineuse en arbre.	Berberis Vulgaris. Epinevinette ordinaire.	Juniperus Sabina Foemina. Sabine Femelle.	Rhamnus Ziziphus Silvestris. le Jujubier Sauvage.	Amorpha Fruticosa. Indigo Batard Arbrisseau d'Amerique qui porte de longs Epis de fleur.	Carpinus Betulus. Charme.
Arbutus Andrachne. Arbousier du Levant.	Betula Papyrifera R. Bouleau à papier.	Colutea Arborescens. le Baguenaudier.	Cornus Laurifolia. Cornouiller à feuilles de Laurier conserve ses feuilles jusqu'aux gelées.	Erica Scoparia. Bruyere à balais.	Rhus Cotynus. le Fustet.	Bignonia Radicans. Jasmin de Virginie.	Berberis Vulgaris Fructu albo. Epine Vinette à fruits blancs sans pepin.	Bupleurum Fruticens. Oreille de Lievre en Arbre.	Rhamnus Paliurus. Porte - Chapeau.
Pistacia Terebinthus. le Terebinte.	Halesia Tetraptera. Halesie à grande fleurs grand à bouquets d'Amerique à fleurs blanches, le fruit à quatre ou cinq ailés.	Juniperus Sabina Mas. Sabine Mâle.	Syringa Vulgaris. le Lilas.	Sambucus Nigra Variegata. le Sureau panaché.	Chionanthus Virginica. le Snowdrap des Anglois ou Arbre Laurier de Neige.	Celtis Laurifolius. Ciste à feuilles de Laurier.	Viburnum Lantana Americana. Viorne à larges feuilles et à grandes Ombelles de fleurs.	Coronilla Emerus. le Securidaca des Jardiniers ou Sené batard.	Diospyros Lotus. le Plaquemunier.
Pinus. le Pin à l'Encens.	Cornus Altera. Cornus dit d'Amerique.	Robinia Caragana. Arbre de Russie.	Spiraea Opulifolia. Spirea à feuilles d'Obier.	Rhamnus Alaternus. Alaterne à feuilles variées blanches.	Viburnum Opulus flore pleno. Obier à fleurs doubles ou Boulles de Neiges.	Rhus Copalinum. Copal.	Magnolia Virginiana l'Umbrella R. l'Umbrella ou la Magnolia à très grandes feuilles.	Ulex Europeus Major. le Grand Ajonc.	Hippophae Rhamnoides. Arbrisseau qui croit dans les Sables au bord de la Mer à deux individus, la femelle porte des fruits rouges odorants.
Ribes Alpinum. Groseillier des Alpes.	Laurus Benzoin. Benjoin.	Viburnum Tinus. Laurier-Tin.	Salix Helix. le Saule à feuilles de Thé.	Rhus Coriaria. Fustet.	Magnolia Rustica. Magnolia qui quitte ses feuilles.	Juniperus phoenicea. Genevrier.	Berberis Vulgaris Nigra. Epine vinette à fruit violet.	Clematis recta Major. la Grande Clematite droite à fleur odorante.	Iva Frutescens. Arbrisseau qui porte ses fleurs au bout des jeunes Tiges.

图 175c

22

Baccharis Halimi-folia. Baccharis de Virginie, les Aprestes des Semences sont l'effet des fleures toute l'automne.	Viburnum Canadense. Le Pimina d'Amerique.	Rhus Vernix. Arbre au Vernis.	Lonicera Tatarica. Chevre-feuilles qui croit en Russie.	Spartium Scoparium. Genest à balais.	Viburnum Opulus. l'Obier.	Clematis Recta Minor. la Petite Clematite droite à Fleur blanche Odorante.	Crataegus folio lucido. Epine à feuille luisante.	Spartium junceum. Genest d'Espagne on en fait des Cordes.	Philadelphus Coronarius. le Syringa.
Juglans alba. le Noyer Pacanier.	Lonicera Xylosteum. Camecerisier.	Juniperus communis. Genevrier commun à deux Individus.	Syringa Vulgaris alba. Lilas à fleur blanche.	Mespilus Amelanchier. Amelanchier de Canada.					

ARBRISSEAUX.

Acer Cretica. Erable de Crete.	Prinos Glaba. Apalachine.	Hibiscus Syriacus. l'Althæa frutex.	Vitex Arborea. Agnus Castus à fleur blanche.	Pinus Canadensis Minimus. R. Petite Sapinette noir.	Vitex Arborea purpurea. Agnus Castus à fleur Purpurine.	Salix. Saule des Dunes.	Ruscus Racemosus. Grand Laurier Alexandrin.	Syringa persica ligustrifolia. R. Lilas de Perse, à feuille de Troene.	Vitex Sinensis. Agnus Castus de la Chine.
Pinus. Pin de Gersey.	Prunus Spinosa flore Pleno. Prunellier à fleur double.	Hydrangea Frutescens. Hydrangea d'Amerique.	Quercus. Chêne ressemblant au Ragnol.	Mespilus Amelanchier. Amelanchier.	Genista Sibirica. Genest de Siberie.	Cupressus Thyoides. Cyprès à Feuille de Thuja.	Fagus pumila. le Chincapin des Anglois.	Cornus alba. Cornouiller à fleur à Fruits blancs.	Buxus balearicus. R. le Buis de Mahon.
Coriaria Myrtifolia. Redoul des Provençaux.	Syringa Persica jasmini folio. R. Lilas de Perse à Feuille de Jasmin.	Juniperus Oxycedrus. Genevrier Oxycedre.	Juglans.	Crataegus tomentosa. Epine Pinchot.	Myrica cerifera. Cirier d'Amerique.	Mespilus Cotoneaster. Cotoneaster.	Nyssa aquatica. Tupelo aquatique.	Asparagus acutifolius. Asperge en Arbrisseau.	Lonicera pyrenaica. Chevre feuille des Pyrennées.
Rhus Toxicodendron. Arbre à la Puce. poison.	Quercus Coccifera. Kermes.	Spiraea Salicifolia. Spirea à feuille de Saule.	Rhus radicans. Sumac portant des racines à ses branches.	Pinus Cimbro. Pin à cinq feuilles.	Ligustrum Vulgare. le Troene.	Spiraea Crenata. Spirea à feuilles crenelées.	Cistus Crispus. le Ciste à feuilles Crespues.	Lonicera Nigra. Chevre-feuille à fruit noir.	Vitis Labrusca. Vigne Sauvage à fruit amer.
Ilex aquifolium folio. Argenteo. Houx à feuille Argentée.	Mespilus arbutifolia. Néflier à feuilles d'arbousier.	Viburnum prunifolium. Viorne à feuilles de Prunier.	Phyllirea Nerii folia. J. Filaria à feuille de Laurier Rose.	Spiraea salicifolia flore Albo. Spirea à feuille de Saule et fleur blanche.	Viburnum dentatum. Viorne à feuille dentelées.	Jasminum Officinale. Jasmin commun.	Hamamelis Virginiana. Hamamelis de Virginie à feuille de Noisettier.	Lonicera Cerulea. Chevre-feuille à fruit bleu.	Ilex aquifolium Echinatum. Houx Herissoné.
Viburnum pyrifolium. Viorne à feuille de Poirier.	Lonicera Alpigena. Chamecerasus des Alpes.	Viburnum Tinus folio ex luteo Variegato. Laurier-tin à feuille variée Jaune.	Salix. Saule argenté.	Mespilus Canadensis. Néflier de Canada.	Ilex Balearicum. Houx de Mahon.	Spiraea Hypericifolia. Spirea à feuille de Mille-pertuis.	Hypericum Hirsutum. Mille-pertuis à Odeur de Bouc.	Ilex Aquifolium foliis a.d. limbum aureis. Houx bordé de Jaune.	Salix monandra. Saule à une Etamine.
Mespilus Virginiana R. Néflier de Virginie.	Buxus Arborescens. Buis de nos Bois.	Nyssa montana. Tupelo des Montagnes.	Spiraea chamædry folia. Spirea à feuille de Chamedrys.	Ilex. Chene Verd.	Viburnum dentatum fructu luteo. Viorne à fruit Jaune.	Salix Rosmarini folia. Saule à feuille de Romarin.	Viburnum Tinus magno flore. Laurier-tin à grosses fleurs.	Cephalanthus occidentalis. Bois à bouton d'Amerique.	Viburnum Lentago. Viorne.
Phyllirea Latifolia. Filaria à large feuille.	Amygdalus orientalis. J. Amandier du Levant Argenté.	Stewartia Malacodendron. Stewartia à très grandes Fleures.	Quercus aquatica. R. Chêne Aquatique.	Ginkgo biloba arbor Nucifera. Ginko du Japon.	Quercus nana. Chêne Nain.				

图 175d

23 ARBRISSEAUX. SOUS ARBRISSEAUX. 23

Daphne Laureola. Lauréole des Bois.	Cytisus Austriacus. le Cytise Autrichin.	Andromeda Calyculata. L'Andromede qui fleurit en Fevrier.	Daphne Mezereon. le Bois Gentil.	Kalmia Latifolia. Kalmia a larges feuilles à Fleurs Blanches.	Andromeda Arborescens. Andromede en arbre qui fait un plus grand Arbrisseau que les autres, fait de grosses Paniculas de fleurs.	Phlomis fruticosa. Phlomis en Arbrisseau à fleur Jaune.	Ledum Majus. le Thé de Labrador.	Daphne Cneorum. Thymelé des Alpes, Arbuste à fleur odorante.	Larix Pumila. R. Petite meleze qui tale par ses Racines.
Ephedra monostachia. Raisin de mer.	Spiraea Tomentosa. Spirea à feuille Blanche cotonneuse, à fleur rouge.	Prinos Glaber Semper virens. Prinos toujours Verd se plait dans l'humide.	Itea Virginica. Itea de Virginie, portant grappes de fleurs blanches.	Pinus. Savinette de la Baye d'Hudson.	Magnolia Glauca. Laurier tulipier Iroquois.	Andromeda Axilaris. Andromede à feuilles de Laurier fait des petits epis de fleurs dans les aisselles des Feuilles.	Cytisus Sibiricus. Cytise de Siberie. Qui fleurit Jaune à Cour.	Rhododendron maximum. Le grand Rhododendron Laurier Rosier fleurit comme nos Lauroseroses.	Spiraea Sibirica. Spirea de Siberie.
Juniperus Italicus. R. Genevrier d'Italie.	Hypericum Kalmianum. Millepertuis d'Amerique.	Ilex Caroliniana. Houx de la Caroline.	Rosa Flore pleno saturis rubens. Rose. Imbibée de pourpre et de rouge.	Erica multiflora. Grande Bruyere portant beaucoup de fleurs.	Azalea nuda. Azalea à fleur couleur de rose odorante.	Saxifraga Vermiculata. Vermiculaire en arbre.	Betula nana. Bouleau Nain.	Phlomis purpurea. Phlomis à fleur purpurine.	Ceanothus americanus. Ceanothus d'Amerique portant fleurs à l'extremité des Pousses.
Juniperus Suecica. R. Genevrier Suedois.	Robinia pigmaea. Robinia Nain.	Ruscus aculeatus. Houx - Frelon.	Azalea Viscosa. Azalea Visques à fleur Blanche.	Daphne Gnidium. Garou ou Sainbois.	Amygdalus nana. Amandier nain.	Juniperus Alpinus. Genevrier des Alpes.	Polygonum fruticans. Renouée maritime très petit Arbrisseau.	Iunla Crithmoides. Iambarde.	Pinus. Sapinette de la Baye d'Hudson.	Diervilla acadiensis. Diervilla d'Acadie à fleur Jaune.
Andromeda populifolia. R. Andromede à feuille de peuplier, Superbe.	Dirca palustris. Bois de Plomb.	Othonna Cheiri folia. Spatule.	Azalea Rubra. R. Azalea fleurs Rouges.	Viburnum nudum. Viorne à feuilles de Laurier Tin.	Juniperus Alpinus. Genevrier des Alpes.	Clethra glauca. R. Clethra Feuilles Blanches endessous.	Cytisus Villosus. Cytise velu à fleur Jaune Orangé.
Rufus Balearicus. Houx frelon de Mahon.	Styrax officinalis. Styrax Alibousier de Provence.	Andromeda Daboecia. Andromede à fleur de Bruyere.	Azalea Glauca. Azalea Feuilles Blanches.	Salix Americana minima. R. La Camphrée. très petit Saule d'Amerique.	Camphorosma monpeliaca. La Camphrée.	Spartium flore Albo. Genest à fleur Blanche.	Rufens Hypophyllum. Laurier Alexandrin.	Vaccinium Uligino sum. Airelle des marais des Alpes.	Kalmia Olea folia. R. Kalmia à feuille d'Olivier.
Genista Tinctoria. Genest des teinturiers.	Rosa Scotica. Rose tachée de Pourpre.	Cneorum Tricoccum. Chamelée à 3. Semences.	Clethra Alnifolia. Clethra à feuilles d'Aulne portant grappes de fleurs rose.	Ilex Tentata. R. Houx à dents de Scie.	Genista purgans. Genest purgatif odorant.	Evonymus Americanus. Petit fusin d'Amerique.	Anonis fruteicens. Arrête - Boeuf en Arbrisseau.	Ilex folio Augustissimo. Houx d'Amerique à feuille très etroite.	Salix Americana Altera. Saule d'Amerique.
Smilax Laurifolia. Smilax à feuille de Laurier.	Potentilla fruticola. Argentine en Arbrisseau.	Vaccinium vitis idaea. Nouvelle espece de Myrax.	Styrax Americana. R.	Ledum rofmarini folium. R. Thé de Labrador à feuille de Romarin.	Rosa flore pleno serotino. Rose fleurissant l'Automne.	Smilax Tamoides. Smilax à feuilles de Tannus.	Rhamnus Ziziphus. Jujubier.	Vaccinium Oxycoccus Canneberge.	Coronilla. L'Espece qui suporte nos Hyveres croit dans les Pyrenees.
Kalmia Angustifolia. Kalmia à feuille etroite qui une couvé de fleurs rouges.	Amygdalus nana flore pleno. Petit Amandier ou Primier de la Chine à fleurs doubles.	Cytisus Glutinosus. Cytise Glutineux.	Lonicera Symphoricarpos. Symphoricarpos, espece de Petit Chevre - feuille.	Juniperus Canadensis. Genevrier de Canada.	Rubus Odoratus flore pleno. Ronce odorante à double fleur rouge.	Vinca major. Grande pervenche.	Vaccinium Airelle d'Amerique plus grosse et d'un goust plus fin que toutes les autres especes.	Genista Caudicans. Genest à feuilles soyeuses.

ARBRISSEAUX GRIMPANTS. Pour couvrir des Tonnelles.

Aristolochia Macrophylla. D. Suss. Aristoloche à grandes feuilles.	Atragene Alpina. Atragene des Alpes.	Bignonia Capreolata. Bignone toujours verte.	Celastrus Scandens. Bourreau des Arbres. Il Tourne ses Sermens au tour et l'etrangle.	Clematis Balcarica. D. Suss. Clematite de Mahon Il y en a de 3. sortes qui fleurissent l'Hyver.	Clematis Cirrhosa. Clematite à feuille de Perier.	Clematis Flammula.	Clematis Orientalis. Clematite d'Orient. / Passi Flora coerulea. Grenadille ou Fleur de la Passion.	Clematis Virginiana. Clematite de Virginie. / Solanum Dulcamara. Vigne de Judée ou Douce amere.	Clematis Vitalba. Viorne ou herbe aux gueux. / Vitis quinque Folia. Vigne Vierge.
Clematis Viticella.	Clematis Viticella, flore pleno. Clematite à fleur double.	Glycine Fruticosa. Haricot en Arbre.	Lonicera Balcarica. R. Chevre - feuille de Mahon.	Lonicera Caprifolium. Chevre - feuille d'Italie.	Lonicera Caprifolium semper Virens. Chevre feuille toujours verd.	Lonicera Glauca. Chevre - feuille de Canada.	Lonicera Periclymenum. Chevre - feuille des Bois.	Lonicera semper Virens. Chevre - feuille de Virginie ou Periclymenum.	Menis pernum Canadense. / Menispermum ou Lierre de Canada.

图 175e

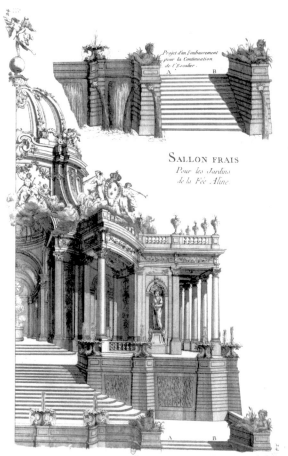

SALLON FRAIS
Pour les Jardins de la Fée Aline

图 176

图 176
VII,24. 注：清凉厅，位于阿丽娜仙女花园中楼梯基座设计图。此幅画被两次编号。
1779 年，乔治·路易·拉鲁日出版于巴黎。
尺寸：37.5cm×24.3cm（经按压形成凹陷尺寸）。
地点：阿丽娜（仙女）花园。
元素：剧院，花园楼梯，柱廊，穹顶，天使音乐家雕塑，海豚(装饰物)雕塑，18 世纪喷水池。

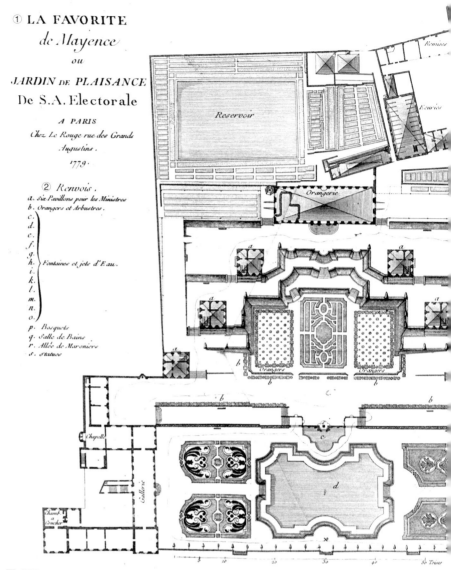

图 177

图 177

VII,25. 注：①德国美因兹选帝侯的豪华花园宅邸或称为行宫；②左边，注释表；③在右上角，有三列文字："这座花园里有一座山坡是我见过的最令人愉悦的，它可以与巴黎大区的圣克罗德公园或圣日耳曼公园的情形相媲美。"

1779 年，乔治·路易·拉鲁日出版于巴黎。

尺寸：38cm×77cm（经按压形成凹陷尺寸）。

地点：美因兹（德国）行宫城堡。

元素：洛塔尔·弗朗兹·冯·舍恩博尔恩（1655—1729，大主教）的寓所，法式园林。

LA SITUATION DE CE JARDIN sur une Côte l'une des plus heureuse, que j'aye vues, peut se Comparer a celle de S.ᵗ Cloud ou de S.ᵗ Germain Celle-ci a un avantage particulier. outre que ce jardin est situé le long du Rhin, qui n'en est separé que par un quay de six Toises, il se trouve encore vis à vis l'Embouchure du Mein, ce qui augmente l'agrément des promenades qui sont distribuées en amphithéâtre. Ce jardin est à environ 25 Toises de la porte neuve sur le haut-Rhin, il peut avoir 200 Toises de long sur 70 T.ᵈᵉˢ de large. il est fermé par une grille du Côté de ville. Trois allées se presentent en entrant; une à droite, une à gauche le long de la grille, une troisième de 30 p. de large, qui se presente de front vis-à-vis le château, est bordée de Maroniers jusqu'a 77 Toi. au milieu est une grande Salle de Verdure, de 28 T. de Diametre, dont 8 bancs et 4 Termes ornent le pourtour du Centre, on voit à droite le Sallon des bains, construit sur un terrein exhaussé de 12 p.ᵈˢ on y monte par deux Rampes qui entourent un bassin le dedans en est décoré de colonnes, de porcelaines, d'ornamens en Stuc, de jets d'Eau, d'un bassin au milieu. du même centre on voit à gauche le Rhin par une grille de 24 T. de long. arrive au bout de l'Allée apres avoir traversé un—

parterre de 16 T. de large X on découvre la pièce d'Eau K. on trouve ensuite a gauche l'Escalier l. qui descend vers la pièce d'Eau et qui conduit aussi à la Gallerie m.m. couverte par une Terrasse entourée d'une balustrade, sur la quelle on monte par les Escaliers VV. La vue y est agréable. d'un côté c'est le Rhin qui se presente en face. vers le jardin se sont les 4 jets K. les 4 cascades i. en outre la Cascade h.g. C'est encore l'Enlevement de proserpinne en s. e. figures colossales au Centre de 4 Colonnes, accompagnées de jets, de chandeliers, nappes et Cascades, cette pièce est la principale du jardin. c'est au point X à 57. T. du point V, qu'est un des plus beaux points de Vue du jardin; le Rhin et un Paisage superbe d'un Côté, de l'autre on voit une grande pièce d'Eau au milieu de la quelle s'elève une montagne d'Eau, plus loin Thétis dans une Grotte c tient un Parasol d'ou sort une nappe d'Eau. sur les cinq Terrasses suivantes six Pavillons s'élevent de distance en distance et forment une belle perspective terminée par l'Orangerie, batiment de 13 croisées de face dont le Terre-plein est plus élevé de 37 pieds que le Terrein X. Vous y communiquez par 6 Escaliers de chaque Côté, outre six autres qui se trouvent en face, et entre les deux orangeries. Cet amphithéâtre est charmant et l'on y jouit de

la plus belle Vue qu'on puisse imaginer. le Reservoir lea. couche les Ecuries sont masquées par l'Orangerie que l'on quitte en descendant par la rampe derrière les pavillons de la droite en passant par le bosquet p. et remontant sur la Terrasse g. d'ou vous voyez les cascades f. g. h. i. les gerbes k le Rhin et la belle Campagne au de la de la gallerie ouverte m. m. Nota que vous voiés encore dans la ditte gallerie g gerbes qui retombent dans des coquilles pour former de belles nappes d'Eau. du point g. on passe par l'Allée des Maroniers pour voir le beau Sallon de porcelaine, morceau unique dans son genre. La promenade se termine en regagnant la grille à travers le Sallon des bains ou par l'Allée des Maroniers. Le chateau qui a 15 Croisées de face du Côté du jardin et 13 du Côté du Rhin, contient une gallerie, appartement a gauche sur le Rhin, appartement et Chapelle à droite les cuisines et offices sont dessous. La Distribution des pavillons est à peu-près la même que celle de Marly, C'est à dire chaque pavillon est pour deux Maitres, l'un au Rez de Chaussée l'autre au premier.

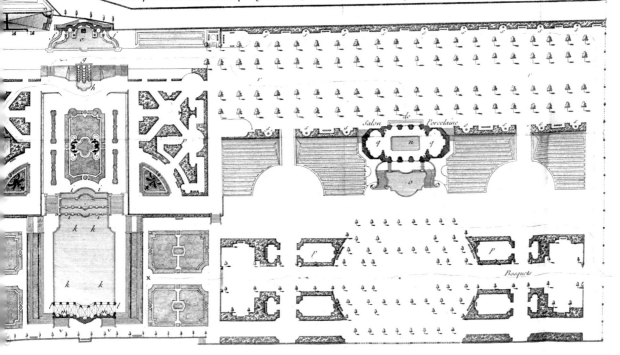

图 178（见第 146 页）

VII,26. 注：修道院花园，所属于克洛伊公爵先生，毗邻法国孔代。此幅画被两次编号。

1779 年，乔治 · 路易 · 拉鲁日出版于巴黎。

尺寸：38.3cm×24cm（经按压形成凹陷尺寸），29.6cm×21.8cm（正方线尺寸）。

地点：埃斯科河畔孔代（法国，北部 – 加来海峡大区）修道院城堡公园。

元素：埃马努埃尔 · 克洛伊公爵（1718—1784，法国元帅）的寓所，英式园林，中式风格花园楼宇，绿荫圆形剧院。

图 179（见第 147 页）

VII,27. 注：修道院花园细节，所属于克洛伊公爵先生，毗邻孔代。

1779 年，乔治 · 路易 · 拉鲁日出版于巴黎。

尺寸：47.7cm×31.1cm（经按压形成凹陷尺寸），46.3cm×29.8cm（正方线尺寸）。

地点：埃斯科河畔孔代（法国，北部 – 加来海峡大区）的修道院城堡公园。

元素：埃马努埃尔 · 克洛伊公爵（1718—1784，法国元帅）寓所，英式园林，树丛，绿荫剧院，驯马场（马术），动物园，橘园。

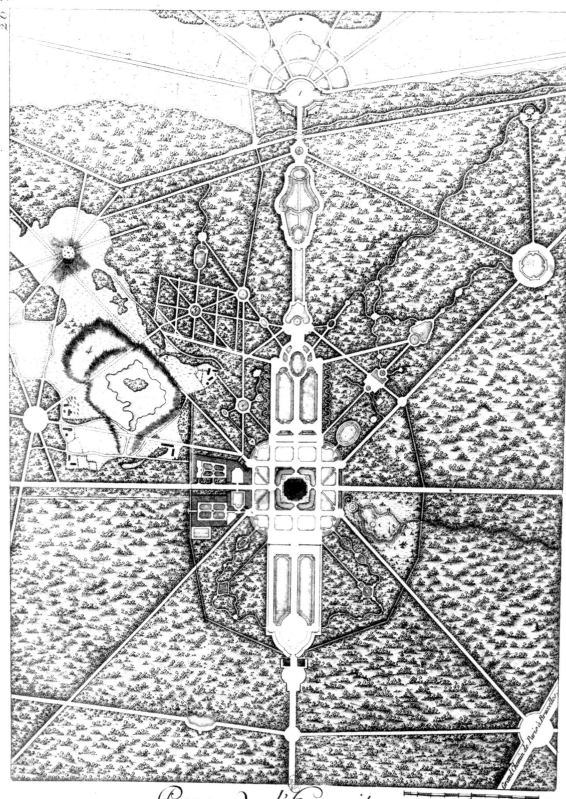

Parc de l'hermitage.
à M. le Duc de Croij près de Condé.

1. *Cirque.*
2. *Pavillon Chinois.*
3. *Etoille de Futaye.*
4. *Partie du Hameau et du*
   Jardin Anglois.

图 178

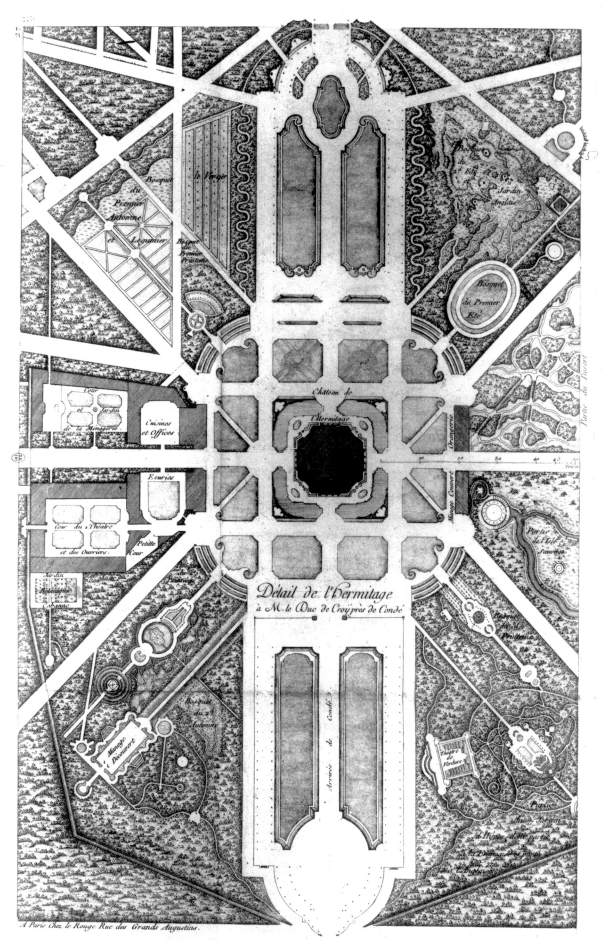

Détail de l'hermitage
à M. le Duc de Croÿ près de Condé

图 179

第八册

1781 年 5 月至 6 月间
28 幅版画

　　第八册，具体完成的时间不可考，应该是 1781 年 5 月至 6 月间完成的，同一年第一次被收录在马斯特里赫特书商都佛的秋季出版名录里（节选自 1781 年五月、六月、七月、八月和九月著作总录一书的第四页和第十三页）。1781 年 7 月 1 日，在被收录到他的出版名录之前，都佛已经把这一册书发送到了施泰因富尔特（参考自 1781 年 7 月 13 日都佛于马斯特里赫特寄给本特海姆伯爵的信和发票）。

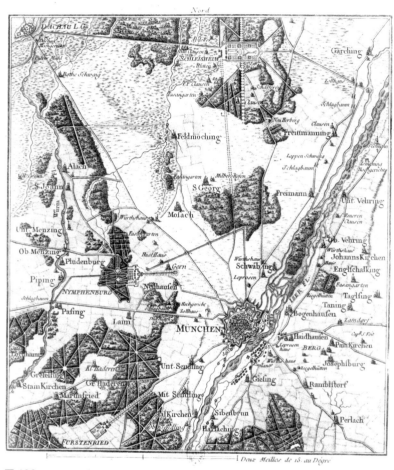

图 180

图 180
VIII,1. 注：英中式风格园林第八册。此版画被编号了两次。
1781 年，乔治·路易·拉鲁日出版于巴黎。
尺寸：24.1cm×38.7cm（经按压形成凹陷尺寸），20.2cm×22.1cm（正方线尺寸）。
地点：慕尼黑周边（德国，巴伐利亚州），慕尼黑（德国，巴伐利亚州）宁芬堡公园，施莱斯海姆（德国，巴伐利亚州）城堡公园。

图 181（见右页）
VIII,2. 注：塔滕巴赫花园城堡，所属于尊敬的伯爵莱因斯坦塔滕巴赫先生，与尊敬的拜恩州巴伐利亚元帅卡姆博兰先生。拉鲁日根据弗兰索瓦·德·屈维利埃的原稿在巴黎作。
1781 年，乔治·路易·拉鲁日出版于巴黎。
尺寸：38.4cm×23.8cm（经按压形成凹陷尺寸），37cm×23.1cm（正方线尺寸）。
地点：普拉姆河畔策尔（奥地利，上奥地利州）城堡公园。
元素：亨利·伊尼亚斯·德·莱因斯坦－塔滕巴赫（？—1821）的寓所，花园花坛，树丛，绿荫剧场，花园圣殿，橘园，大鸟笼，结构化瀑布，绿荫圆形剧院，树列，人工岛，花园水池。

图 181

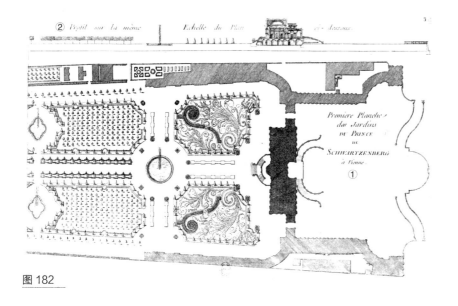

图 182

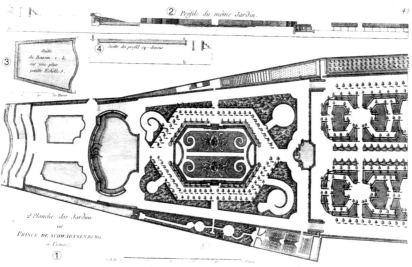

图 183

图 184

图 182

VIII,3. 注：①施瓦岑贝格亲王在维也纳的花园，插图一；图②的比例尺与图①一致。

1781 年，乔治·路易·拉鲁日出版于巴黎。

尺寸：24.3cm×38.6cm（经按压形成凹陷尺寸）。

地点：维也纳（奥地利）施瓦岑贝格宫花园。

元素：约瑟夫亚当（1722—1782，施瓦岑贝格亲王）的寓所，法式花园，模纹花坛，树列，花园水池。

图 183

VIII,4. 注：①施瓦岑贝格亲王在维也纳的花园，插图二；② 同一座花园的设计图；③池塘的接续部分；图④是图②的接续部分。

1781 年，乔治·路易·拉鲁日出版于巴黎。

尺寸：23.9cm×38.5cm（经按压形成凹陷尺寸）。

地点：维也纳（奥地利）施瓦岑贝格宫花园。

元素：约瑟夫亚当（1722—1782，施瓦岑贝格亲王）的寓所，法式花园，模纹花坛，树列，花园水池。

图 184

VIII,5. 注：施瓦岑贝格亲王波西米亚风格花园的第一个部分，位于克吕默。

1781 年，乔治·路易·拉鲁日出版于巴黎。

尺寸：24.3cm×38.5cm（经按压形成凹陷尺寸），22.6cm×37.2cm（正方线尺寸）。

地点：捷克克鲁姆洛夫（捷克斯洛伐克）城堡公园。

元素：约瑟夫－亚当（1722—1782，施瓦岑贝格亲王）的寓所，模纹花坛，花园水池。

图 185

VIII,6. 注：克吕默花园第二部分。

1781 年，乔治·路易·拉鲁日出版于巴黎。

尺寸：24.2cm×38.7cm（经按压形成凹陷尺寸）。

地点：捷克克鲁姆洛夫（捷克斯洛伐克）城堡公园。

元素：约瑟夫－亚当（1722—1782，施瓦岑贝格亲王）的寓所，花园花坛，模纹花坛，花园水池。

图 186

VIII,7. 注：克吕默花园第三部分。

1781 年，乔治·路易·拉鲁日出版于巴黎。

尺寸：23.7cm×38.3cm（经按压形成凹陷尺寸）。

地点：捷克克鲁姆洛夫（捷克斯洛伐克）城堡公园。

元素：约瑟夫－亚当（1722—1782，施瓦岑贝格亲王）的寓所，花园花坛，草坪。

图 187

VIII,8. 注：①克吕默花园第四部分；②克吕默花园总设计图。

1781 年，乔治·路易·拉鲁日出版于巴黎。

尺寸：24.1cm×38.5cm（经按压形成凹陷尺寸）。

地点：捷克克鲁姆洛夫（捷克斯洛伐克）城堡公园。

元素：约瑟夫－亚当（1722—1782，施瓦岑贝格亲王）寓所，花园花坛，迷宫，草坪，树列，模纹花坛。

图 185

图 186

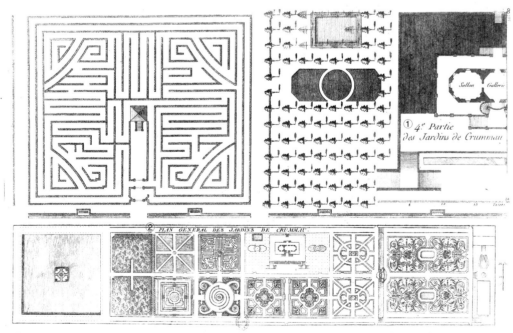

图 187

图 188

图 193

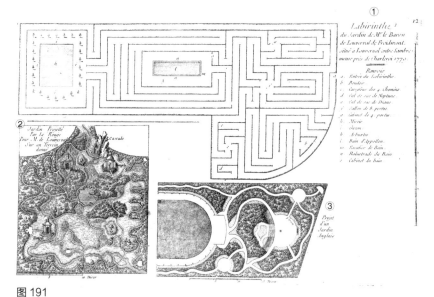

图 191

图 188

VIII,9. 注：施瓦岑贝格亲王的网格小屋。

1781 年，乔治·路易·拉鲁日出版于巴黎。

尺寸：32.3cm×24cm（经按压形成凹陷尺寸）。

地点：捷克克鲁姆洛夫（捷克斯洛伐克）城堡公园。

元素：约瑟夫亚当（1722—1782，施瓦岑贝格亲王）寓所，18 世纪花园的景观建筑。

图 189（见第 16 页）

VIII,10. 注：位于库尔姆巴赫拜罗伊特公国的克里斯蒂安埃朗城堡的右翼以及主体的一半还有其部分花园的景色。

1781 年，乔治·路易·拉鲁日出版于巴黎。

尺寸：24.4cm×38.7cm（经按压形成凹陷尺寸）。

地点：拜罗伊特（德国，巴伐利亚州）艾尔米塔什城堡。

元素：弗雷德里克 - 克里斯蒂安·德·勃兰登堡 - 拜罗伊特（1708—1769）的寓所，模纹花坛，18 世纪的喷水池，喷泉，绿篱，绿植栅栏，栅栏，花园雕塑，长廊。

图 190（见第 17 页）

VIII,11. 注：克里斯蒂安埃朗城堡的左翼以及主体的一半还有其部分花园的景色。

1781 年，乔治·路易·拉鲁日出版于巴黎。

尺寸：23.5cm×38.5cm（经按压形成凹陷尺寸）。

地点：拜罗伊特（德国，巴伐利亚州）艾尔米塔什城堡。

元素 弗雷德里克 - 克里斯蒂安·德·勃兰登堡 - 拜罗伊特（1708—1769）的寓所，花园楼宇，模纹花坛，18 世纪的喷水池，喷泉，绿篱，树丛，花园雕塑，长廊。

图 191

VIII,12. 注：①弗瓦德蒙卢弗尔瓦勒男爵先生的花园迷宫，位于卢弗尔瓦勒靠近沙勒罗瓦；②拉鲁日为卢弗尔瓦勒先生在既定区域设计的花园；③英式花园设计图。

1781 年，乔治·路易·拉鲁日出版于巴黎。

尺寸：24.5cm×39cm（经按压形成凹陷尺寸）。

地点：热尔皮讷（比利时，埃诺省）卢弗尔瓦勒城堡。

元素：雅克 - 阿尔伯特 - 弗朗索瓦·德·弗拉沃（1734—? ）寓所，迷宫，花园圣殿，花园瀑布，英式花园设计图。

图 192（见第 21 页）

VIII,13. 注：①一个私人英中风格花园德设计图；②属于尊贵的沙特尔公爵殿下根据卡蒙泰勒画作修建的蒙梭花园的木桥和部分竞技场的景观。

1781 年，乔治·路易·拉鲁日出版于巴黎。

尺寸：24cm×38.7cm（经按压形成凹陷尺寸）。

地点：巴黎蒙梭公园。

元素：路易·菲利普·约瑟夫（1747—1793，奥尔良公爵）的寓所，英中风格花园的设计图，绿荫剧场，花园柱廊，花园桥梁，花园方尖碑。

图 193

VIII,14. 注：威尔顿彭布罗克阁下花园中的凯旋门。

1781 年，乔治·路易·拉鲁日出版于巴黎。

尺寸：29cm×23cm（经按压形成凹陷尺寸）。

地点：威尔顿（英国，威尔特郡）威尔顿宫公园。

元素：马尔库斯·奥列里乌斯·安敦宁（121—180，罗马帝国皇帝）纪念碑，亨利·赫伯特（1734—1794，彭布罗克伯爵）的寓所，凯旋门。

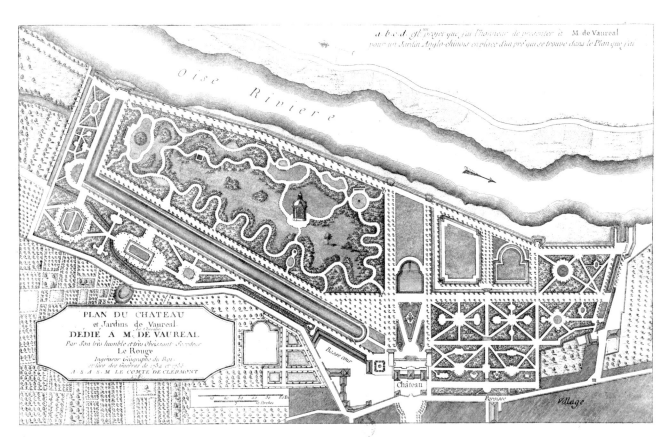

图 194

图 195

图 194

VIII,15. 注：沃雷阿花园城堡平面图，由谦卑恭顺的侍者、工程师及皇家地理学家拉鲁日献给沃雷阿先生，在 1734 年到 1735 年战争期间作。右上角写有"abcd 是我有幸上呈给沃雷阿先生的在一片草地上的英中结合风格花园设计图"。

1781 年，乔治·路易·拉鲁日出版于巴黎。

尺寸：24cm×38.5cm（经按压形成凹陷尺寸）。

地点：沃雷阿（法国，瓦兹河谷省）城堡花园。

元素：路易－弗朗索瓦三世（1761—1785，沃雷阿骑士）的寓所，英中风格花园的设计图，法式花园。

图 195

VIII,16. 注：由英中风格的观景台望去布杜尔花园城堡的景色，属于尊贵的利涅亲王。

1781 年，乔治·路易·拉鲁日出版于巴黎。

尺寸：18cm×45cm（经按压形成凹陷尺寸），17cm×44cm（正方线尺寸）。

地点：布杜尔（比利时）城堡公园。

元素：查尔斯－约瑟夫（1735—1814，利涅亲王）的寓所，比利时英中风格花园。

图 196

VIII,17. 注：布杜尔—岩石堆，在总平面图的 13 号处。

1781 年，乔治·路易·拉鲁日出版于巴黎。

尺寸：38.3cm×24.3cm（经按压形成凹陷尺寸），34.9cm×22.6cm（正方线尺寸）。

地点：布杜尔（比利时）城堡公园。

元素：查尔斯 - 约瑟夫（1735—1814，利涅亲王）的寓所，比利时英中风格花园，瀑布。

图 197

VIII,18 注：位于布杜尔的凯撒浴池，在总平面图的 6 号处。

1781 年，乔治·路易·拉鲁日出版于巴黎。

尺寸：37.5cm×24cm（经按压形成凹陷尺寸），36cm×22.5cm（正方线尺寸）。

地点：布杜尔（比利时）城堡公园。

元素：查尔斯 - 约瑟夫（1735—1814，利涅亲王）的寓所，比利时的英中风格花园，花园水池，人工废墟。

图 198

VIII,19 注：①布杜尔老城堡，在总平面图的 7 号处；②神庙，平面图 10 号处；③天使喷泉，平面图 4 号处。

1781 年，乔治·路易·拉鲁日出版于巴黎。

尺寸：37.5cm×24cm（经按压形成凹陷尺寸），34.5cm×21cm（正方线尺寸）。

地点：布杜尔（比利时）城堡公园。

元素：查尔斯 - 约瑟夫（1735—1814，利涅亲王）的寓所，比利时的英中风格花园，花园圆亭，花园水池，人工岛。

图 199

VIII,20 注：①布杜尔细节图；②弹药老仓库；③冰室内部；④冰室外部；⑤修道院的桥与门。

1781 年，乔治·路易·拉鲁日出版于巴黎。

尺寸：38cm×22.6cm（经按压形成凹陷尺寸），34.7cm×24cm（正方线尺寸）。

地点：布杜尔（比利时）城堡公园。

元素：查尔斯 - 约瑟夫（1735—1814，利涅亲王）的寓所，比利时的英中风格花园，冰室，人工废墟，修道院。

图 200（见第 22 页）

VIII,21 注：①位于布杜尔的红喷泉；②总平面图第 3 号。

1781 年，乔治·路易·拉鲁日出版于巴黎。

尺寸：39cm×23cm（经按压形成凹陷尺寸），34.9cm×22.1cm（正方线尺寸）。

地点：布杜尔（比利时）城堡公园。

元素：查尔斯 - 约瑟夫（1735—1814，利涅亲王）的寓所，比利时的英中风格花园，18 世纪的喷水池，花园雕塑。

图 201（见右页）

VIII,22. 注：①弗雷斯卡提城堡——从花园旁看到的景色；②从入口处看到的城堡景色；由梅兹采邑主教夏尔 - 亨利德康布暨库瓦斯兰公爵向罗伯特德科特建筑事务所订购的弗雷斯卡提城堡的 17 幅图纸（正视图和一幅花园平面图）现收藏于法国国家图书馆版画与摄影部，编号为 "Va-57（6）-Fol."。

1781 年，乔治·路易·拉鲁日出版于巴黎。

尺寸：25.2cm×27.8cm（经按压形成凹陷尺寸），23.5cm×27.4cm（正方线尺寸）。

地点：梅兹（法国，摩泽尔省）弗雷斯卡提城堡。

元素：夏尔 - 亨利德康布·德·库瓦斯兰（1664—1732 年，采邑主教）的寓所，法国城堡。

图 196

图 197

图 198

图 199

图 202
VIII,23. 注：①从城堡看到的弗雷斯卡提花园，属于梅兹采邑主教所有，远处为梅兹城；②弗雷斯卡提花园的入口，从同一城堡看去的景色。

1781 年，乔治·路易·拉鲁日出版于巴黎。

尺寸：25.3cm×28.4cm（经按压形成凹陷尺寸），23.1cm×26.8cm（正方线尺寸）。

地点：梅兹（法国，摩泽尔省）弗雷斯卡提城堡花园。

元素：夏尔－亨利德康布·德·库瓦斯兰（1664—1732，采邑主教）的寓所，法式花园，模纹花坛，草坪花坛，树列，花园水池。

图 203
VIII,24. 注：①弗雷斯卡提城堡的右侧景观以及新运河，从经由南希到梅兹的河流堤道上看去；②堤道旁的新运河及花坛，从弗雷斯卡提城堡的左右侧看去。

1781 年，乔治·路易·拉鲁日出版于巴黎。

尺寸：25.5cm×28.4cm（经按压形成凹陷尺寸），22.8cm×26.9cm（正方线尺寸）。

地点：梅兹（法国，摩泽尔省）弗雷斯卡提城堡花园。

元素：夏尔－亨利德康布·德·库瓦斯兰（1664—1732，采邑主教）的寓所，法式花园，花园运河，模纹花坛，树列，绿茵，草坪。

图 204
VIII,25. 注：①从城堡的左侧看去的用平台与植物装点的弗里斯托山坡景观；②从弗里斯托山坡看去的城堡左侧景观。

1781 年，乔治·路易·拉鲁日出版于巴黎。

尺寸：25.8cm×28.2cm（经按压形成凹陷尺寸），24.1cm×26.5cm（正方线尺寸）。

地点：梅兹（法国，摩泽尔省）弗雷斯卡提城堡花园。

元素：夏尔－亨利德康布·德·库瓦斯兰（1664—1732，采邑主教）的寓所，法式花园，法国城堡，模纹花坛，树列，花园水池。

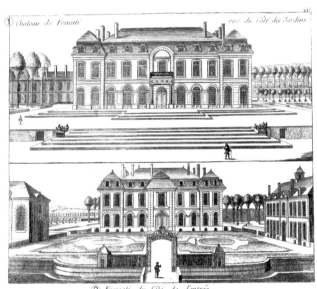

图 201

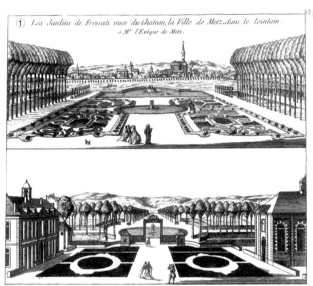

图 202

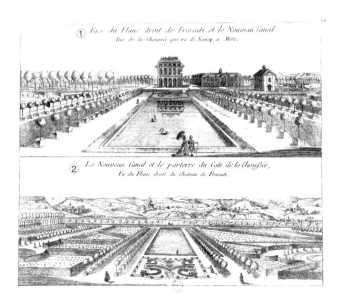

图 203

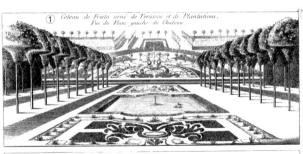

图 204

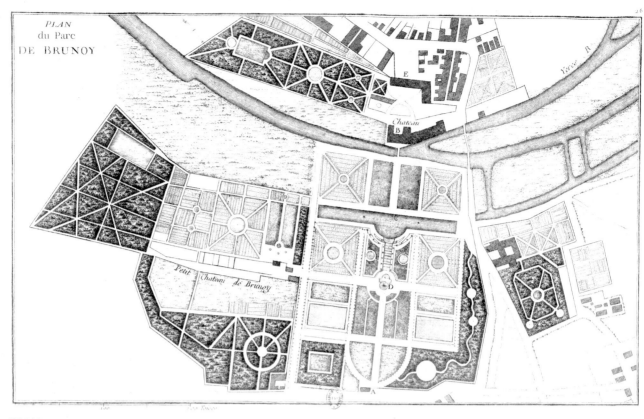

图 205

图 205

VIII,26. 注：布吕努瓦公园平面图。

1781 年，乔治·路易·拉鲁日出版于巴黎。

尺寸：24cm×39cm（经按压形成凹陷尺寸），22.5cm×37.7cm（正方线尺寸）。

地点：布吕努瓦（法国，埃松省）城堡公园。

元素：路易十八（1755—1824，法国国王）的寓所，让·巴里·德·蒙玛泰勒（1690—1766）的寓所，法式花园。

图 206

VIII,27. 注：献给国王兄弟的布吕努瓦花园与瀑布，位于巴黎东南方 5 法里。

1781 年，乔治·路易·拉鲁日出版于巴黎。

尺寸：24cm×40.7cm（经按压形成凹陷尺寸），21.2cm×39cm（正方线尺寸）。

地点：布吕努瓦（法国，埃松省）城堡公园。

元素：路易十八（1755—1824，法国国王）的寓所，让·巴里·德·蒙玛泰勒（1690—1766）的寓所，法式花园，喷泉，结构式瀑布，草坪花坛，树列，花园水池。

图 207（见右页）

VIII,28. 注：邱园里动物园中的楼阁。

1781 年，乔治·路易·拉鲁日出版于巴黎。

尺寸：24.3cm×38.5cm（经按压形成凹陷尺寸），21.8cm×36.4cm（正方线尺寸）。

地点：邱园（英国，萨里郡，里士满）。

元素：奥古斯塔·德·萨克森哥达（1719—1772，威尔士王妃）的寓所，英国的英中风格花园，人工岛，中式风格花园小亭，栅栏，动物园。

图 206

Pavillon de la Menagerie à Kew.

图 207

Nota, pour entendre cette Description il faut voir aussi la Planche precedente 26.

5. Lieues au Sud-est quart Sud de Paris sur la Rivière d'Yeres, on prend les Voitures dans la Rue du Pas de la Mulle, on passe par Charenton, Villeneuve St George, on monte
o. Toises passe Chalandre est un Poteau, vis-à-vis du quel est une Route nouvelle de 720. T. qui conduit à Brunoi – Le public y arrive par la 9ᵉ Route parcourt mᵉ.T jusqu'à la
mu de 600 T. de long bordée d'un double rang de Tilleuls des deux côtés elle conduit à la Grille A. où l'on se trouve sur la Cime du Coteau qui forme un Superbe Amphithéatre vis-a-vis la
rivière à 270 T. au bas de la Grille, d'où l'on voit le Village, les Potagers, la Plaine, et le plus riche paysage. – La longueur du Jardin se divise en trois parties, de même que sa l
milieu peut avoir 63. T. de large, de même que les parties laterales. – En descendant par le milieu on parcourt 42 Tᵉˢ Jusqu'à la première allée transversalle. De la on compte 60 Tˢ
des Rochers, tenant une Urne d'où l'eau se répand par plusieurs crevasses pratiquées autour du Rocher formant des nappes d'eau de 12 pieds de haut suit la Cascade du Centre qui se précipite)
en C. 20. Chandeliers accompagnent cette Cascade en s'écartant sur un plan circulaire Depuis C. jusqu'au pont on compte 70.Tᵉˢ et de la ou commence) le Chateau en B. 18 T. – De
En descendant de la Grille A. par la droite on passe par des bosquets, deux Reservoirs qui reçoivent l'eau de la Rivière par des Machines, occupent les deux premiers compartiments de
agnent les deux grands bassins F. F. Monsieur rendra sans doute cette Cascade plus magnifique encore en y ajoutant des Statues et des Vases. &c.

Jardins et Cascades de Brunoy à Monsieur à 5. lieues Sud-Est de Paris.
Frère du Roi

第九册

1781 年 12 月
15 幅版画

这一册很可能是在 1781 年底完成的，书商是在 1782 年初得到原稿的。这一册书被都佛收录在 1782 年上半年的出版名录里。1782 年 1 月 7 日，都佛把第九册发送到了施泰因富尔特（参考自 1782 年 7 月 5 日都佛于马斯特里赫特寄给本特海姆伯爵的发票）。通过都佛的发票我们可以看到在接收到这新一册的书后，路易伯爵马上又订购了两本新的。新订单有可能是惊叹于这本书用大尺寸呈现了位于埃尔芒翁维尔湖心岛卢梭的新墓碑。到目前为止，我们仅了解到这个由米歇尔·小莫罗（称他为小莫罗是因为他还有个画家哥哥路易·加布里埃尔·莫罗）所刻的广为流传的墓碑是 1778 年竖立起来的：由白杨树环绕，骨灰瓮是被安置在一个方形的底座上的。这个墓碑是被赫尔兹菲尔德用来作为范本的或者是为了颂扬卢梭 1782 年在沃利茨竖立的。拉鲁日为了出版第九册并且在他结识已久的吉拉尔丹侯爵的要求下刻了一座新墓碑，这个墓碑是由贝尔罗伯特在 1780 年绘制的并由雕刻师雅克菲利普勒叙厄尔雕刻的。1789 年，就是法国大革命那一年，位于埃尔芒翁维尔的卢梭墓碑的大尺寸版画被再次更新，尽管拉鲁日可以把这册书余下的那些册卖更好的价格，但他还是决定出版第二版。书名没有变只是多加了一行"1789 年复制版"。

图 208
IX,1. 注：英中风格园林第九册共 15 幅版画。为塞居尔侯爵，内阁与国务大臣建造的罗曼维尔花园。由谦逊与服从的下属皇家地图工程师拉鲁日敬上。
1781 年，乔治·路易·拉鲁日出版于巴黎。
尺寸：31.5cm×39cm（经按压形成凹陷尺寸），30.6cm×38cm（正方线尺寸）。
地点：罗曼维尔（法国，塞纳圣丹尼省）城堡公园。
元素：菲利普·亨利（1724—1801，塞居尔侯爵）寓所，英式花园，菜园。

图 209（见右页）
IX,2. 注：①图题：按照贝桑瓦勒男爵要求设计的不同装饰，由拉鲁日实地绘制的第二版；②罗马圣殿正视图；③罗马圣殿平面图；④中式楼阁正视图；⑤中式楼阁平面图；⑥大花瓶；⑦埃及雕塑；⑧小鸫墓；⑨八角形楼阁的正视图；⑩八角形楼阁的剖面图和内部图；⑪八角形楼阁的平面图；⑫瀑布景观；⑬这栩栩如生的小鸫啊，她虽拥有智慧和美貌却是爱情的受害者。爱情另她乖巧然而最甜蜜的宿命仅仅是这样脆弱不堪。啊小鸫：你曾经的日子是那么的美好但是它让你付出放弃生命的代价，直到你看到她眼中涌出的泪水。
1781 年，乔治·路易·拉鲁日出版于巴黎。
尺寸：23.8cm×38.5cm（经按压形成凹陷尺寸）。
地点：罗曼维尔（法国，塞纳圣丹尼）城堡公园。
元素：菲利普·亨利（1724—1801，塞居尔

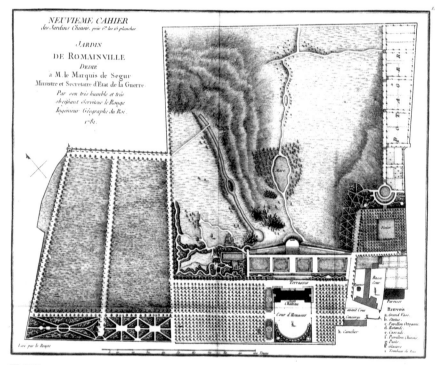

图 208

侯爵）的寓所，花园瀑布，园林陵墓，埃及风格的园林雕塑，园林楼阁，园林圣殿，中式风格的园林小亭，园林圆亭，园林花瓶。

图 210（见右页）
IX,3. 注：由贝尔岛大元帅种植的贝西公园平面图，根据迪斯勒先生的绘图创作。
1781 年，乔治·路易·拉鲁日出版于巴黎。
尺寸：23.8cm×38.5cm（经按压形成凹陷尺寸），22.5cm×29.8cm（正方线尺寸）。
地点：维尔农（法国，厄尔省）碧兹城堡公园。
元素：路易-夏尔-奥古斯特·富凯（1684—1761，贝尔岛公爵）的寓所，法式园林，菜园，草坪，树丛。

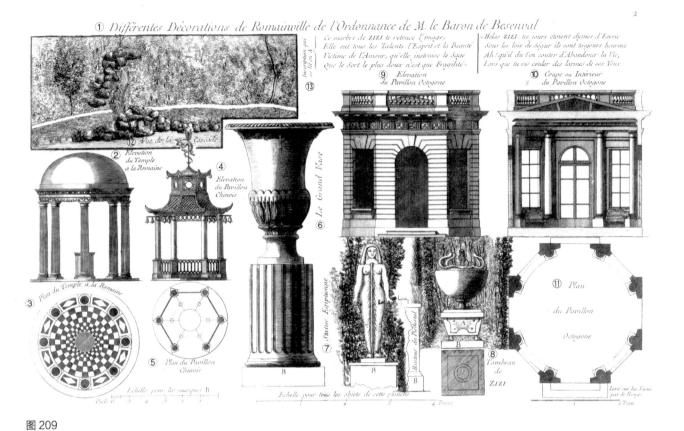

① Différentes Décorations de Romainville de l'Ordonnance de M. le Baron de Besenval

图 209

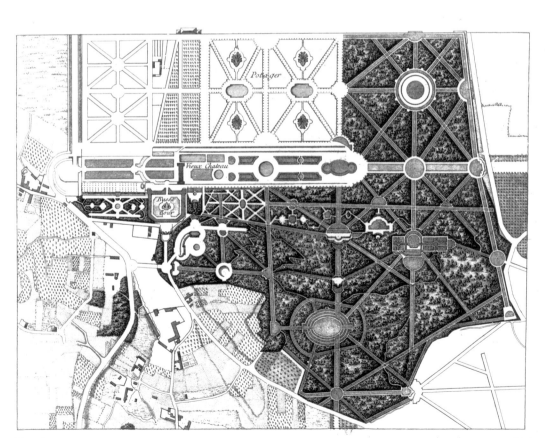

PLAN
du Parc de Bisi
planté par le Maréchal
de Belleisle
Sur les Dessins
de M. Disle

图 210

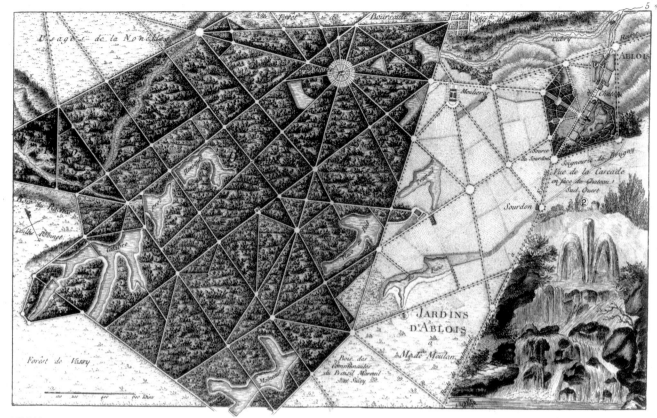

图 212

图 211（见第 21 页）

IX,4. 注：沙特尔公爵花园中靠近日晷处取景的废墟、水磨和桥梁的景观，根据卡蒙泰勒先生的绘画创作。莫雷主席先生花园的五种不同设计图，由园林建筑师巴赫比耶先生创作。

1781 年，乔治·路易·拉鲁日出版于巴黎。

尺寸：25.9cm×38.5cm（经按压形成凹陷尺寸），22.2cm×37cm（正方线尺寸）。

地点：巴黎圣多米尼克街，巴黎莫雷公馆花园，巴黎蒙索公园。

元素：马修·弗朗索瓦·莫雷·德·尚普拉特勒（1705—1793，议会主席）的寓所，路易·菲利普·约瑟夫（1747—1793，奥尔良公爵）的寓所，英式园林的设计图，花园桥梁，风力磨坊，古典风格的人造废墟，花园花坛，树丛，水车。

图 212

IX,5. 注：①莫兰先生的达布鲁瓦花园；②西南城堡正面的瀑布景观。

1781 年，乔治·路易·拉鲁日出版于巴黎。

尺寸：23.6cm×38.7cm（经按压形成凹陷尺寸），22.5cm×37.5cm（正方线尺寸）。

地点：圣马丁达布鲁瓦尔（法国，马恩省）城堡公园，布尔索森林（法国，马恩省），瓦希森林（法国，马恩省）。

元素：夏尔-雅克-路易·德·莫兰的寓所，英式园林，瀑布，森林。

图 213（见右页）

IX,6. 注：①位于圣克卢公园里被分割成为剧场的灌木丛与山间的城堡，由建筑师皮埃尔康丹设计；②王子下令拆毁这座城堡。

1781 年，乔治·路易·拉鲁日出版于巴黎。

尺寸：38.3cm×24.1cm（经按压形成凹陷尺寸），37.3cm×18.9cm（正方线尺寸）。

地点：圣克罗德（法国，上塞纳省）噶耶黛城堡。

元素：路易·菲利普·约瑟夫（1726—1785，沙特尔公爵）的寓所，绿色植物包围的圆形剧场，树丛，园林花坛。

图 214（见右页）

IX,7. 注：①黑森卡塞尔亲王的中式园林与迷宫；②左上角："军火商德利尔，一个品位出众的人，曾和我们的军队同在卡塞尔，1761 年他令一位灵巧的工程师测绘并绘制了这个花园；原版藏于拉鲁日家中"。

1781 年，乔治·路易·拉鲁日出版于巴黎。

尺寸：23.9cm×38.4cm（经按压形成凹陷尺寸），22cm×36.5cm（正方线尺寸）。

地点：卡塞尔（德国，黑森州）贝勒维城堡公园。

元素：弗雷德里克二世（1720—1785，黑森卡塞尔诸侯）的寓所，德国的英中园林，迷宫。

图 215（见右页）

IX,8. 注：①霍汶汉姆的沃斯利骑士的花园

楼阁；②威洛比骑士的花园楼阁；③比例尺一20 法尺，钱伯斯作品。

1781 年，乔治·路易·拉鲁日出版于巴黎。

尺寸：23.8cm×37.3cm（经按压形成凹陷尺寸）。

地点：霍汶汉姆（英国，约克郡）的霍汶汉姆公馆公园，伯恩（英国，林肯郡）的格林斯索普城堡公园。

元素：托马斯·沃斯利（1710—1778，建筑师）的寓所，罗伯特·博蒂（1756—1779，安卡斯特与凯史蒂文公爵）的寓所，新经典风格的园林楼阁，园林圆亭。

图 216（见右页）

IX,9. 注：①坦菲尔德公馆花园里的布鲁斯勋爵庄园，位于约克郡；②威洛比先生的圣殿；③布鲁斯勋爵庄园的二楼；钱伯斯作品。

1781 年，乔治·路易·拉鲁日出版于巴黎。

尺寸：24.1cm×37.7cm（经按压形成凹陷尺寸）。

地点：坦菲尔德（英国，约克郡）的坦菲尔德公馆公园，伯恩（英国，林肯郡）格林斯索普城堡公园。

元素：托马斯·布鲁德奈尔-布鲁斯（1729—1814，艾尔斯伯里伯爵）的寓所，罗伯特·博蒂（1756—1779，安卡斯特与凯斯蒂文公爵）的寓所，园林楼阁，园林圣殿。

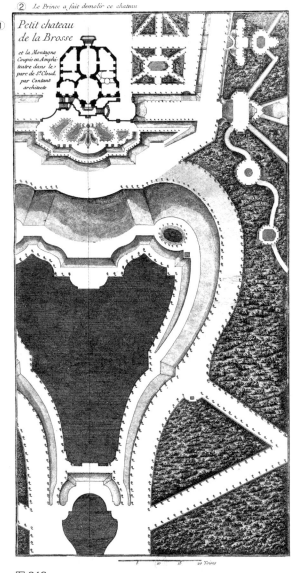

图 213

图 215

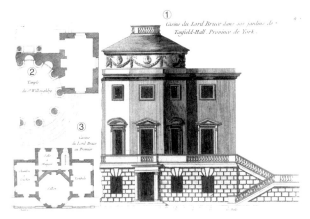

图 216

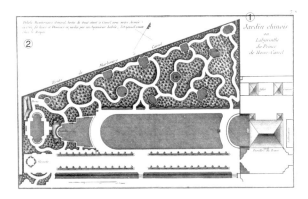

图 214

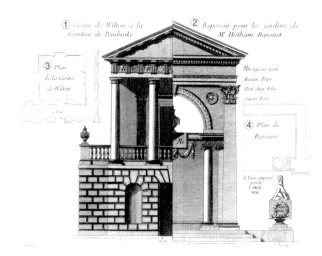

图 217

图 217
IX,10. 注：①彭布洛克伯爵夫人的威尔顿庄园；②荷斯安男爵花园里的祭坛；③威尔顿庄园的平面图；④祭坛平面图；钱伯斯作品。1781 年，乔治·路易·拉鲁日出版于巴黎。尺寸：24.3cm×37.4cm（经按压形成凹陷尺寸）。

地点：威尔顿（英国，威尔特郡）威尔顿庄园公园。
元素：伊丽莎白（1738—1831，彭布洛克伯爵夫人）的寓所，威廉·荷斯安（1736—1813，第一男爵）的寓所，新经典风格的园林楼阁。

图 218

IX,11. 注：①图题：位于马里诺的夏尔勒蒙子爵庄园的平面图，钱伯斯作品；②二楼；③地下室的平面图。

1781 年，乔治·路易·拉鲁日出版于巴黎。

尺寸：37.5cm×24cm（经按压形成凹陷尺寸）。

地点：都柏林（爱尔兰）马里诺庄园。

元素：詹姆斯·考菲尔德（1728—1799，夏尔勒蒙伯爵）的寓所，园林楼阁。

图 219

IX,12. 注：①提尔尼伯爵花园中的楼阁；②斯蒂文森骑士花园中的楼阁；③比例尺—10 法尺，钱伯斯作品；雕塑师雅克佩勒提耶。

1781 年，乔治·路易·拉鲁日出版于巴黎。

尺寸：24.9cm×29.5cm（经按压形成凹陷尺寸）。

地点：斯凯尔顿因克里夫兰（英国，约克郡）的斯凯尔顿公馆公园。

元素：理查德·柴尔德（提尔尼伯爵）的寓所，约翰豪·斯蒂文森（1718—1785）的寓所，新经典风格的园林楼阁。

图 220

IX,13. 注：①卡伦的肯尼迪先生庄园；②"我们可以说台阶下面的拱穹形成一个悬臂，如果墙面是平整的话会更好；一个底座对于我来说是不可或缺的。底座是很宽大的，通常我们把球状装饰物用在家禽养殖场"；③马里诺的夏尔勒蒙子爵庄园；④浅浮雕没有比花叶边装饰更受喜爱；⑤肯尼迪先生庄园的平面图；钱伯斯作品。

1781 年，乔治·路易·拉鲁日出版于巴黎。

尺寸：24.9cm×33.3cm（经按压形成凹陷尺寸），24cm×31.8cm（正方线尺寸）。

地点：梅博尔（英国，南艾尔郡）卡尔津城堡，都柏林（爱尔兰）马里诺庄园。

元素：大卫·肯尼迪（卡西利斯伯爵）的寓所，詹姆斯·考菲尔德（1728—1799，夏尔勒蒙伯爵）的寓所，新经典风格的园林楼阁。

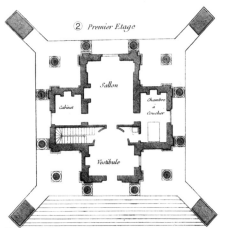

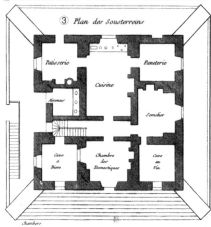

图 218

图 219

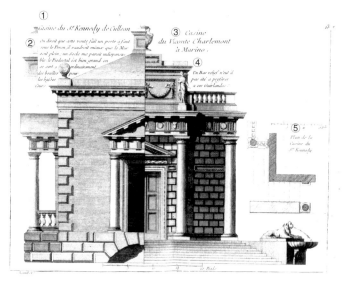

图 220

图 221

IX,14. 注：洛瑞特教授的凯旋门设计图。阿丽娜仙女花园皇家建筑。

1781 年，乔治·路易·拉鲁日出版于巴黎。

尺寸：38.2cm×24.1cm（经按压形成凹陷尺寸）。

地点：阿丽娜（仙女）花园。

元素：剧院，园林纪念碑拱门。

图 222

IX,15. 注：位于埃尔芒翁维尔白杨岛的让雅克卢梭的陵墓，奉吉拉尔丹侯爵的命令修建。在左下角，图画下面写有："1778 年 7 月 2 日卢梭在埃尔芒翁维尔逝世"。

1781 年，乔治·路易·拉鲁日出版于巴黎。

尺寸：23.7cm×38.7cm（经按压形成凹陷尺寸），21.7cm×36.7cm（正方线尺寸）。

地点：埃尔芒翁维尔（法国，瓦兹省）公园白杨岛。

元素：让–雅克·卢梭（1712—1778）陵墓，雷内·路易（1735—1808，吉拉尔丹侯爵）的寓所，园林陵墓。

图 221

图 222

第十册

1783 年 5 月至 6 月间
13 幅版画

都佛在 1783 年 7 月 6 日把第十册送到了施泰因富尔特，这一册被都佛收录在 1783 年上半年的出版名录里（节选自 1783 年上半年著作总录一书的第十五页，参考自 1783 年 7 月 7 日都佛于马斯特里赫特寄给本特海姆伯爵的信和发票）。

另一部著作的出现打乱了 1782 年巴黎地区的配送计划，并且使第十册的内容量降到了第九册的一半。我们可以这么考虑这件事情，因为拉鲁日同期开始翻译并准备印刷出版由夏尔迪安 1782 年在巴黎出版的威廉·钱伯斯的著作《民用建筑概述》。

直至今日，都佛在 1782 年下半年出版发行的这一册书是这本翻译著作面世的铁证。

图 223
X,1. 注：①英中式园林第十册；② 1783 年，特里亚农宫中的皇后花园。

1783 年，乔治·路易·拉鲁日出版于巴黎。

尺寸：24cm×38.9cm（经按压形成凹陷尺寸）。

地点：凡尔赛（法国，伊夫林省）小特里亚农工花园。

元素：玛丽·安东奈特（1755—1793，法国皇后）的寓所，英式园林，园林中包括橘园、冰室、乳品厂、观景台、花园圆亭、园林洞穴、旧式旋转木马、温室、园林楼阁。

图 224（见右页）
X,2. 注：①属于夏尔特公爵的蒙梭公园平面图；②在绵羊岛上的 B 点看到的公园入口和主要楼阁的景观；③ 从 CD 两行看到的冬园剖面图，让我们看第三幅版画；④从 K 点看到的马戏团或海战剧景观；在第二十册的末尾有这个花园的 4 处不同景观建筑的版画。

1783 年，乔治·路易·拉鲁日出版于巴黎。

尺寸：49cm×66.5cm（经按压形成凹陷尺寸）。

地点：巴黎蒙梭公园。

元素：奥尔良的路易·菲利普·约瑟夫（1747—1793，公爵）的寓所，英式园林，柱廊、园林的方尖碑、人工岛、风车、乳品厂、海战剧、冬园、园林楼阁、人工废墟、旧式旋转木马、温室。

图 225（见右页）
X,3. 注：①从平面图 AB 行看夏尔特公爵位于穆索的新绿廊或冬园剖面图；②冬季绿廊的表面；③新冬季绿廊的平面图。

1783 年，乔治·路易·拉鲁日出版于巴黎。

尺寸：23.9cm×38.9cm（经按压形成凹陷尺寸）。

地点：巴黎蒙梭公园。

元素：奥尔良的路易·菲利普·约瑟夫（1747—1793，公爵）的寓所，英式园林，园林中包括冬园、温室。

图 226（见右页）
X,4. 注：讷伊花园行宫，按照卡尔图的图纸为阿让松侯爵建造，今天归属于圣富瓦家族。

1783 年，乔治·路易·拉鲁日出版于巴黎。

尺寸：23.5cm×38.9cm（经按压形成凹陷尺寸），21.7cm×28.6cm（正方线尺寸）。

地点：塞纳河畔讷伊（法国，上塞纳省）的城堡。

元素：塞纳河畔讷伊（法国，上塞纳省）蒙维尔之家，保罗米阿让松的安托内·雷内·德·瓦耶（1722—1787，侯爵）的寓所，圣富瓦的哈迪克劳德 - 皮埃尔 - 马克西米利安（玛丽娜的财务官）的寓所，蒙维尔的弗朗索瓦·哈希内（1734—1797）的寓所，法式园林，园林中包括灌木丛、园林花坛、树阵。

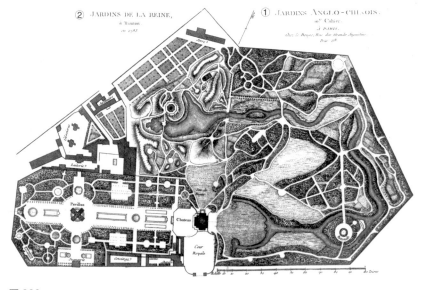

图 223

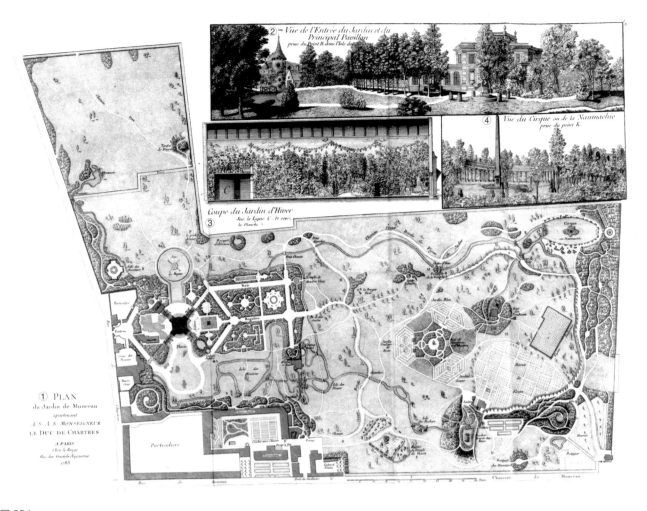

图 224

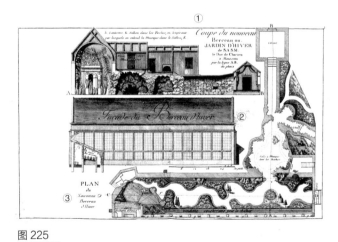

图 225

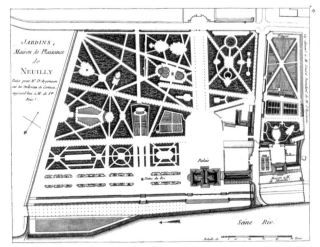

图 226

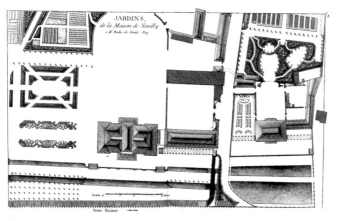

图 227

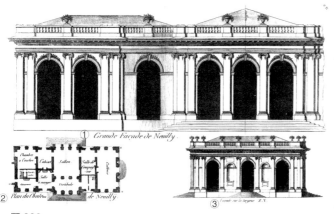

图 228

图 227

X,5. 注：圣富瓦的哈迪先生位于讷伊的别墅花园。

1783 年，乔治·路易·拉鲁日出版于巴黎。

尺寸：23.9cm×38.8cm（经按压形成凹陷尺寸），22.3cm×37.2cm（正方线尺寸）。

地点：塞纳河畔讷伊（法国，上塞纳省）的城堡。

元素：保罗米阿让松的安托内·雷内·德·瓦耶（1722—1787，侯爵）的寓所，圣富瓦的哈迪克劳德 - 皮埃尔 - 马克西米利安（玛丽娜的财务官）的寓所，法式园林，园林中包括模纹花坛、灌木丛、树阵。

图 228

X,6. 注：①讷伊城堡的正面图；②讷伊城堡的平面图；③从 ZY 角度看的正面。

1783 年，乔治·路易·拉鲁日出版于巴黎。

尺寸：23.9cm×38.7cm（经按压形成凹陷尺寸）。

地点：塞纳河畔讷伊（法国，上塞纳省）的城堡。

元素：保罗米阿让松的安托内·雷内·德·瓦耶（1722—1787，侯爵）的寓所，圣富瓦的哈迪克劳德 - 皮埃尔 - 马克西米利安（玛丽娜的财务官）的寓所。

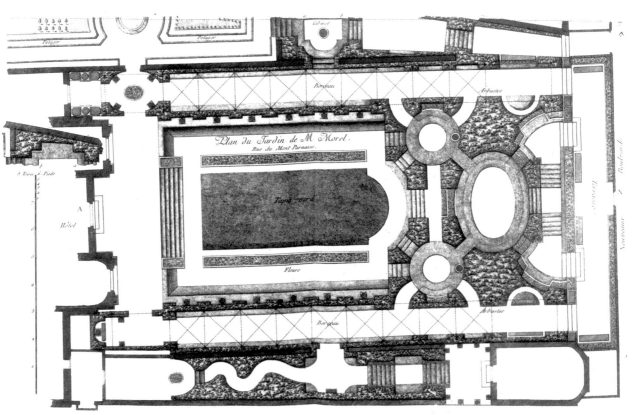

图 229

图 229（见左页）

X,7. 注：蒙帕纳斯大街的莫雷先生花园平面图。

1783 年，乔治·路易·拉鲁日出版于巴黎。

尺寸：24cm×38.7cm（经按压形成凹陷尺寸）。

地点：巴黎蒙帕纳斯大街，巴黎莫雷公馆花园。

元素：让-玛丽·莫雷（1728—1810，建筑师）的寓所，法式园林，园林中包括草坪、绿廊、园林花坛。

图 230

X,8. 注：莫雷先生的城市别墅和乡村别墅的平面图，蒙帕纳斯大街的设计者。

1783 年，乔治·路易·拉鲁日出版于巴黎。

尺寸：23.7cm×38.6cm（经按压形成凹陷尺寸），21.9cm×36.8cm（正方线尺寸）。

地点：巴黎蒙帕纳斯大街，巴黎莫雷公馆。

元素：让-玛丽·莫雷（1728—1810,建筑师）的寓所，巴黎个人公馆。

图 231

X,9. 注：莫雷别墅的正面，花园侧面和新大道。

1783 年，乔治·路易·拉鲁日出版于巴黎。

尺寸：23.8cm×38.6cm（经按压形成凹陷尺寸），21.5cm×37cm（正方线尺寸）。

地点：巴黎蒙帕纳斯大街，巴黎莫雷公馆。

元素：让-玛丽·莫雷（1728—1810，建筑师）的寓所，巴黎个人公馆，中式风格的景观围墙，绿拱。

图 232

X,10. ①位于穆索的夏尔特公爵的花园小桥瀑布以及废墟城堡的景观，由战神圣殿附近的 C 点取景；②由 AX 线分割开的莫雷花园剖面图。

1783 年，乔治·路易·拉鲁日出版于巴黎。

尺寸：23.9cm×38.8cm（经按压形成凹陷尺寸），22.7cm×37.5cm（正方线尺寸）。

地点：巴黎蒙帕纳斯大街，巴黎莫雷公馆花园，巴黎蒙梭公园。

元素：让-玛丽·莫雷（1728—1810，建筑师）的寓所，奥尔良的路易·菲利普·约瑟夫（1747—1793，公爵）的寓所，人工废墟，花园小桥，人工岛，绿廊，植物花叶边装饰，18 世纪景观围栏。

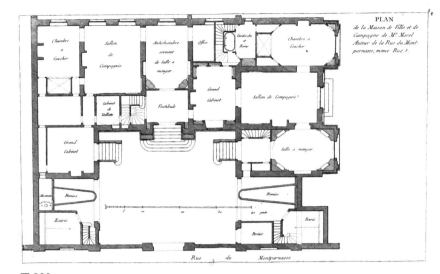

图 230

图 231

图 232

图 233

X,11 注：①由 E 点取景的战神圣殿废墟景观，第二幅版画；②罗曼维尔的八角楼景观；图片左下角文字：由拉鲁日在 A 点实地写生，距离楼阁西北 28 托阿斯，请参见第九册的第一幅版画。

1783 年，乔治·路易·拉鲁日出版于巴黎。

尺寸：23.8cm×38.9cm（经按压形成凹陷尺寸），22.7cm×37cm（正方线尺寸）。

地点：巴黎蒙梭公园，罗曼维尔（法国，塞纳圣丹尼）城堡公园。

元素：奥尔良的路易·菲利普·约瑟夫（1747—1793，公爵）的寓所，菲利普·亨利·塞居尔（1724—1801，侯爵）的寓所，英式园林，古代风格的花园圣殿，人工废墟，花园楼阁。

图 234

X,12-13. 注：舒瓦西－勒鲁瓦城堡和花园平面图。从左面测绘，雕塑师修建树丛。一副刻在两页上面的版画。

1783 年，乔治·路易·拉鲁日出版于巴黎。

尺寸：（X12）64.4cm×47.1cm（正方线尺寸），（X13）64.4cm×48.2cm（正方线尺寸）。

地点：舒瓦西－勒鲁瓦（法国，马恩河谷省）城堡公园。

元素：路易十五（1710—1774，法国国王）的寓所，安德烈·雷诺特（1613—1700）的作品，法式园林，园林中包括花园花坛、模纹花坛、草坪、树阵、灌木群、花园水池、迷宫、草坪、菜园、苗圃、橘园、赛鹅图。

图 233

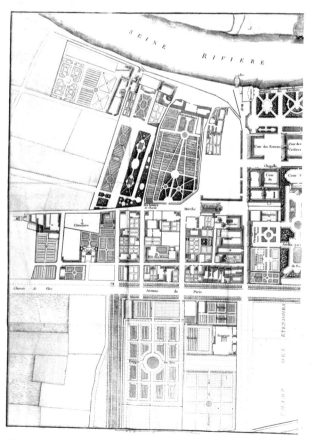

图 234

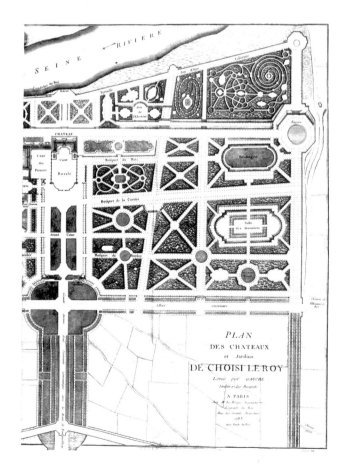

第十一册

关于配送第十一册的收据已经无从收集。

1784 年

20 幅版画

图 235

XI,1. 注：时下流行的英中式园林第十一册。朗布依埃凉亭的景观，贝蒂尼实景写生；皮耶芒的蚀刻版画。

1784 年，乔治·路易·拉鲁日出版于巴黎。

尺寸：23.3cm×38.3cm（经按压形成凹陷尺寸），19.9cm×34.3cm（正方线尺寸）。

地点：朗布依埃（法国，伊夫林省）的城堡公园。

元素：路易·让·玛丽·德·波旁（1725—1793，彭提维公爵）的寓所，英中式园林，观景台，中式风格的花园凉亭。

图 236

XI,2. 注：①朗布依埃的秋千；②当皮耶尔的瀑布，贝蒂尼绘制，皮耶芒刻。

1784 年，乔治·路易·拉鲁日出版于巴黎。

尺寸：23.2cm×37.9cm（经按压形成凹陷尺寸），21.2cm×36.3cm（正方线尺寸）。

地点：朗布依埃（法国，伊夫林省）的城堡公园，伊夫林的当皮耶尔（法国，伊夫林省）的城堡花园。

元素：路易·让·玛丽·德·波旁（1725—1793，彭提维公爵）的寓所，夏尔-奥诺雷·达贝尔·德·吕讷（1646—1712，谢夫勒斯公爵）的寓所，英式园林，秋千，花园瀑布，工作中的画家。

图 235

图 236

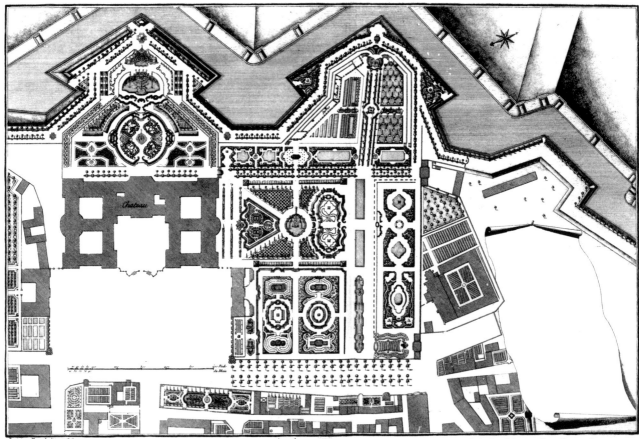

Dessiné par Mayer Jardinier en Chef
Général Grundris des Hofgartens Zu Wirzburg　PLAN GÉNÉRAL DES JARDINS,　Pianta générale del Giardino di Wirzburgo
Zu Finden in Paris bey le Rouge in der Augustiner Stras　du Prince Evêque de Wirtzbourg.

图 237

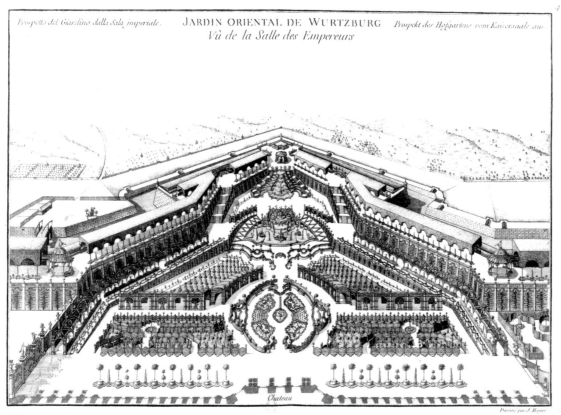

Prospetto del Giardino dalla Sala imperiale.　JARDIN ORIENTAL DE WURTZBURG　Prospekt des Hofgartens vom Kaisersaale aus
Vû de la Salle des Empereurs

Chateau

Dessiné par J. Mayer.

图 238

图 237（见左页）

XI,3. 注：维尔茨堡主教王子花园总平面图。维尔茨堡官邸的总概述。出版于巴黎大奥古斯丁街拉鲁日家。维尔茨堡官邸的总平面图。在画的右边，画家在一张平展的纸上画出了立体的效果，但遗憾的是没有说明文字。在"植物园"这幅画的复制品中，他在右上角被一组附注所代替。

1784 年，乔治·路易·拉鲁日出版于巴黎。

尺寸：33.5cm×46.7cm（经按压形成凹陷尺寸），29.6cm×45cm（正方线尺寸）。

地点：维尔茨堡（德国）城堡别墅花园，采邑主教的寓所，德国露台花园。

元素：防御工事，人造瀑布，树丛，花坛，运河，草坪，台阶，绿廊，长廊，迷宫，绿荫掩映下的圆形剧院。

图 238（见左页）

XI,4. 维尔茨堡的东方花园。从国王大殿看到的景观。

1784 年，乔治·路易·拉鲁日出版于巴黎。

尺寸：46.8cm×33.6cm（经按压形成凹陷尺寸），31.2cm×44.5cm（正方线尺寸）。

地点：维尔茨堡（德国）城堡别墅花园。

元素：德国露台花园，花园阁楼，花园小亭，长廊，绿廊，人造瀑布，花园岩洞，绿篱，喷泉，树丛，绿荫掩映下的圆形剧院，草坪，花园阶梯，采邑主教的寓所。

图 239

XI,5. 注：维尔茨堡花园的大瀑布景观，从总平面图标有 1 处的国王大殿看到的景观。

1784 年出版于拉鲁日位于巴黎大奥古斯丁路家中。

1784 年，乔治·路易·拉鲁日出版于巴黎。

尺寸：35cm×46.8cm（经按压形成凹陷尺寸），33.3 cm×45cm（正方线尺寸）。

地点：维尔茨堡（德国）城堡别墅花园。

元素：德国露台花园，绿廊，人造瀑布，花园岩洞，喷水池，绿篱，喷泉，花园阶梯，采邑主教的寓所。

图 240

XI,6. 注：维尔茨堡南花园，从骑士大殿看到的景观。

1784 年，乔治·路易·拉鲁日出版于巴黎。

尺寸：33.5cm×46.7cm（经按压形成凹陷尺寸），31.2 cm×44.4 cm（正方线尺寸）。

地点：维尔茨堡（德国）城堡别墅花园。

元素：德国露台花园，花园花坛，长廊，绿廊，花园池塘，绿庭，采邑主教的寓所。

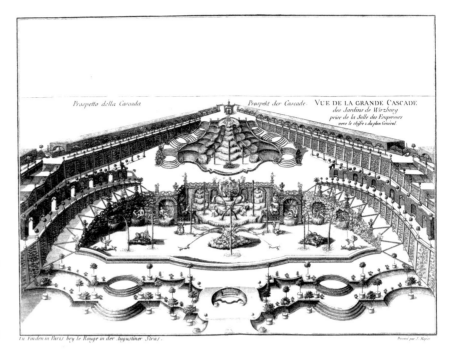

图 239

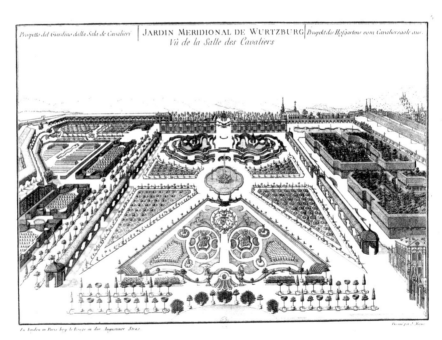

图 240

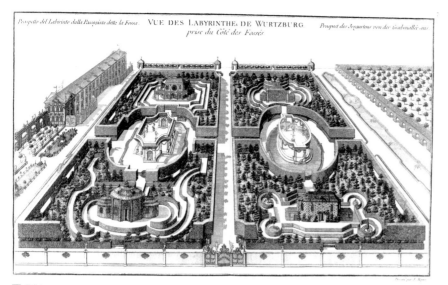

图 241

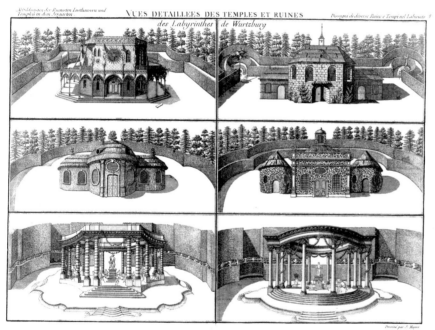

图 242

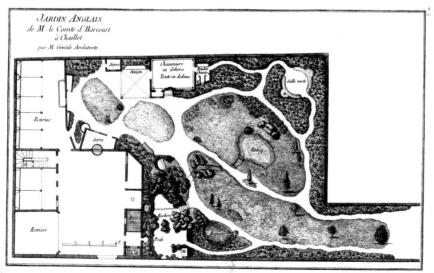

图 243

图 241

XI,7. 注：维尔茨堡迷宫景观，从城墙角度取景。

1784 年，乔治·路易·拉鲁日出版于巴黎。

尺寸：32.1cm×51.9cm（经按压形成凹陷尺寸），30.1 cm×49.6 cm（正方线尺寸）。

地点：维尔茨堡（德国）城堡别墅花园。

元素：迷宫，绿庭，花园圣殿，花园楼宇，采邑主教的寓所。

图 242

XI,8. 注：维尔茨堡圣殿细节及迷宫废墟。

1784 年，乔治·路易·拉鲁日出版于巴黎。

尺寸：33.7cm×46.5cm（经按压形成凹陷尺寸），31.2 cm×44.5 cm（正方线尺寸）。

地点：维尔茨堡（德国）城堡别墅花园。

元素：巴克斯（罗马神话中的酒神）雕塑，佛洛拉（罗马神话中的花神）雕塑，迷宫，花园圣殿，花园楼宇，绿庭，绿篱，采邑主教的寓所。

图 243

XI,9. 注：由让蒂斯为阿尔库尔伯爵在夏悠小丘建造的英式花园。

1784 年，乔治·路易·拉鲁日出版于巴黎。

尺寸：23.5cm×38.3cm（经按压形成凹陷尺寸），22 cm×36.8 cm（正方线尺寸）。

地点：巴黎夏悠宫花园。

元素：弗朗索瓦 - 亨利（1726—1802，阿尔库尔公爵）的寓所，英式花园，温室，人造小山，绿庭，花园茅屋。

图 244

XI,10. 注：①位于夏悠的阿尔库尔伯爵的茅屋内部装饰帐篷；②位于朗布依埃的秋千；③诺让附近的小教堂城堡废墟侧面景观，由建筑师让蒂斯设计。

1784 年，乔治·路易·拉鲁日出版于巴黎。

尺寸：23.5cm×38.5cm（经按压形成凹陷尺寸），22.1 cm×36.5 cm（正方线尺寸）。

地点：巴黎夏悠宫花园，朗布依埃（法国，伊夫林省）城堡公园，圣奥班（法国，奥布省）拉夏贝尔戈弗雷的城堡公园。

元素：弗朗索瓦 - 亨利（1726—1802，阿尔库尔公爵）的寓所，艾蒂安·安托内·德·布洛涅（1747—1825，主教）的寓所，路易让玛丽德波旁（1725—1793，彭提维公爵）的寓所，花园帐篷，秋千，人造废墟，战利品饰(装饰品）。

图 244

图 245

XI,11. 注：位于夏悠宫的阿尔库尔伯爵的英式花园内茅屋的外景，由建筑师让蒂斯设计。

1784 年，乔治·路易·拉鲁日出版于巴黎。

尺寸：23.5cm×38.5cm（经按压形成凹陷尺寸），22cm×36.9cm（正方线尺寸）。

地点：巴黎夏悠宫花园。

元素：弗朗索瓦 - 亨利（1726—1802，阿尔库尔公爵）的寓所，花园茅屋。

图 245

图 246

XI,12. 注：布洛涅公爵先生位于塞纳河畔诺让的小教堂英式花园的城堡废墟景观，1784 年由贝蒂尼绘制。

1784 年，乔治·路易·拉鲁日出版于巴黎。

尺寸：23.2cm×38.2cm（经按压形成凹陷尺寸），21.5cm×36.4cm（正方线尺寸）。

地点：圣奥班（法国，奥布省）拉夏贝尔戈弗雷的城堡公园。

元素：艾蒂安·安托内·德·布洛涅（1747—1825，主教）的寓所，英式花园，人造废墟，花园塔楼。

图 246

图 247

XI,13. 注：①布洛涅公爵先生位于塞纳河畔诺让的小教堂英陵墓废墟景观。②其他角度的陵墓，由贝蒂尼绘制。

1784 年，乔治·路易·拉鲁日出版于巴黎。

尺寸：23.1cm×38.2cm（经按压形成凹陷尺寸），20.9m×36cm（正方线尺寸）。

地点：圣奥班（法国，奥布省）拉夏贝尔戈弗雷的城堡公园。

元素：艾蒂安·安托内·德·布洛涅（1747—1825，主教）的寓所，人造废墟，花园陵墓。

图 247

图 248

图 249

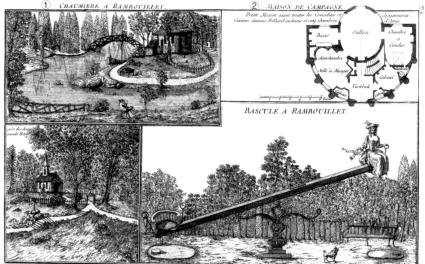

图 252

图 248

XI,14. 注：布洛涅公爵先生位于塞纳河畔诺让的小教堂和动物园景观，由贝蒂尼绘制。

1784 年，乔治·路易·拉鲁日出版于巴黎。

尺寸：23cm×38.2cm（经按压形成凹陷尺寸），21m×36cm（正方线尺寸）。

地点：圣奥班（法国，奥布省）拉夏贝尔戈弗雷的城堡公园。

元素：艾蒂安·安托内·德·布洛涅（1747—1825，主教）的寓所，英式花园，花园人工湖，动物园。

图 249

XI,15. 注：①沙维尔的花园纪念碑献给苔丝伯爵夫人，石柱是由大理石制作的，由贝蒂尼绘制；②从朗布依埃的一座桥取景；③桥位于朗布依埃的一座茅屋附近，由贝蒂尼绘制。

1784 年，乔治·路易·拉鲁日出版于巴黎。

尺寸：23.1cm×38.2cm（经按压形成凹陷尺寸）。

地点：朗布依埃（法国，伊夫林省）城堡公园，沙维尔（法国，上塞纳省）公园。

元素：路易·让·玛丽·德·波旁（1725—1793，彭提维公爵）的寓所，阿德里亚纳·凯瑟琳·德·苔丝（？—1814）的寓所，花园桥梁，花园的纪念碑石柱，花园的茅屋。

图 250（见第 24、25 页）

XI,16. 注：①巴黎的中式大楼花园中的秋千；②特里亚侬宫的假山；③布洛涅公爵位于拉夏贝尔的城堡废墟另一侧景观，由贝蒂尼写生，皮耶芒作。

1784 年，乔治·路易·拉鲁日出版于巴黎。

尺寸：23.1m×38cm（经按压形成凹陷尺寸），20.8cm×35.9cm（正方线尺寸）。

地点：凡尔赛（法国，伊夫林省）小特里亚侬宫花园，圣奥班（法国，奥布省）拉夏贝尔戈弗雷的城堡公园。

元素：巴黎中式大楼，艾蒂安·安托内·德·布洛涅（1747—1825，主教）的寓所，玛丽-安东内特（1755—1793，法国皇后）的寓所，英式花园，花园人工湖，中式风格秋千，人造小山，人造废墟，观景台。

图 251（见第 26 页）

XI,17. 注：①为拉特雷莫耶公爵夫人位于阿蒂希府邸设计的鸽舍图稿，由贝蒂尼绘；②朗布依埃花园中的山洞；③阿蒂希鸽舍的平面图，由贝蒂尼绘制。

1784 年，乔治·路易·拉鲁日出版于巴黎。

图 253

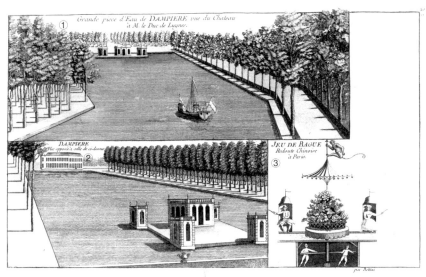

图 254

尺寸：22.7m×38cm（经按压形成凹陷尺寸），22.1cm×36.9cm（正方线尺寸）。

地点：阿蒂希（法国，瓦兹省）城堡公园，朗布依埃（法国，伊夫林省）城堡公园。

元素：拉·特雷莫耶（公爵夫人）的寓所，路易·让·玛丽·德·波旁（1725—1793，彭提维公爵）的寓所，中式风格的鸽舍，花园山洞，人造小山。

图 252（见左页）

XI,18. 注：①位于朗布依埃的茅屋；②乡下屋舍，一座应有尽有的便利小房屋平面图，地下厨房，地上游戏室和五间客房；③位于朗布依埃的修道院，靠近两棵高大的山毛榉；④位于朗布依埃的跷跷板。

1784 年，乔治·路易·拉鲁日出版于巴黎。

尺寸：23.5m×38.5cm（经按压形成凹陷尺寸），21.9cm×37cm（正方线尺寸）。

地点：朗布依埃（法国，伊夫林省）城堡公园。

元素：路易·让·玛丽·德·波旁（1725-1793，彭提维公爵）的寓所，人工岛，花园茅屋，乡下屋舍平面图，修道院，跷跷板，花园桥梁。

图 253

XI,19. 注：①从 H 点取景的意大利葡萄园景观，参见第 10 册的蒙梭花园的总平面图；②从 D 点取景的蒙梭公园农场景观，详情见第 10 册。

1784 年，乔治·路易·拉鲁日出版于巴黎。

尺寸：23.9m×38.7cm（经按压形成凹陷尺寸），22.8cm×37.7cm（正方线尺寸）。

地点：巴黎蒙梭公园。

元素：路易·菲利普·约瑟夫（1747-1793，奥尔良公爵）的寓所，英式花园，葡萄藤绿茵，乡下屋舍。

图 254

XI,20. 注：①吕讷公爵的丹皮耶尔城堡水道景观；②位于丹皮耶尔上图的另一侧景；③旧式旋转木马，位于巴黎的中式大楼；由贝蒂尼绘制。

1784 年，乔治·路易·拉鲁日出版于巴黎。

尺寸：22.9m×37.9cm（经按压形成凹陷尺寸），21.4cm×36.3cm（正方线尺寸）。

地点：伊夫林的丹皮耶尔（法国，伊夫林省）城堡公园。

元素：巴黎中式大楼，路易 - 约瑟夫 - 夏尔 - 阿马布勒（1748—1807，吕讷公爵）的寓所，安德烈·雷诺特（1613—1700）作品，花园运河，花园楼宇，人工岛，娱乐小船，旧式旋转木马，树列。

第十二册

1784 年第三季度
25 幅版画以及 8 页文字说明

第十二册的印刷权是在 1784 年 9 月 20 日取得的。然而，接下来八页的八开本文字说明是免费邮寄的。1786 年 12 月初都佛把第十二册的简介邮递给了施泰因富尔特（参见 1786 年 12 月 7 日都佛于马斯特里赫特写给本特海姆伯爵的信）。

图 255
XII,1. 注：英中式园林第十二册。①一座英中法混合式花园的设计图，包含施工需要的所有注意事项的说明，由意大利画师贝蒂尼绘制；②花园及房屋的主要入口；③热带温室；④维纳斯神殿；⑤凯旋桥；⑥由大道边看到的房屋景观；⑦由英式花园看到的房屋景观；⑧由中式花园看到的房屋景观；⑨房屋的入口。

右下角的"注释列表"；在右侧，石柱上有 22 行文字："中国人在他们的花园里建造蚵壳厝或水下房屋，可以是客厅可以是工作室，墙体通常镶嵌有贝壳，珊瑚枝和水草。"

这座园林的详细介绍在版画汇编之前被独立印刷为 8 页分开的纸张上（版式 :19.5 厘米高 12 厘米宽）。题目是："英中式园林第十二册

介绍，拉鲁日先生，皇家地图工程师，大奥古斯丁街，1784 年。请看第十二册的第一幅版画——一座英中法混合式园林的设计图，为威尼斯驻法朝廷大使戴尔费诺建造，由意大利画师弗朗索瓦贝蒂尼绘制。1784 年 8 月 31 于索维尼，1784 年由位于克里斯汀街的德蒙维尔印刷社发行"。

1784 年，乔治·路易·拉鲁日出版于巴黎。

尺寸: 43.1cm×57cm（经按压形成凹陷尺寸），40.2cm×55.2cm（正方线尺寸）。

元素：丹尼尔·安德烈·多乐芬（1748—1798，大使）寓所设计图，英式园林设计图，中式风格园林设计图，法式园林设计图，花园入口，花园人工湖，橘园，秋千，旧式旋转木马，树丛，荒漠园（园林），草坪，花园宝塔设计图，温室，花园桥梁，花园神殿，树荫掩映下的剧院。

图 256（见右页）
XII, 2. 注：巴格泰勒花园，献给国王的兄弟阿尔图瓦伯爵，由谦卑忠诚的臣子皇家地图工程师拉鲁日呈上。1784 由贝朗热设计。图右边注释的文字为"这座别墅和花园是按照阿尔图瓦伯爵的头号建筑师贝朗热的绘制图建造，装修并绿化的。"

1784 年，乔治·路易·拉鲁日出版于巴黎。

尺寸: 62.5cm×44.6cm（经按压形成凹陷尺寸）。

地点：巴黎巴格泰勒城堡公园。

元素：夏尔十世（1757—1836，法国国王）的寓所，英中式园林，法式园林，草坪，花园人工湖，花园楼宇。

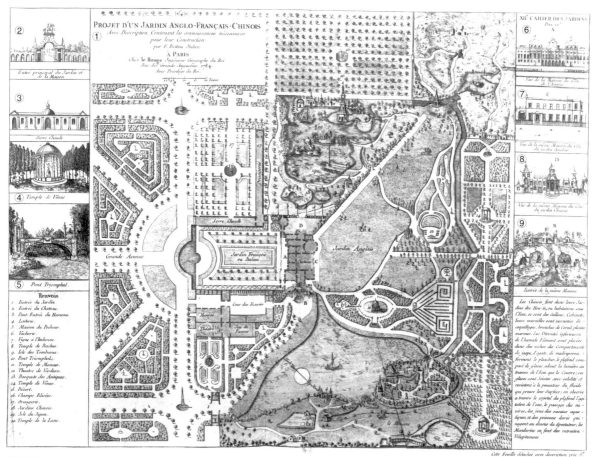

图 255

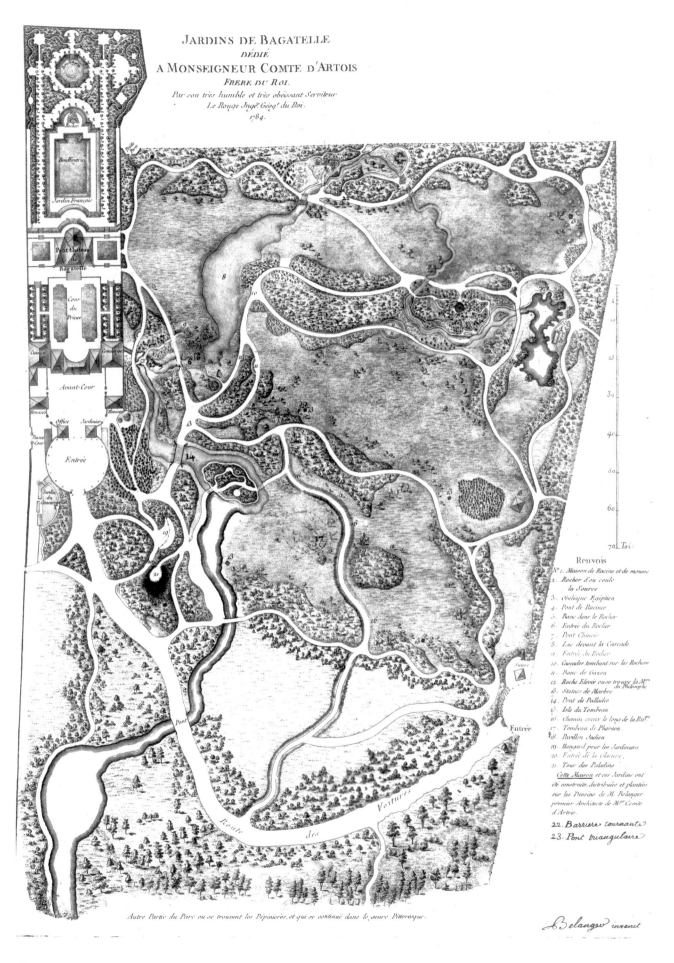

JARDINS DE BAGATELLE
DÉDIÉ
A MONSEIGNEUR COMTE D'ARTOIS
FRERE DU ROI.
Par son très humble et très obéissant Serviteur
Le Rouge Ingr. Géogr. du Roi.
1784.

Renvois

N°1. Maison de Racine et de mousse
2. Rocher d'ou coule
    la Source
3. Obelisque Egiptien
4. Pont de Racines
5. Banc dans le Rocher
6. Entrée du Rocher
7. Pont Chinois
8. Lac devant la Cascade
9. Entrée du Rocher
10. Cascades tombant sur les Rochers
11. Banc de Gazon
12. Roche Elevée ou se trouve la Mon
    du Philosophe
13. Statues de Marbre
14. Pont de Palladio
15. Isle du Tombeau
16. Chemin creux le long de la Rivre
17. Tombeau de Pharaon
18. Pavillon Indien
19. Hangard pour les Jardiniers
20. Entrée de la Glacière
21. Tour des Paladins
    Cette Maison et ces Jardins ont
    été construits, distribuées et plantées
    sur les Dessins de M. Belanger
    premier Architecte de Mgr Comte
    d'Artois.
22. Barrière tournante
23. Pont triangulaire

Autre Partie du Parc ou se trouvent les Pépinieres, et qui se continue dans le genre Pittoresque.

Belanger invenit

图 256

图 257

XII,3. 注：位于距巴黎 5 法里的圣勒 - 塔维尼的花园平面图，1785 年由忠诚的皇家地图工程师拉鲁日实地测绘并献给夏尔特公爵。在右下角有注释列表。

1785 年，乔治·路易·拉鲁日出版于巴黎。

尺寸：48.7cm×54.5cm（经按压形成凹陷尺寸）。

地点：圣勒拉福雷（法国，瓦兹河谷省）城堡公园。

元素：路易·菲利普·约瑟夫（1747—1793，奥尔良公爵）的寓所，英式花园，观景台，冰窖，花园神殿，花园瀑布。

图 258

XII,4. 注：由圣勒 - 塔维尼的岩洞内部看到的景色绘制而成，皇家地图工程师拉鲁日出版于 1783 年。

1784 年，乔治·路易·拉鲁日出版于巴黎。

尺寸：24.2cm×38.4cm（经按压形成凹陷尺寸），21.6cm×36.5cm（正方线尺寸）。

地点：圣勒拉福雷（法国，瓦兹河谷省）城堡公园。

元素：路易·菲利普·约瑟夫（1747—1793，奥尔良公爵）的寓所，英式花园，花园岩洞，花园长凳。

图 259（见右页）

XII,5. 注：①从 A 点观测到的圣勒岩洞内部往右侧看出去的景色；②从 AK 点取景的圣勒公园景观，请参见总平面图；③从 C 点看到的圣勒花园的第一座瀑布，请参见总平面图。

1784 年，乔治·路易·拉鲁日出版于巴黎。

尺寸：23.2cm×38.3cm（经按压形成凹陷尺寸），21.4cm×36.5cm（正方线尺寸）。

地点：圣勒拉福雷（法国，瓦兹河谷省）城堡公园。

元素：路易·菲利普·约瑟夫（1747—1793，奥尔良公爵）的寓所，英式花园，花园岩洞，花园楼宇，花园瀑布，花园桥梁，花园河岸，娱乐小艇。

图 260（见右页）

XII,6. 注：从 D 点取景的位于圣勒的第二个瀑布。请参见第 3 号总平面图。

1784 年，乔治·路易·拉鲁日出版于巴黎。

尺寸：23.7cm×38.4cm（经按压形成凹陷尺寸），21.5cm×36.4cm（正方线尺寸）。

地点：圣勒拉福雷（法国，瓦兹河谷省）城堡公园。

元素：路易·菲利普·约瑟夫（1747—1793，奥尔良公爵）的寓所，英式花园，花园瀑布。

图 261（见右页）

XII,7. 注：①勒的假山岩石和大瀑布平面图，请参见总平面图；②水下公寓的设计图，详细说明请参见本册第一幅版画。

1784 年，乔治·路易·拉鲁日出版于巴黎。

尺寸：38.3cm×23.6cm（经按压形成凹陷尺寸），36.7cm×22cm（正方线尺寸）。

地点：圣勒拉福雷（法国，瓦兹河谷省）城堡公园。

元素：路易·菲利普·约瑟夫（1747—1793，奥尔良公爵）的寓所，英式花园，花园瀑布，人造小山，花园圣殿，水下建筑设计图。

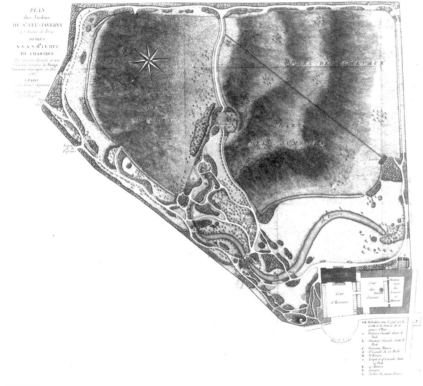

图 257

图 258

图 259

图 261

图 260

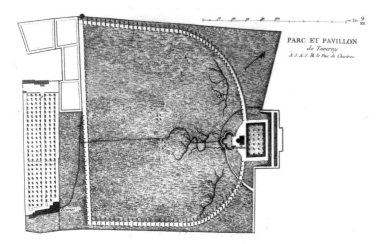

图 263

图 262（见第 26 页）

XII,8. 注：①从 E 点取景的位于圣勒的假山岩石，圣殿以及瀑布；②圣殿和假山岩石的正视图。

1784 年，乔治·路易·拉鲁日出版于巴黎。

尺寸：23.5cm×38.2cm（经按压形成凹陷尺寸），21.9cm×36.6cm（正方线尺寸）。

地点：圣勒拉福雷（法国，瓦兹河谷省）城堡公园。

元素：路易·菲利普·约瑟夫（1747—1793，奥尔良公爵）的寓所，英式花园，花园圣殿，花园瀑布，人造小山，娱乐小艇。

图 263

XII,9. 注：塔维尼的公园和楼宇，属于沙特尔公爵。

1784 年，乔治·路易·拉鲁日出版于巴黎。

尺寸：23.4cm×38.2cm（经按压形成凹陷尺寸）。

地点：圣勒拉福雷（法国，瓦兹河谷省）城堡公园。

元素：路易·菲利普·约瑟夫（1747—1793，奥尔良公爵）的寓所，英式花园，花园楼宇。

图 264

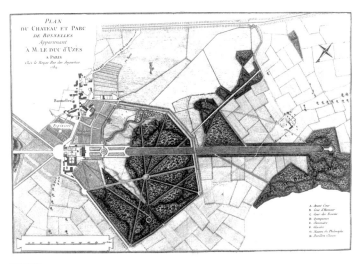

图 265

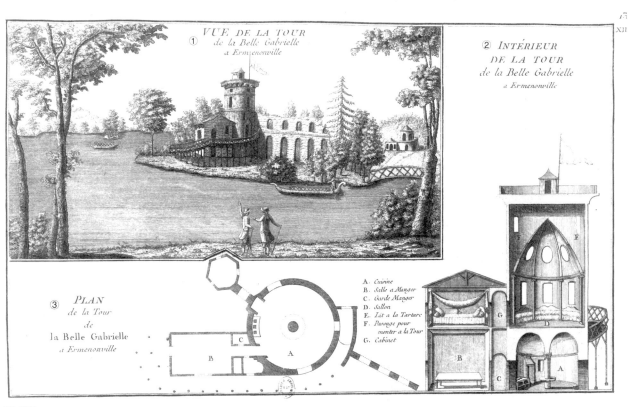

图 267

图 264

XII,10. 罗曼维尔的城堡和花园景观。欧提亚·玛尔蒂斯作品。

1784 年，乔治·路易·拉鲁日出版于巴黎。

尺寸：23.7cm×38.3cm（经按压形成凹陷尺寸），22cm×36.7cm（正方线尺寸）。

地点：罗曼维尔（法国，塞纳圣丹尼省）城堡公园。

元素：菲利普·亨利（1724—1801，塞居尔侯爵）的寓所，法国花园露台，中式风格花园小亭，花园长凳。

图 265

XII,11. 注：属于于泽斯公爵的博内勒城堡及公园的平面图。

1784 年，乔治·路易·拉鲁日出版于巴黎。

尺寸：35.5cm×51cm（经按压形成凹陷尺寸），32.7cm×48.2cm（正方线尺寸）。

地点：博内勒（法国，伊夫林省）城堡公园。

元素：弗朗索瓦·埃马纽埃尔·克卢索尔（1728—1802，于泽斯公爵）的寓所，法式花园，英式花园，花园运河，梅花形栽植的树丛，绿茵草坪，冰窖，花园茅屋，菜园，花中式风格园楼宇，人工岛。

图 266（见第 27 页）

XII,12. 注：①博内勒的中式楼阁及哲学之家的景观；②位于巴斯维尔的拉马农总统先生家的桥梁；③博内勒岛屿的平面图其上建有哲学之家和中式楼阁。

1784 年，乔治·路易·拉鲁日出版于巴黎。

尺寸：23.6cm×38.2cm（经按压形成凹陷尺寸），21.8cm×36.5cm（正方线尺寸）。

地点：博内勒（法国，伊夫林省）城堡公园，圣谢龙（法国，埃松省）圣维尔城堡公园。

元素：弗朗索瓦·埃马纽埃尔·克卢索尔（1728—1802，于泽斯公爵）的寓所，克雷蒂安纪尧姆德拉马农德马勒塞布（1721—1794）的寓所，花园湖泊，英式花园，中式风格花园楼宇，人造小山，人工岛，花园桥梁。

图 267（见左页）

XII,13. 注：①位于埃默农维尔的美丽加布里埃尔塔的景观；②位于埃尔芒翁维尔的美丽加布里埃尔塔的内景；③位于埃默农维尔的美丽加布里埃尔塔的平面图。

1784 年，乔治·路易·拉鲁日出版于巴黎。

尺寸：23.7cm×38.1cm（经按压形成凹陷尺寸），21.4cm×35.7cm（正方线尺寸）。

地点：埃尔芒翁维尔（法国，瓦兹省）公园中美丽加布里埃尔塔。

元素：勒内·路易（1735—1808，吉拉尔丹侯爵）的寓所，人工岛，花园湖泊，英式花园，花园桥梁，娱乐小艇。

图 268

XII,14. 注：①从前被庞巴杜夫人分割开的位于凡尔赛的修道院；②由贝蒂尼起草的迷宫设计图；③莫切尼戈王子的阿巴诺迷宫；④位于孟德斯丘的莫佩尔蒂的部分花园的景观。

1784 年，乔治·路易·拉鲁日出版于巴黎。

尺寸：23.5cm×38.2cm（经按压形成凹陷尺寸），21.2cm×36cm（正方线尺寸）。

地点：凡尔赛（法国，伊夫林省）修道院花园，阿巴诺（意大利）莫切尼戈别墅花园，莫佩尔蒂（法国，芒什省）花园。

元素：让娜·安东内特·巴松（1721—1764，庞巴杜女侯爵）的寓所，安娜·皮埃尔（1741—1798，孟德斯丘费赞萨克侯爵）的寓所，莫切尼戈家族的寓所，英式花园，花园金字塔，迷宫，花园陵墓。

图 269

XII,15. 注：①位于孟德斯丘的莫佩尔蒂花园里的塔楼；②沙维尔公园里的小亭；③英式栅栏；④沙维尔花园里的塔楼。

1784 年，乔治·路易·拉鲁日出版于巴黎。

尺寸：23.4cm×38.3cm（经按压形成凹陷尺寸），21.7cm×36.5cm（正方线尺寸）。

地点：莫佩尔蒂（法国，芒什省）花园，沙维尔（法国，上塞纳省）城堡公园。

元素：安娜·皮埃尔（1741—1798，孟德斯丘费赞萨克后爵）的寓所，阿德里安娜·凯瑟琳·德·黛丝（？—1814）的寓所，英式花园，花园小亭，花园塔楼，木栅栏。

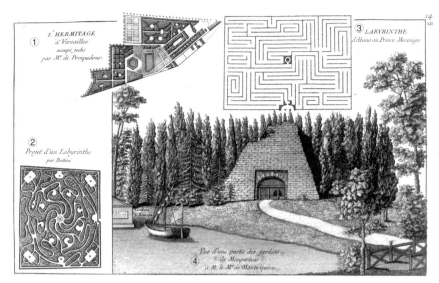

图 268

图 269

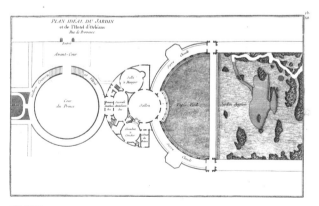

图 270

图 270

XII,16. 注：①奥尔良花园与公馆的理想化平面图。

1784 年，乔治·路易·拉鲁日出版于巴黎。

尺寸：23.5cm×38.3cm（经按压形成凹陷尺寸），21.6cm×36.4cm（正方线尺寸）。

地点：巴黎（法国）普罗旺斯街奥尔良公馆。

元素：路易·菲利普（1725—1785，奥尔良公爵）的寓所，英式花园，巴黎个人公馆，花园湖泊，绿茵草坪。

图 271

XII,17. 注：大元帅比隆公爵的中式楼阁与露台。

1784 年，乔治·路易·拉鲁日出版于巴黎。

尺寸：23.2cm×38cm（经按压形成凹陷尺寸）。

地点：巴黎瓦海纳街，巴黎比隆公馆。

元素：路易·安托内·德·贡多（1701—1788，比隆公爵）的寓所，英式花园，巴黎个人公馆，中式风格花园楼宇，花园阶梯，草坪。

图 272

XII,18. 注：①卡拉曼伯爵先生位于巴黎的花园；②大元帅比隆公爵露台的平面图和正视图；③巴格泰勒的瑞士敞廊。④朗布依埃城门。

1784 年，乔治·路易·拉鲁日出版于巴黎。

尺寸：23cm×17.7cm（经按压形成凹陷尺寸），15cm×21.9cm（正方线尺寸）。

地点：巴黎瓦海纳街，巴黎比隆公馆花园，巴黎圣多米尼克街，巴黎卡拉曼公馆花园。

元素：巴黎巴格泰勒花园瑞士敞廊，朗布依埃（法国，伊夫林省）公园大门，路易·安托内·德·贡多（1701—1788，比隆公爵）的寓所，维克多-莫里斯·德·里盖（1727—1807，卡拉曼伯爵）的寓所，英式花园，18世纪的栅栏，中式风格大门。

图 273

XII,19. 注：①布洛涅先生位于拉夏贝尔的荷兰式花园；②拉夏贝尔的乳制品厂；③计划中的迷宫；④巴格泰勒的旋转栅栏的平面图；⑤栅栏的正视图。

1784 年，乔治·路易·拉鲁日出版于巴黎。

尺寸：23.5cm×38.2cm（经按压形成凹陷尺寸），21.9cm×36.7cm（正方线尺寸）。

地点：巴黎巴格泰勒花园，圣奥班（法国，奥布省）拉夏贝尔戈弗雷公园。

元素：艾蒂安·安托内·德·布洛涅（1747—1825，主教）的寓所，英式花园，法国荷兰式花园，迷宫设计图，花园圆亭，绿荫栅栏，旋转栅栏，木栅栏，乳制品厂，花园塔楼。

图 274（见第 28 页）

XII,20. 注：①拉特雷莫耶女爵位于阿蒂希的中式桥；②位于拉夏贝尔诺日的桥废墟。

1784 年，乔治·路易·拉鲁日出版于巴黎。

尺寸：2 幅版画是叠放在一起的，上部是17.5cm×20.7cm（经按压形成凹陷尺寸），下部是 18cm×24.3cm（经按压形成凹陷尺寸）。

地点：阿蒂希（法国，瓦兹省）城堡公园，圣奥班（法国，奥布省）拉夏贝尔戈弗雷城堡公园。

元素：拉·特雷莫耶（女公爵）的寓所，艾蒂安·安托内·德·布洛涅（1747—1825，主教）的寓所，英式花园，花园桥梁，人造废墟，工作中的画师，中式风格的花园桥梁。

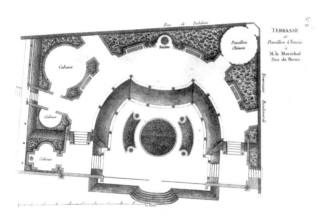

图 271

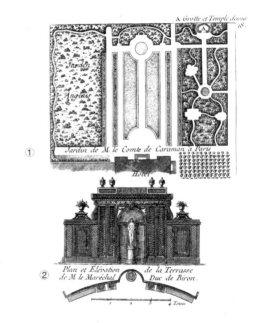

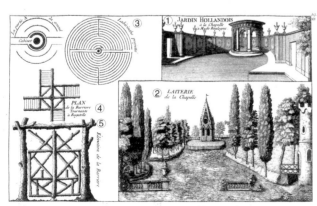

图 273

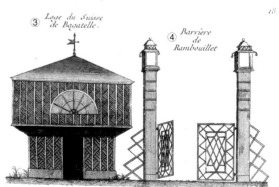

图 272

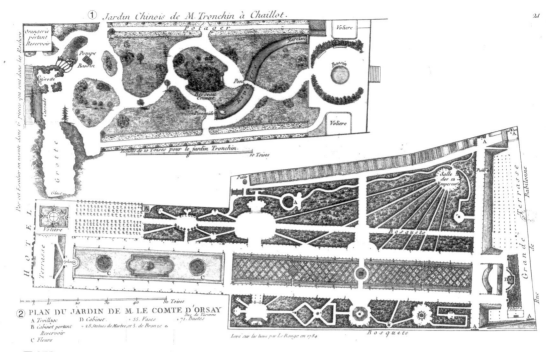

图 275

图 275

XII,21. 注：①位于夏悠的桐杉先生的中式花园；②奥赛伯爵花园的平面图；③瓦海纳街，拉鲁日于 1784 年实地测绘。

1784 年，乔治·路易·拉鲁日出版于巴黎。

尺寸：23.5cm×38.3cm（经按压形成凹陷尺寸）。

地点：巴黎瓦海纳街，巴黎奥赛公馆，巴黎夏悠街区花园。

元素：皮埃尔·玛丽·加斯帕尔·格利摩·德·奥赛（1748—1809）的寓所，桐杉的寓所，法国英中花园，法式花园，花园岩洞，大鸟笼，花园金字塔，绿廊，巴黎个人公馆，树丛，绿庭，花园花坛，花园水池。

图 276

XII,22. 注：英式园林中假山的理想建造方法创意，1734 年由皇家地图工程师拉鲁日根据枫丹白露森林中的自然景观所绘制。

1784 年，乔治·路易·拉鲁日出版于巴黎。

尺寸：23.5cm×38.2cm（经按压形成凹陷尺寸），22cm×36.5cm（正方线尺寸）。

元素：枫丹白露森林（法国）岩石借景，人造小山。

图 277

XII,23. 注：①韦尔内所画大岩石；②大自然所造的其他岩石。

1784 年，乔治·路易·拉鲁日出版于巴黎。

尺寸：23.4cm×38.2cm（经按压形成凹陷尺寸），21.8cm×36.5cm（正方线尺寸）。

元素：人造小山。

图 276

图 277

图 278

XII,24. 注：位于巴黎夏悠的桐杉先生英式花园岩洞内的设计图。

1784 年，乔治·路易·拉鲁日出版于巴黎。

尺寸：24cm×38.5cm（经按压形成凹陷尺寸），22cm×36.5cm（正方线尺寸）。

地点：巴黎夏悠街区花园，桐杉的寓所，花园岩洞设计图，法国英中花园。

图 279

XII,25-26. 注：拉鲁日画册中的中式园林目录。打印在正反面纸张上的前 12 册目录。

1784 年，乔治·路易·拉鲁日出版于巴黎。

尺寸：23.5cm×38.2cm（经按压形成凹陷尺寸），22.2cm×37cm（正方线尺寸）。

地点：法国英中花园。

图 278

图 279

第十三册

1785 年 7 月
26 幅版画

　　路易本特海姆－施泰因伏尔泰伯爵因为多次旅行和对施泰因富尔特的巴纽公园扩建工程的随访，一度在很长的时间内中断了与书商都佛的联系。因此，我们在施泰因富尔特家族找不到从 1783 年 8 月到 1785 年 9 月间马斯特里赫特书商都佛的销售记录。1784 年 12 月 26 日，路易伯爵给都佛写信告知他将于 1785 年造访巴黎，因此他也计划前往马斯特里赫特并希望都佛将之前没有寄出的几册书运输给他。最终，路易伯爵于 1785 年 10 月 16 日造访书商都佛，并达成快速邮寄第十一册、第十二册和第十三册书的共识。邮寄没有延误（参见 1785 年巴黎旅行日报的第二页，1785 年 10 月 23 日都佛于马斯特里赫特发送给本特海姆施泰因富尔特伯爵的信和发票）。

图 280

图 280
XIII,1. 注：英中式园林第十三册。包含蒙维尔先生位于距圣日耳曼昂莱一法里的花园以及荒漠园，此项目由他本人亲自设计、绘制并执行。共 26 幅版画。
1785 年，乔治·路易·拉鲁日出版于巴黎。

尺寸：23.6cm×38.5cm（经按压形成凹陷尺寸）。
地点：尚布尔希（法国，伊夫林省）莱兹荒漠园。
元素：蒙维尔弗朗索瓦哈希内（1734—1797）借景，荒漠园（花园），植物花环，园艺的标志。

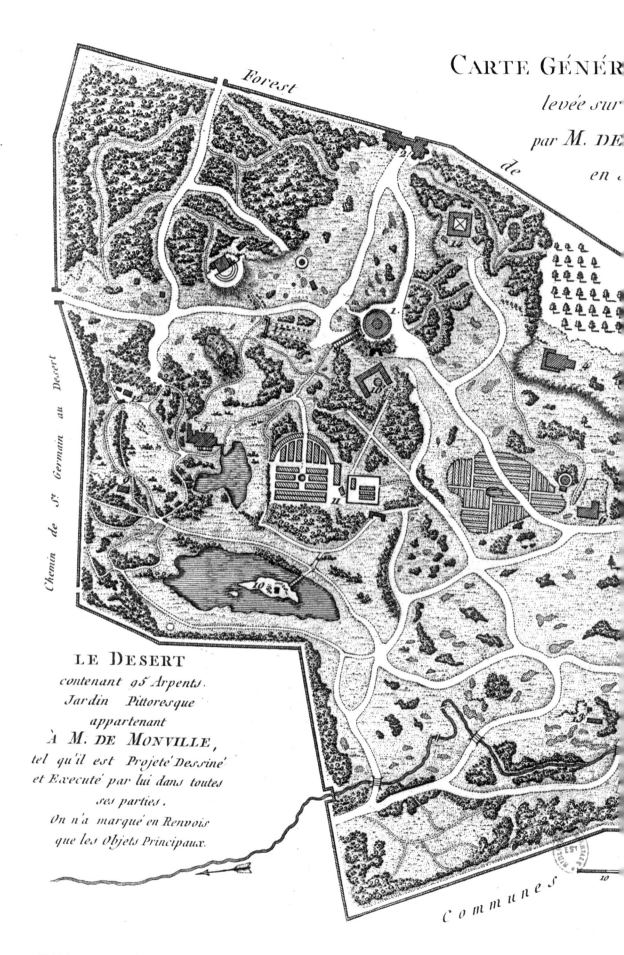

图 281

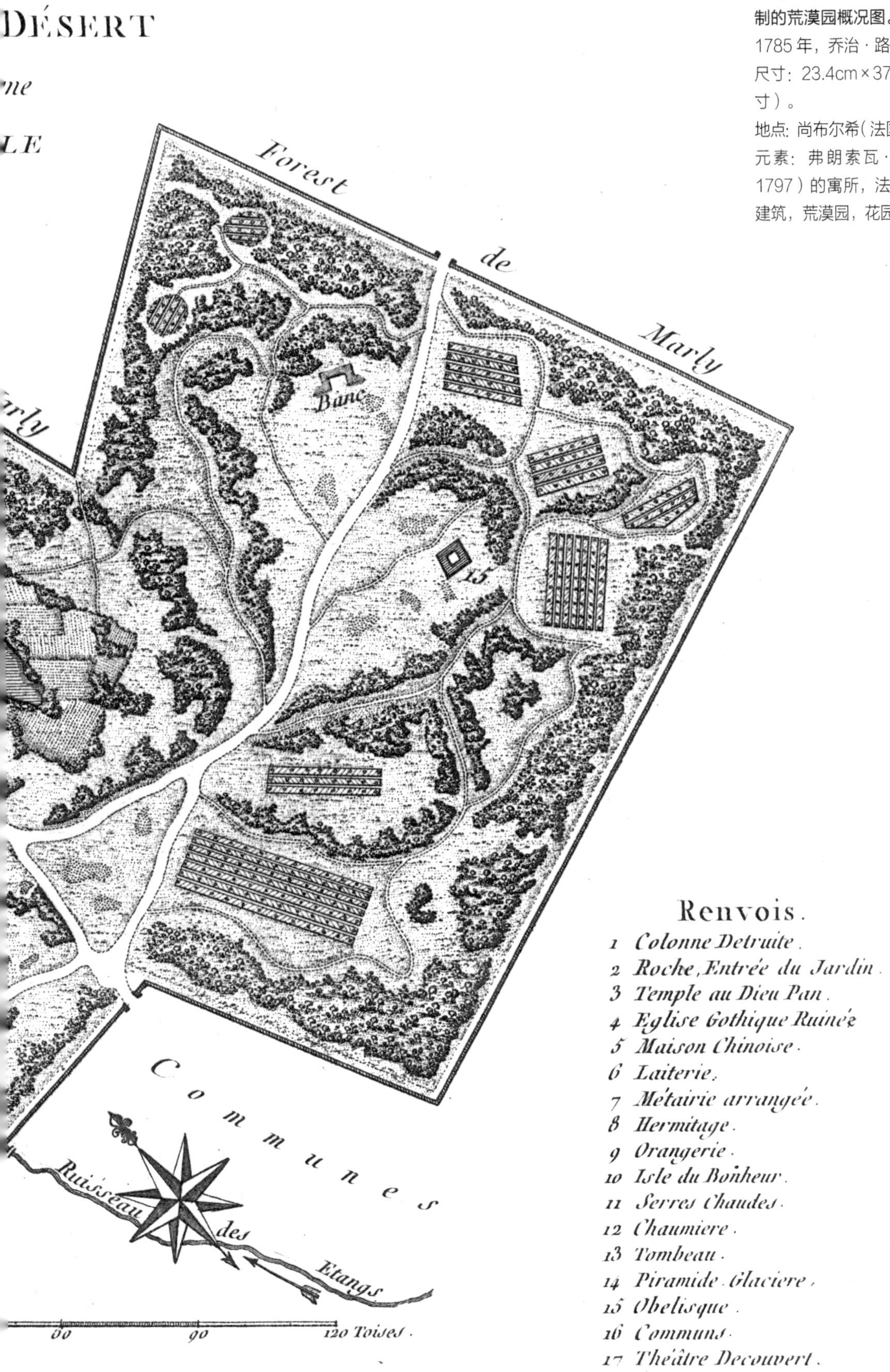

DÉSERT

Forest de Marly

Banc

Commune

Ruisseau des Etangs

60 90 120 Toises.

图 281

XIII, 2. 注：1785 年 6 月蒙维尔先生实地绘制的荒漠园概况图。

1785 年，乔治·路易·拉鲁日出版于巴黎。

尺寸：23.4cm×37.6cm（经按压形成凹陷尺寸）。

地点：尚布尔希（法国，伊夫林省）莱兹荒漠园。

元素：弗朗索瓦·拉辛·蒙维尔（1734—1797）的寓所，法国的英中花园，花园景观建筑，荒漠园，花园湖泊。

Renvois.

1 Colonne Detruite.
2 Roche, Entrée du Jardin.
3 Temple au Dieu Pan.
4 Eglise Gothique Ruinée.
5 Maison Chinoise.
6 Laiterie.
7 Métairie arrangée.
8 Hermitage.
9 Orangerie.
10 Isle du Bonheur.
11 Serres Chaudes.
12 Chaumiere.
13 Tombeau.
14 Piramide Glaciere.
15 Obelisque.
16 Communs.
17 Théatre Decouvert.

图 282

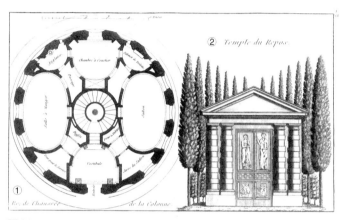

图 284

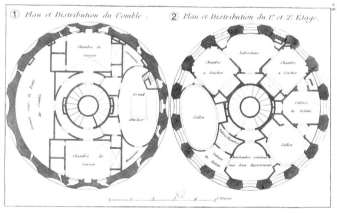

图 285

图 282

XIII,3. 注：从院内看到的假山景象，这也是从马赫利森林进入荒漠园的入口，由米歇尔刻制。

1785 年，乔治·路易·拉鲁日出版于巴黎。

尺寸：23.9cm×38.8cm（经按压形成凹陷尺寸），21.8cm×36.8cm（正方线尺寸）。

地点：尚布尔希（法国，伊夫林省）莱兹荒漠园。

元素：弗朗索瓦·拉辛·蒙维尔（1734—1797）的寓所，荒漠园，人工假山，花园洞穴，森林之神，奇幻场景。

图 283（见第 29 页）

XIII,4. 注：圆柱的透视图。

1785 年，乔治·路易·拉鲁日出版于巴黎。

尺寸：23.5cm×38.7cm（经按压形成凹陷尺寸），21.8cm×37.2cm（正方线尺寸）。

地点：尚布尔希（法国，伊夫林省）莱兹荒漠园，弗朗索瓦·拉辛·蒙维尔（1734—1797）的寓所，花园的纪念圆柱，人造废墟，法国的英中花园。

图 284

XIII,5. 注：①圆柱的底座；②安息圣殿。

1785 年，乔治·路易·拉鲁日出版于巴黎。

图 286

尺寸：23.2cm×38.3cm（经按压形成凹陷尺寸），21.2cm×36.2cm（正方线尺寸）。

地点：尚布尔希（法国，伊夫林省）莱兹荒漠园，弗朗索瓦·拉辛·蒙维尔（1734—1797）的寓所，花园的纪念圆柱，花园圣殿。

图 285（见左页）

XIII,6. 注：圆柱废墟的两个平面图：①屋顶的平面及布局图；②第一层与第二层的平面及布局图。

1785 年，乔治·路易·拉鲁日出版于巴黎。

尺寸：23.1cm×38.5cm（经按压形成凹陷尺寸），21.6cm×38cm（正方线尺寸）。

地点：尚布尔希（法国，伊夫林省）莱兹荒漠园，弗朗索瓦·拉辛·蒙维尔（1734—1797）的寓所，花园的纪念性圆柱。

图 286（见左页）

XIII,7. 注：带有储藏室的圆柱无间断剖面图。

1785 年，乔治·路易·拉鲁日出版于巴黎。

尺寸：38.3cm×23.2cm（经按压形成凹陷尺寸），35.6cm×21.1cm（正方线尺寸）。

地点：尚布尔希（法国，伊夫林省）莱兹荒漠园，弗朗索瓦·拉辛·蒙维尔（1734—1797）的寓所，花园的纪念性圆柱，螺旋式楼梯。

图 287

XIII,8. 注：①建筑物的斑驳实测平面图；②天花板高度的剖面图。

1785 年，乔治·路易·拉鲁日出版于巴黎。

尺寸：38.2cm×23.5cm（经按压形成凹陷尺寸），36.5cm×21.7cm（正方线尺寸）。

地点：尚布尔希（法国，伊夫林省）莱兹荒漠园。

元素：弗朗索瓦·拉辛·蒙维尔（1734—1797）的寓所，花园的纪念性圆柱，人工废墟。

图 288

XIII,9. 注：连接圆柱和花园低处的风景如画的桥。

1785 年，乔治·路易·拉鲁日出版于巴黎。

尺寸：23.4cm×33cm（经按压形成凹陷尺寸），20.6cm×30.2cm（正方线尺寸）。

地点：尚布尔希（法国，伊夫林省）莱兹荒漠园。

元素：弗朗索瓦·拉辛·蒙维尔（1734—1797）的寓所，花园桥梁，法国的英中花园。

图 289（见第 29 页）

XIII,10. 注：①中式楼阁花园的大门；②大榆树荫掩映下的剧院。

1785 年，乔治·路易·拉鲁日出版于巴黎。

尺寸：23.5cm×38.7cm（经按压形成凹陷尺寸），22cm×37.1cm（正方线尺寸）。

地点：尚布尔希（法国，伊夫林省）莱兹荒漠园。

元素：弗朗索瓦·拉辛·蒙维尔（1734—1797）的寓所，中式风格的大门，法国的英中花园，绿茵剧院，巴克斯的胜利（装饰品）雕塑。

图 290

XIII,11. 注：①中式楼阁的实地测量图；②中式楼阁前的花园；③中式楼阁面对的大门。

1785 年，乔治·路易·拉鲁日出版于巴黎。

尺寸：23.5cm×38.6cm（经按压形成凹陷尺寸）。

地点：尚布尔希（法国，伊夫林省）莱兹荒漠园。

元素：弗朗索瓦·拉辛·蒙维尔（1734—1797）的寓所，法国的英中花园，中式风格的花园楼宇。

图 288

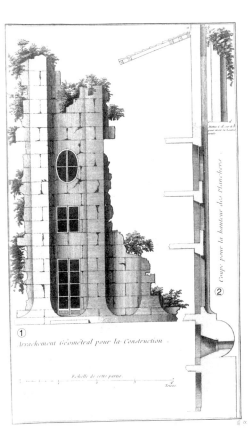

图 287

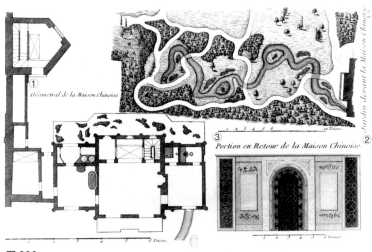

图 290

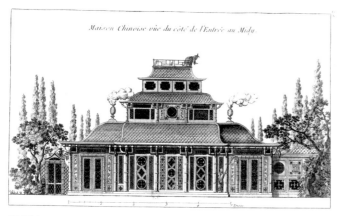

图 291

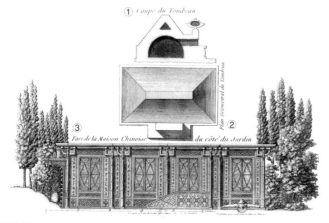

图 292

图 293

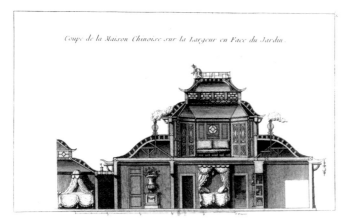

图 294

图 291

XIII,12. 注：南大门处所见中式楼阁景观。

1785 年，乔治·路易·拉鲁日出版于巴黎。

尺寸：23.3cm×38.3cm（经按压形成凹陷尺寸），21.3cm×36.47cm（正方线尺寸）。

地点：尚布尔希（法国，伊夫林省）莱兹荒漠园。

元素：弗朗索瓦·拉辛·蒙维尔（1734—1797）的寓所，法国英中式园林，中式风格的花园楼宇。

图 292

XIII,13. 注：①陵墓的剖面图；②陵墓的实地测绘平面图；③面向花园一侧的重视楼阁正面。

1785 年，乔治·路易·拉鲁日出版于巴黎。

尺寸：23.5cm×38.5cm（经按压形成凹陷尺寸）。

地点：尚布尔希（法国，伊夫林省）莱兹荒漠园。

元素：弗朗索瓦·拉辛·蒙维尔（1734—1797）的寓所，法国的英中花园，中式风格的花园楼宇，花园陵墓。

图 293

XIII,14. 注：西面一侧的中式花园景观。

1785 年，乔治·路易·拉鲁日出版于巴黎。

尺寸：23.7cm×38.5cm（经按压形成凹陷尺寸），21.4cm×36.3cm（正方线尺寸）。

地点：尚布尔希（法国，伊夫林省）莱兹荒漠园。

元素：弗朗索瓦·拉辛·蒙维尔（1734—1797）的寓所，法国的英中花园，中式风格的花园楼宇。

图 294

XIII,15. 注：花园对面的中式楼阁横向剖面图。

1785 年，乔治·路易·拉鲁日出版于巴黎。

尺寸：23.9cm×38.8cm（经按压形成凹陷尺寸），22cm×36.8cm（正方线尺寸）。

地点：尚布尔希（法国，伊夫林省）莱兹荒漠园。

元素：弗朗索瓦·拉辛·蒙维尔（1734—1797）的寓所，法国的英中花园，中式风格的花园楼宇。

图 295

XIII,16. 注：中式楼阁副楼的三个侧面正视图。

1785 年，乔治·路易·拉鲁日出版于巴黎。

尺寸：23.8cm×38.4cm（经按压形成凹陷尺寸），21.5cm×35.1cm（正方线尺寸）。

地点：尚布尔希（法国，伊夫林省）莱兹荒漠园。

元素：弗朗索瓦·拉辛·蒙维尔（1734—1797）的寓所，法国的英中花园，中式风格的花园楼宇。

图 296

XIII,17. 注：①中式楼阁副楼的两侧正视图；②楼阁的剖面图。

1785 年，乔治·路易·拉鲁日出版于巴黎。

尺寸：23.8cm×38.5cm（经按压形成凹陷尺寸）。

地点：尚布尔希（法国，伊夫林省）莱兹荒漠园。

元素：弗朗索瓦·拉辛·蒙维尔（1734—1797）的寓所，法国的英中式园林，中式风格的花园楼宇。

图 297

XIII,18. 注：①废墟的北侧；②哥特式教堂废墟的正面景观 ；③中式楼阁副楼的正视图。

1785 年，乔治·路易·拉鲁日出版于巴黎。

尺寸：23.8cm×38.7cm（经按压形成凹陷尺寸）。

地点：尚布尔希（法国，伊夫林省）莱兹荒漠园。

元素：弗朗索瓦·拉辛·蒙维尔（1734—1797）的寓所，法国的英中式园林，中式风格的花园楼宇，人工废墟。

图 298

XIII,19. 注：①几乎成为废墟的小祭坛；②中式楼阁花园的大门。

1785 年，乔治·路易·拉鲁日出版于巴黎。

尺寸：23.7cm×38.3cm（经按压形成凹陷尺寸），22.2cm×36.8cm（正方线尺寸）。

地点：尚布尔希（法国，伊夫林省）莱兹荒漠园。

元素：弗朗索瓦·拉辛·蒙维尔（1734—1797）的寓所，法国英中式园林，中式风格的大门，花园祭坛。

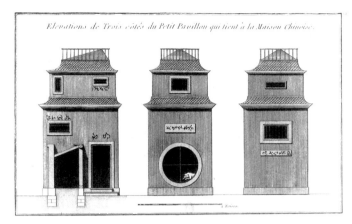

图 295

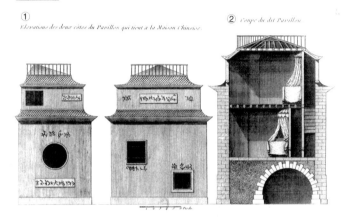

图 296

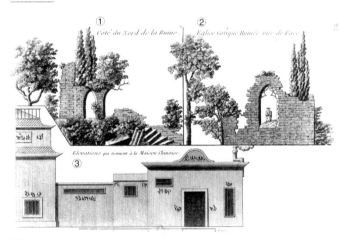

图 297

图 298

图 299

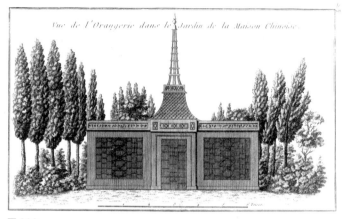

图 300

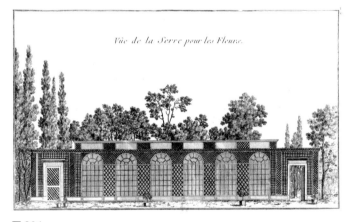

图 301

图 302

图 299

XIII,20. 注：①在庄园不太被精心照料一角的方尖碑；②中式楼阁花园里的茅草屋。

1785 年，乔治·路易·拉鲁日出版于巴黎。

尺寸：23.6cm×38.3cm（经按压形成凹陷尺寸），21.4cm×37.2cm（正方线尺寸）。

地点：尚布尔希（法国，伊夫林省）莱兹荒漠园。

元素：弗朗索瓦·拉辛·蒙维尔（1734—1797）的寓所，法国英中式园林，花园的方尖碑，花园的茅草屋。

图 300

XIII,21. 注：中式楼阁花园内的橘园景观。

1785 年，乔治·路易·拉鲁日出版于巴黎。

尺寸：23.6cm×38.3cm（经按压形成凹陷尺寸），21.5cm×36.4cm（正方线尺寸）。

地点：尚布尔希（法国，伊夫林省）莱兹荒漠园。

元素：弗朗索瓦·拉辛·蒙维尔（1734—1797）的寓所，法国的英中花园，中式风格的花园楼宇，橘园。

图 301

XIII,22. 注：花房温室的景观。

1785 年，乔治·路易·拉鲁日出版于巴黎。

尺寸：23.2cm×38.5cm（经按压形成凹陷尺寸），21.7cm×36.8cm（正方线尺寸）。

地点：尚布尔希（法国，伊夫林省）莱兹荒漠园。

元素：弗朗索瓦·拉辛·蒙维尔（1734—1797）的寓所，法国的英中花园，18 世纪的景观建筑，温室。

图 302

XIII,23. 注：有装饰的景观围墙。

1785 年，乔治·路易·拉鲁日出版于巴黎。

尺寸：23.5cm×38.6cm（经按压形成凹陷尺寸），21.9cm×36.9cm（正方线尺寸）。

地点：尚布尔希（法国，伊夫林省）莱兹荒漠园。

元素：弗朗索瓦·拉辛·蒙维尔（1734—1797）的寓所，法国的英中花园，中式风格的景观建筑。

图 303

XIII,24. 注：潘神的圣殿。

1785 年，乔治·路易·拉鲁日出版于巴黎。

尺寸：23.1cm×38.1cm（经按压形成凹陷尺寸），21.5cm×36.5cm（正方线尺寸）。

地点：尚布尔希（法国，伊夫林省）莱兹荒漠园。

元素：弗朗索瓦·拉辛·蒙维尔（1734—1797）的寓所，法国的英中花园，花园圣殿，花园的圆形建筑物。

图 304

XIII,25. 注：①陵墓的景观；②中式楼阁的小门；③帐篷；④帐篷的门。

1785 年，乔治·路易·拉鲁日出版于巴黎。

尺寸：23cm×38cm（经按压形成凹陷尺寸），21.6cm×37.6cm（正方线尺寸）。

地点：尚布尔希（法国，伊夫林省）莱兹荒漠园。

元素：弗朗索瓦·拉辛·蒙维尔（1734—1797）的寓所，法国的英中花园，花园陵墓，中式风格的大门，花园的帐篷。

图 305

XIII,26. 注：冰窖的景观。

1785 年，乔治·路易·拉鲁日出版于巴黎。

尺寸：23.1cm×38.4cm（经按压形成凹陷尺寸），21.6cm×37cm（正方线尺寸）。

地点：尚布尔希（法国，伊夫林省）莱兹荒漠园。

元素：弗朗索瓦·拉辛·蒙维尔（1734—1797）的寓所，法国的英中花园，冰窖，花园的金字塔。

图 303

图 304

图 305

第十四册至第十七册

《世界园林图鉴 英中式园林》第十四册至第十七册的99 幅版画差不多全部贡献给了中国皇家园林和当时北京著名的圆明园，只有第十六册的两幅版画以不太合乎逻辑的方式呈现了两座法式园林（他们分别是位于巴黎的属于艾思巴尼亚克伯爵的园林和位于第戎的属于科马尔丹侯爵的园林）。

第十四册

对于第十四册，拉鲁日复制了 11 幅彩色丝绸版画集，它们自 1770 年以来一直被保存在国王内阁，这是从身在北京的耶稣会传教士阿米奥神父那里收到的。在这册的介绍中，拉鲁日明确指出他能够在皇家图书馆尝试"仿制"这些版画。这是拉鲁日首次出版乾隆皇帝和随从在江苏省游历时落脚的行宫图片。这些宫殿中的大部分都在第十七册（第 1 至 30 幅版画）中被重新提及，它们是从另一部同样收藏在法国国家图书馆的《18 世纪中国版画画册》一书中被复制过来的。

第十五册和第十六册（开头）

第十五册的 28 幅版画和第十六册的前 12 幅版画以及一些细节，再现了一套表现圆明园的 40 幅版画的专辑。拉鲁日表示，他抄袭了属于瑞典国王顾问谢弗伯爵的副本。版画与摄影部藏有一部精装的副本，藏书票显示其拥有者为绍讷公爵，此副本于 1949 年由柯蒂斯赠予法国国家图书馆。这些 1769 年之前的版画是一本关于圆明园的精美画册的西方版本，原型是一些被绘制在丝绸上并带有书法题词的图画，它们被制作成纹帘并最终成为屏风。这本画册是在 1860 年 10 月洗劫颐和园的时候获得的，1862 年 6 月 4 日，它被法国皇家图书馆的管理者在杜潘上校的拍卖会上购得并收藏在版画部。

法国国家图书馆版画部的收藏还有很多，例如 1750 年前由一名欧洲人复制中国皇帝的画册制作的纸质水粉画册，以及一套 4 幅重现了圆明园部分景观的版画。原始画册名是唐岱和沈原共同创作的《圆明园四十景图咏》，是邱治平先生[1] 发表的一本著作的主题，其中给出了每个景的翻译和解释。对于拉鲁日的每一幅版画，我们都会给出与这本书中相对应的标题。

第十六册（结尾）和第十七册

第十六册第 13 至 28 幅版画与第十七册的 30 幅版画组成一套，如拉鲁日在最后一个标题的页面注释中所解释的那样。他复制了于 1785 年 9 月 14 日从版画部借来的一本由 46 幅版画组成的画册。当天，版画部保管员于格阿德里安乔利记录到："借给皇家地图工程师拉鲁日一本中国卷，标题为：1765 年中国皇帝在南方各省的旅行以及这位天子在途中休息的场所，雕刻在 46 片木板上，它们连在一起形成一个约 16 英尺长、1 英尺高的盒子。中国小册子。"[2] 这本画册是由皇家图书馆（现为法国国家图书馆）在 1784 年于比利拍卖会上购得的。第一页是阿米奥神父的手写笔记："这一系列的风景和景观作品集是按照皇帝的命令制作和刻制的。我们在里面看到的所有东西都是根据实际状况而来的。根据这个作品收藏的初衷，它只包括那些皇帝下江南时停顿、用膳和就寝的最令人心旷神怡的地方。细心的人们可以在作品集中看到寺庙，还有供皇帝陛下使用而建造的皇家宫殿。1765 年 9 月 15 日于北京。"

法国国家图书馆版画和摄影部还收藏有另一套这些中国版画和水彩画的画册。它来自拜丹先生的收藏品，在 1796 年纳入馆藏。就像拉鲁日指出的那样，他的版画排序与中国画册的方向相反，而第十七册的最后一幅实际上是中国画册的第一幅。这本画册曾经以复制品的身份被出版过，并配有德国汉学家沃尔特福克斯对版画的详细研究报告，他把分别收藏在德国科隆和中国的另外两个副本进行了比较。据我们所知，法国国家图书馆版画与摄影部收藏的这两本画册都描绘了乾隆皇帝在 1762 年下江南在江苏省游历的景象。在第十四册中出现过的一些行宫又在这一册中被重新提及（请参照图 306 至图316）。在每个简介之后，除了有莫妮克科恩完成的中文版画标题的拼音标注外，我们还给出了沃尔特福克斯的说明摘要。

---

1 邱治平，《圆明园》，贝桑松，出版商的版本，出版于 2000 年。
2 保管员日志，1785 年 9 月 14 日（法国国家图书馆，版画部，编号 Rés. Ye-6-Pet. fol.）。图书借阅批注后紧随拉鲁日的签名。

第十四册

1785 年 9 月至 10 月

11 幅版画

第十四册是 1785 年 11 月开始发售的。这两册书于 1786 年 3 月 12 日由马斯特里赫特发送至施泰因富尔特（参考 1786 年 4 月 2 日都佛于马斯特里赫特邮寄给本特海姆伯爵的信）。

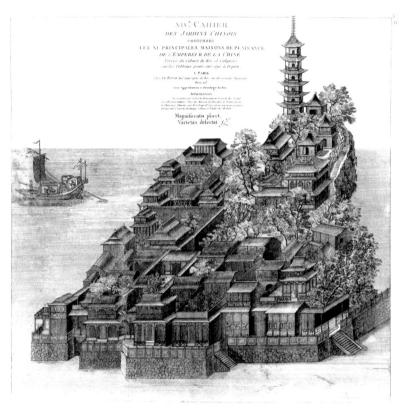

图 306

图 306

XIV,1. 注：第十四册中式园林包含了 11 座主要的中国皇帝的行宫，由北京的宫廷画坊绘制并描绘在绢丝画布之上。图中"Approbation"之后的文字"我奉司法大臣之命检查了这套被命名为：中国皇帝的行宫景观的作品，由拉鲁日所创作的 97 幅版画，我没有发现任何其不能成为园艺艺术的地方，1785 年 8 月 3 日于巴黎。罗宾敬上，品色繁殊，目悦心娱。"

1785 年，乔治·路易·拉鲁日出版于巴黎。

尺寸：40.6cm × 41cm（经按压形成凹陷尺寸），38.2cm × 39cm（正方线尺寸）。

地点：镇江府金山寺。

元素：中式建筑，中国寺院，中国皇帝的行宫，中国宝塔，人工岛屿，中式园林。

图 307

XIV,2. 注：中国皇帝的行宫。

1785 年，乔治·路易·拉鲁日出版于巴黎。

尺寸：41.2cm × 42cm（经按压形成凹陷尺寸）。

地点：无文字说明。

元素：中式建筑，中国花园楼宇，中国皇帝的行宫。

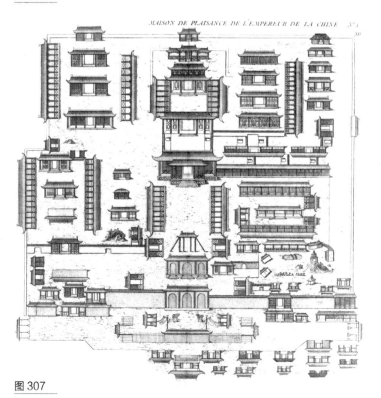

图 307

图 308
XIV,3. 注：中国皇帝的行宫。
1785 年，乔治·路易·拉鲁日出版于巴黎。
尺寸：30.5cm×39.8cm（经按压形成凹陷尺寸），28.5cm×38cm（正方线尺寸）。
地点：松江府。
元素：中式建筑，中国皇帝的行宫，中式园林，中国的花园楼宇。

图 309
XIV,4. 注：中国皇帝的行宫。
1785 年，乔治·路易·拉鲁日出版于巴黎。
尺寸：34.9cm×37.5cm（经按压形成凹陷尺寸），32.3cm×34.4cm（正方线尺寸）。
地点：苏州府虎丘。
元素：中式建筑，中国皇帝的行宫，中国寺院，中国宝塔。

图 310
XIV,5. 注：中国皇帝的行宫。
1785 年，乔治·路易·拉鲁日出版于巴黎。
尺寸：34.5cm×36.4cm（经按压形成凹陷尺寸），32.6cm×34.5cm（正方线尺寸）。
地点：苏州府虎丘。
元素：中式建筑、中国寺院、中国宝塔、中国皇帝行宫。

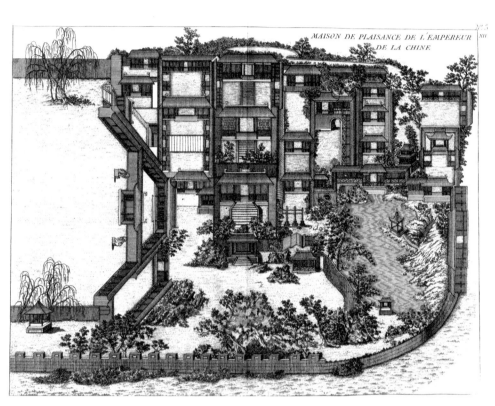

图 308

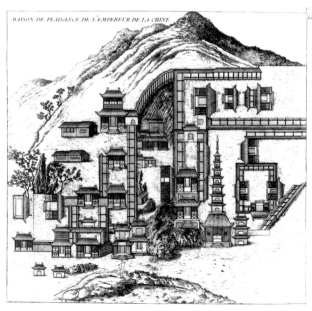

图 309

图 310

图 311

XIV,6. 注：中国皇帝的行宫。

1785 年，乔治·路易·拉鲁日出版于巴黎。

尺寸：31.4cm×36.8cm（经按压形成凹陷尺寸），29cm×33.8cm（正方线尺寸）。

地点：江宁府东流。

元素：中式建筑，中国皇帝的行宫。

图 312

XIV,7. 注：中国皇帝的行宫。

1785 年，乔治·路易·拉鲁日出版于巴黎。

尺寸：41.5cm×41cm（经按压形成凹陷尺寸），39.5cm×38cm（正方线尺寸）。

地点：扬州府天宁寺。

元素：中式建筑，中国皇帝的行宫，中式园林，中国的花园楼宇，中国寺院。

图 313

XIV,8. 注：中国皇帝的行宫。

1785 年，乔治·路易·拉鲁日出版于巴黎。

尺寸：39cm×31.5cm（经按压形成凹陷尺寸）。

地点：淮安府清江浦。

元素：中式建筑，中国皇帝的行宫，中式园林，中国花园楼宇。

图 314

XIV,9. 注：中国皇帝的行宫。

1785 年，乔治·路易·拉鲁日出版于巴黎。

尺寸：41.5cm×39cm（经按压形成凹陷尺寸），39.5cm×38.3cm（正方线尺寸）。

地点：扬州府高旻寺。

元素：中式建筑，中国皇帝的行宫，中式园林，中国寺院，中国宝塔。

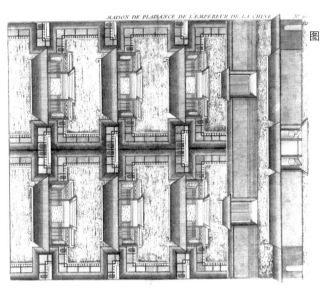

图 311

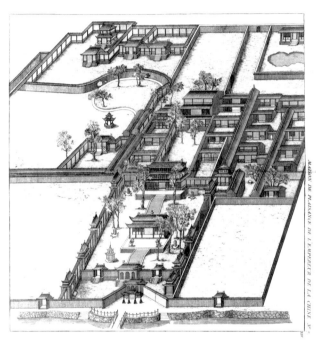

图 312

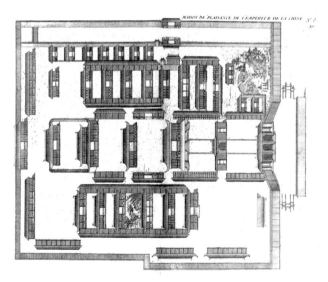

图 313

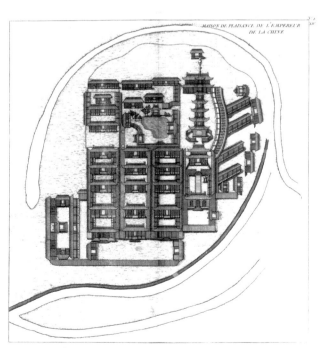

图 314

图 315

XIV,10. 注：中国皇帝的行宫。

1785 年，乔治·路易·拉鲁日出版于巴黎。

尺寸：37.5cm×31.2cm（经按压形成凹陷尺寸），32.5cm×33cm（正方线尺寸）。

地点：苏州府邓蔚山。

元素：中式建筑，中国皇帝的行宫，中国寺院。

图 316

XIV,11. 注： 中国皇帝的行宫。拉鲁日反向刻画。

1785 年，乔治·路易·拉鲁日出版于巴黎。

尺寸：37.5cm×39.3cm（经按压形成凹陷尺寸）。

地点：江宁府龙潭。

元素：中式建筑，中国皇帝的行宫。

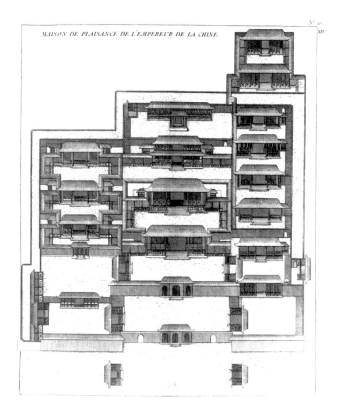

图 315

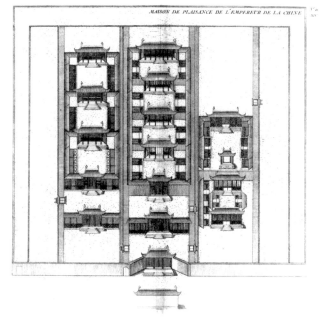

图 316

第十五册

1786 年 1 月至 2 月间
28 幅版画

第十五册是在 1786 年 4 月公开发售的。第十四册和第十五册两册书目已于 1786 年 3 月 12 日从马斯克里赫特发送至施泰因富尔特（参考自 1786 年 4 月 2 日都佛于马斯克里赫特写给本特海姆伯爵的信）。

图 317

图 317

XV,1. 注：第十五册中式园林，中国皇家园林，28 幅版画。左上角的文字：杰出的元老院议员谢菲尔伯爵和神品智天使和炽天使在斯德哥尔摩委托比彼时在瑞典的安库尔先生把这些来自北京的园林图带回巴黎进行版刻从而对园林艺术做出贡献。因为当时所有人都知道英式花园仅仅是对中国园林的一种模仿。一共有 97 幅。

1786 年，皇家地图工程师乔治·路易·拉鲁日出版于巴黎。

尺寸：24.5cm×29.3cm（正方线尺寸）。

地点：圆明园四十景第二十景——澹泊宁静。

元素：中国北京圆明园，卡尔·弗雷德里克·谢菲尔（1715—1786，伯爵）和夏尔·比安库尔（1747—1824，侯爵）借由中文原意翻译法语的地点名称，中式建筑，中国皇帝的园林，中式园林，中国的花园楼宇。

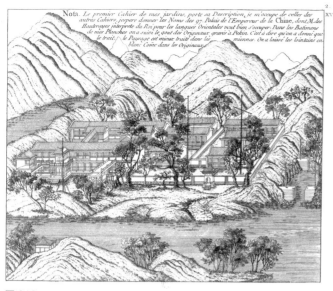

图 318

图 319

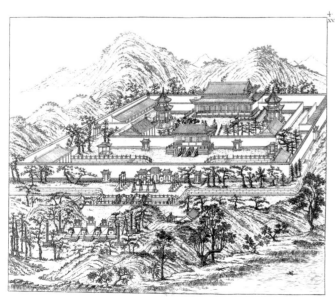

图 320

图 318

XV,2. 注：中国皇家园林。上方的文字为"注。
园林图集的第一册带有说明，我负责其他册
的描述说明，我也希望给出这 97 幅图的名
字。中国皇家园林，皇家东方语言学翻译德
祖特雷先生坚持他来做这项工作。我版画里
的建筑延续了北京的原版版画的风格。也就
是说我们只是画出了大概轮廓，而我的作品
里风景被更好地进行了处理。我们把远景进
行了留白就像在原版里那样。"

1786 年，乔治·路易·拉鲁日出版于巴黎。

尺寸：26cm×31.2cm（经按压形成凹陷尺
寸），23.5cm×28.5cm（正方线尺寸）。

地点：圆明园四十景第十九景——日天琳宇。

元素：中国北京圆明园，米歇尔·昂日·安德
烈勒胡·德祖特雷（1724—1795，东方学家）
借由中文原意翻译法语的地点名称，中式建筑，
中国皇帝的寓所，中式园林。

图 319

XV,3. 注：中国皇家园林。

1786 年，乔治·路易·拉鲁日出版于巴黎。

尺寸：26.3cm×31cm（经按压形成凹陷尺
寸），24.2cm×29cm（正方线尺寸）。

地点：圆明园四十景第十八景——汇芳书院。

元素：中国北京圆明园，中式建筑，中国皇帝
的寓所，中国的花园楼宇，中式园林。

图 320

XV,4. 注：中国皇家园林。

1786 年，乔治·路易·拉鲁日出版于巴黎。

尺寸：26.2cm×31cm（经按压形成凹陷尺
寸），24.3cm×29.2cm（正方线尺寸）。

地点：圆明园四十景第十七景——鸿慈永祜。

元素：中国北京圆明园，中式建筑，中国皇帝
的寓所，中式园林，中国的花园楼宇，中国宝塔。

图 321

XV,5. 注：中国皇家园林。

1786 年，乔治·路易·拉鲁日出版于巴黎。

尺寸：26.4cm×31.3cm（经按压形成凹陷尺寸），24.3cm×29.3cm（正方线尺寸）。

地点：圆明园四十景第十六景——月地云居。

元素：中国北京圆明园，中式建筑，中国皇帝的寓所，中式园林，中国的花园楼宇。

图 322

XV,6. 注：中国皇家园林。

1786 年，乔治·路易·拉鲁日出版于巴黎。

尺寸：26.1cm×31cm（经按压形成凹陷尺寸），24.4cm×29.3cm（正方线尺寸）。

地点：圆明园四十景第十五景——山高水长。

元素：中国北京圆明园，中式建筑，中国皇帝的寓所，中式园林。

图 323

XV,7. 注：中国皇家园林。

1786 年，乔治·路易·拉鲁日出版于巴黎。

尺寸：26cm×31.2cm（经按压形成凹陷尺寸），24.1cm×29.1cm（正方线尺寸）。

地点：圆明园四十景第十四景——武陵春色。

元素：中国北京圆明园，中式建筑，中国皇帝的寓所，中式园林，中国花园楼宇。

图 321

图 322

图 323

图 324

图 325

图 326

图 324
XV,8. 注：中国皇家园林。
1786 年，乔治·路易·拉鲁日出版于巴黎。
尺寸：26.1cm×31.1cm（经按压形成凹陷尺
寸），24.3cm×29.4cm（正方线尺寸）。
地点：圆明园四十景第十三景——万方安和。
元素：中国北京圆明园，中式建筑，中国皇帝
的寓所，中式园林，中国花园楼宇，中国的花
园湖泊。

图 325
XV,9. 注：中国皇家园林。
1786 年，乔治·路易·拉鲁日出版于巴黎。
尺寸：26.3cm×31.3cm（经按压形成凹陷尺
寸），24.5×29.4（正方线尺寸）。
地点：圆明园四十景第十二景——长春仙馆。
元素：中国北京圆明园，中式建筑，中式园林，
中国皇帝的寓所，中国的花园楼宇，中国的花
园湖泊。

图 326
XV,10. 注：中国皇家园林。
1786 年，乔治·路易·拉鲁日出版于巴黎。
尺寸：26.1cm×31cm（经按压形成凹陷尺
寸），24.4cm×29.2cm（正方线尺寸）。
地点：中国北京圆明园第十一景——茹古涵今。
元素：中国北京圆明园，中式建筑，中式园林，
中国的花园湖泊，中国皇帝的寓所。

图 327

XV,11. 注：中国皇家园林。

1786 年，乔治·路易·拉鲁日出版于巴黎。

尺寸：26.4cm×31.1cm（经按压形成凹陷尺寸），24.5cm×29.4cm（正方线尺寸）。

地点：圆明园四十景第十景——坦坦荡荡。

元素：中国北京圆明园，中式建筑，中式园林，中国的花园湖泊，中国皇帝的寓所。

图 328

XV,12. 注：中国皇家园林。

1786 年，乔治·路易·拉鲁日出版于巴黎。

尺寸：26.1cm×31.1cm（经按压形成凹陷尺寸），24.1cm×29cm（正方线尺寸）。

地点：圆明园四十景第九景——杏花春馆。

元素：中国北京圆明园，中式建筑，中式园林，中国皇帝的寓所，中国的花园楼宇，中国景观台。

图 329

XV,13. 注：中国皇家园林。

1786 年，乔治·路易·拉鲁日出版于巴黎。

尺寸：26.1cm×31.1cm（经按压形成凹陷尺寸），24.4cm×29.4cm（正方线尺寸）。

地点：圆明园四十景第八景——上下天光。

元素：中国北京圆明园，中式建筑，中式园林，中国皇帝的寓所，中国的花园楼宇，中国景观台。

图 327

图 328

图 329

图 331

图 332

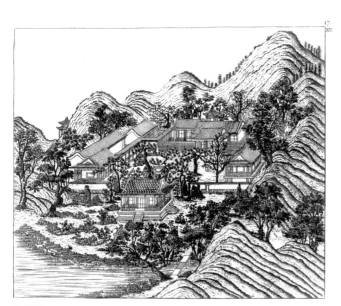

图 333

图 330（见第 30 页）

XV,14. 注：中国皇家园林。

1786 年，乔治·路易·拉鲁日出版于巴黎。

尺寸：26.2cm×31.1cm（经按压形成凹陷尺寸），24.1cm×29.2cm（正方线尺寸）。

地点：圆明园四十景第七景——慈云普护。

元素：中国北京圆明园，中式建筑，中式园林，中国皇帝的寓所，中国的花园楼宇，中国宝塔，中国的花园湖泊。

图 331

XV,15. 注：中国皇家园林。

1786 年，乔治·路易·拉鲁日出版于巴黎。

尺寸：26.2cm×31.2cm（经按压形成凹陷尺寸），24.1cm×29.1cm（正方线尺寸）。

地点：圆明园四十景第六景——碧桐书院。

元素：中国北京圆明园，中式建筑，中式园林，中国皇帝的寓所。

图 332

XV,16. 注：中国皇家园林。

1786 年，乔治·路易·拉鲁日出版于巴黎。

尺寸：26.3cm×31.2cm（经按压形成凹陷尺寸），24.6cm×29.5cm（正方线尺寸）。

地点：圆明园四十景第五景——天然图画。

元素：中国北京圆明园，中式建筑，中式园林，中国的花园湖泊，中国皇帝的寓所。

图 333

XV,17. 注：中国皇家园林。

1786 年，乔治·路易·拉鲁日出版于巴黎。

尺寸：26.4cm×31.3cm（经按压形成凹陷尺寸），24.7cm×29.6cm（正方线尺寸）。

地点：圆明园四十景 第四景 ——镂月开云。

元素：中国北京圆明园，中式建筑，中式园林，中国皇帝的寓所。

图 334

XV,18. 注：**中国皇家园林。**

1786 年，乔治·路易·拉鲁日出版于巴黎。

尺寸：26.3cm×31.1cm（经按压形成凹陷尺寸），24.3cm×29.1cm（正方线尺寸）。

地点：圆明园四十景第三景——九洲清晏。

元素：中国北京圆明园，中式建筑，中式园林，中国的花园湖泊，中国皇帝的寓所。

图 335

XV,19. 注：**中国皇家园林。**

1786 年，乔治·路易·拉鲁日出版于巴黎。

尺寸：26.3cm×31.2cm（经按压形成凹陷尺寸），24.4cm×29.4cm（正方线尺寸）。

地点：圆明园四十景第二景 ——勤政亲贤。

元素：中国北京圆明园，中式建筑，中国皇帝的寓所，中国的花园湖泊。

图 336

XV,20. 注：**中国皇家园林。**

1786 年，乔治·路易·拉鲁日出版于巴黎。

尺寸：26.2cm×31.1cm（经按压形成凹陷尺寸），24.2cm×29.2cm（正方线尺寸）。

地点：圆明园四十景第一景——正大光明。

元素：中国北京圆明园，中式建筑，中式园林，中国皇帝的寓所。

图 334

图 335

图 336

图 337

图 338

图 339

图 337

XV,21. 注：中国皇家园林。

1786 年，乔治·路易·拉鲁日出版于巴黎。

尺寸：26.2cm×31cm（经按压形成凹陷尺寸），24.1cm×29cm（正方线尺寸）。

地点：圆明园四十景 第四十景——洞天深处。

元素：中国北京圆明园，中式建筑，中式园林，中国皇帝的寓所。

图 338

XV,22. 注：中国皇家园林。

1786 年，乔治·路易·拉鲁日出版于巴黎。

尺寸：26.3cm×31.1cm（经按压形成凹陷尺寸），24.2cm×29.2cm（正方线尺寸）。

地点：圆明园四十景第三十九景——曲院风荷。

元素：中国北京圆明园，中式建筑，中式园林，中国的花园楼宇，中国皇帝的寓所。

图 339

XV,23. 注：中国皇家园林。

1786 年，乔治·路易·拉鲁日出版于巴黎。

尺寸：26.7cm×31.4cm（经按压形成凹陷尺寸），24.4cm×29.3cm（正方线尺寸）。

地点：圆明园四十景第三十八景——坐石临流。

元素：中国北京圆明园，中式建筑，中式园林，中国皇帝的寓所。

图 340

XV,24. 注：中国皇家园林。

1786 年，乔治·路易·拉鲁日出版于巴黎。

尺寸：26cm×30.8cm（经按压形成凹陷尺寸），23.3cm×28.7cm（正方线尺寸）。

地点：圆明园 第三十七景——廓然大公。

元素：中国北京圆明园，中式建筑，中式园林，中国的花园湖泊，中国的花园楼宇，景观台，中国皇帝的寓所。

图 341

XV,25. 注：中国皇家园林。

1786 年，乔治·路易·拉鲁日出版于巴黎。

尺寸：26cm×31cm（经按压形成凹陷尺寸），24cm×29cm（正方线尺寸）。

地点：圆明园四十景第三十六景——涵虚朗鉴。

元素：中国北京圆明园，中式建筑，中式园林，中国的花园湖泊，中国皇帝的寓所。

图 342

XV,26. 注：中国皇家园林。

1786 年，乔治·路易·拉鲁日出版于巴黎。

尺寸：26.2cm×31cm（经按压形成凹陷尺寸），24cm×28.9cm（正方线尺寸）。

地点：圆明园四十景第三十五景——夹镜鸣琴。

元素：中国北京圆明园，中式建筑，中式园林，中国的花园湖泊，景观台，中国的花园楼宇，中国皇帝的寓所。

图 340

图 341

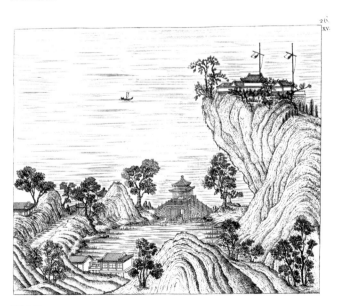

图 342

图 343

图 344

图 343

XV,27. 注：中国皇家园林。

1786 年，乔治·路易·拉鲁日出版于巴黎。

尺寸：26.3cm×31.3cm（经按压形成凹陷尺寸），24.2cm×29.2cm（正方线尺寸）。

地点：圆明园四十景第三十四景——别有洞天。

元素：中国北京圆明园，中式建筑，中式园林，中国的花园楼宇，中国的花园桥梁，中国皇帝的寓所。

图 344

XV,28. 注：中国皇家园林。

1786 年，乔治·路易·拉鲁日出版于巴黎。

尺寸：26.2cm×31.3cm（经按压形成凹陷尺寸），24.1cm×29.2cm（正方线尺寸）。

地点：圆明园四十景第三十三景——接秀山房。

元素：中国北京圆明园，中式建筑，中式园林，中国花园湖泊，中国的花园楼宇，中国皇帝的寓所。

第十六册

1786 年 6 月至 7 月

30 幅版画

这一册书大约是在 1786 年的 6 至 7 月间出现在都佛的出版目录里的。这一册书在本特海姆伯爵的遗产目录里并没有被找到。本册书是在 1786 年 8 月初邮寄至施泰因富尔特的（参考自 1786 年 8 月 6 日都佛于马斯克里赫特寄给本特海姆伯爵的信与发票）。

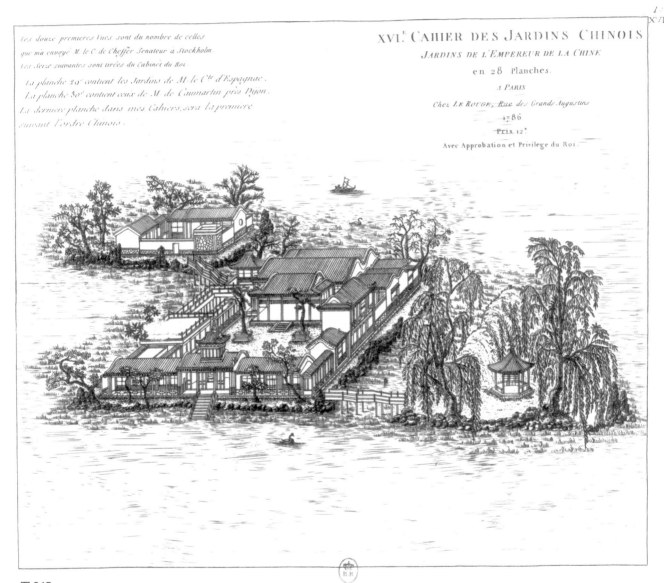

图 345

图 345

XVI,1. 注：第十六册之中式园林。中国皇家园林，共 28 幅版画。图中左上角文字为"前 12 幅图是斯德哥尔摩的元老院议员谢菲尔伯爵发给我的，后 16 幅图是皇家画室所绘制的。第 29 幅画是关于埃斯帕尼亚克伯爵的花园的。第 30 幅画是关于科马丹先生位于第戎附近的花园的。这些册中的最后一幅版画将是第一幅遵从中式排序的。"

1786 年，乔治·路易·拉鲁日出版于巴黎。

尺寸：26.4cm×31.3cm（经按压形成凹陷尺寸），24.4cm×29.1cm（正方线尺寸）。

地点：圆明园四十景第三十二景——蓬岛瑶台。

元素：中国北京圆明园，卡尔弗雷德里克·谢菲尔（1715—1786，伯爵）和马克·勒内·德萨于盖·埃斯帕尼亚克（1752—1793，伯爵）以及安托内·路易·弗朗索瓦·勒费弗尔德·科马丹·圣昂日借由中文原意翻译法语的地点名称，中式建筑，中式园林，中国皇帝的寓所，中国的花园湖泊，中国的花园小亭，人工岛。

图 346

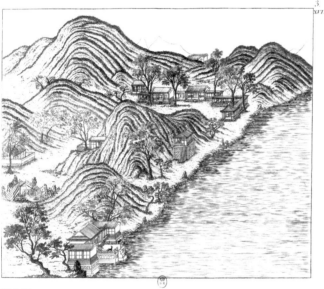

图 347

图 349

图 346

XVI,2. 注：**中国皇家园林。**

1786 年，乔治·路易·拉鲁日出版于巴黎。

尺寸：26.5cm×31.6cm（经按压形成凹陷尺寸），24.4cm×29.4cm（正方线尺寸）。

地点：圆明园四十景第三十一景——平湖秋月。

元素：中国北京圆明园，中式建筑，中式园林，中国皇帝的寓所，中国的花园湖泊，中国的花园桥梁，中国的花园楼宇。

图 347

XVI,3. 注：**中国皇家园林。**

1786 年，乔治·路易·拉鲁日出版于巴黎。

尺寸：26.5cm×31.4cm（经按压形成凹陷尺寸），24.4cm×29.3cm（正方线尺寸）。

地点：圆明园四十景第三十景——澡身浴德。

元素：中国北京圆明园，中式建筑，中式园林，中国皇帝的寓所，中国的花园楼宇，中国的花园湖泊。

图 348（见第 30 页）

XVI,4. 注：**中国皇家园林。**

1786 年，乔治·路易·拉鲁日出版于巴黎。

尺寸：26.5cm×31.2cm（经按压形成凹陷尺寸），24.4cm×29cm（正方线尺寸）。

地点：圆明园四十景 第二十九景——方壶胜境。

元素：中国北京圆明园，中式建筑，中式园林，中国的花园湖泊，中国的花园小亭，中国皇帝的寓所。

图 349

XVI,5. 注：**中国皇家园林。**

1786 年，乔治·路易·拉鲁日出版于巴黎。

尺寸：26.5cm×31.5cm（经按压形成凹陷尺寸），24.4cm×29.4cm（正方线尺寸）。

地点：圆明园四十景第二十八景——四宜书屋。

元素：中国北京圆明园，中式建筑，中式园林，中国皇帝的寓所。

图 350
XVI,6. 注：中国皇家园林。
1786 年，乔治·路易·拉鲁日出版于巴黎。
尺寸：26.5cm×31.4cm（经按压形成凹陷尺寸），24.2cm×29.2cm（正方线尺寸）。
地点：圆明园四十景第二十七景——西峰秀色。
元素：中国北京圆明园，中式建筑，中式园林，中国皇帝的寓所，中国的花园湖泊。

图 351
XVI,7. 注：中国皇家园林。
1786 年，乔治·路易·拉鲁日出版于巴黎。
尺寸：26.5cm×31.5cm（经按压形成凹陷尺寸），24.4cm×29.5cm（正方线尺寸）。
地点：圆明园四十景第二十六景——北远山村。
元素：中国北京圆明园，中式建筑，中式园林，中国皇帝的寓所。

图 352
XVI,8. 注：中国皇家园林。
1786 年，乔治·路易·拉鲁日出版于巴黎。
尺寸：26.3cm×31.6cm（经按压形成凹陷尺寸），24.3cm×29.5cm（正方线尺寸）。
地点：圆明园四十景第二十五景——鱼跃鸢飞。
元素：中国北京圆明园，中式建筑，中式园林，中国的花园小亭，中国的花园湖泊，中国皇帝的寓所。

图 350

图 351

图 352

图 353

图 354

图 355

图 353

XVI,9. 注：中国皇家园林。

1786 年，乔治·路易·拉鲁日出版于巴黎。

尺寸：26.4cm×31.5cm（经按压形成凹陷尺寸），24.4cm×29.5cm（正方线尺寸）。

地点：圆明园四十景第二十四景——多稼如云。

元素：中国北京圆明园，中式建筑，中式园林，中国的花园楼宇，中国的花园湖泊，中国的花园桥梁，中国皇帝的寓所。

图 354

XVI,10. 注：中国皇家园林。

1786 年，乔治·路易·拉鲁日出版于巴黎。

尺寸：27cm×31.4cm（经按压形成凹陷尺寸），24.6cm×29.2cm（正方线尺寸）。

地点：圆明园四十景第二十三景——濂溪乐处。

元素：中国北京圆明园，中式建筑，中式园林，中国的花园小亭，中国的花园湖泊，中国皇帝的寓所。

图 355

XVI,11. 注：中国皇家园林。

1786 年，乔治·路易·拉鲁日出版于巴黎。

尺寸：26.4cm×31.4cm（经按压形成凹陷尺寸），24.1cm×29.2cm（正方线尺寸）。

地点：圆明园四十景第二十二景——水木明瑟。

元素：中国北京圆明园，中式建筑，中式园林，中国的花园楼宇，中国的花园湖泊，中国皇帝的寓所。

图 356

XVI,12. 注：中国皇家园林。

1786 年，乔治·路易·拉鲁日出版于巴黎。

尺寸：26.3cm×31cm（经按压形成凹陷尺寸），24.1cm×28.8cm（正方线尺寸）。

地点：圆明园四十景第二十一景——映水兰香。

元素：中国北京圆明园，中式建筑，中式园林，中国的花园湖泊，中国皇帝的寓所。

图 357

XVI,13. 注：图题为"云龙山"，位于江苏省北部云龙山上的一座寺庙，山脚下有专门为皇帝 1762 年出游建造的行宫。

1786 年，乔治·路易·拉鲁日出版于巴黎。

尺寸：26.7cm×31.4cm（经按压形成凹陷尺寸），24.6cm×29cm（正方线尺寸）。

地点：云龙山。

元素：中式建筑，中国平台，中式园林，中国宝塔，中国皇帝的寓所。

图 358

XVI,14. 注：图题为"行宫或宫殿群"。

1760 年建成的位于江苏北部宿迁县（今宿迁市）东侧皇家运河畔的行宫。图中还有三山，永济桥，马陵山，运河，护城墙，真武庙。

1786 年，乔治·路易·拉鲁日出版于巴黎。

尺寸：26.8cm×31.4cm（经按压形成凹陷尺寸），24.6cm×29.2cm（正方线尺寸）。

地点：宿迁县（今宿迁市）的行宫。

元素：中式建筑，中国皇帝的寓所。

图 356

图 357

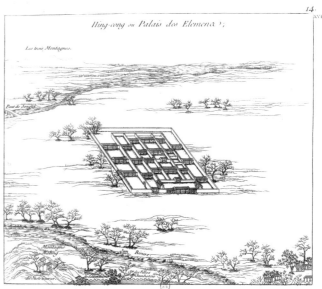

图 358

图 359

图 360

图 361

图 359

XVI,15. 注：图题为"珍珠泉"。

1786 年，乔治·路易·拉鲁日出版于巴黎。

尺寸：26.7cm×31.5cm（经按压形成凹陷尺寸），24.5cm×29.4cm（正方线尺寸）。

地点：珍珠泉。

元素：中国皇帝的寓所，中国寺庙，松树。

图 360

XVI,16. 注：图题为"德云庵"。中间右侧的文字为"著名的九棵松"。

1786 年，乔治·路易·拉鲁日出版于巴黎。

尺寸：26.5cm×31.6cm（经按压形成凹陷尺寸），24.7cm×29.7cm（正方线尺寸）。

地点：德云庵。

元素：中国寺庙，松树。

图 361

XVI,17. 注：图题为"朗山"。在山脚下中部建有皇帝休憩的场所，在左边有九棵松。左边文字为"九棵松"，右边文字为"朝楼"。

1786 年，乔治·路易·拉鲁日出版于巴黎。

尺寸：26.5cm×31.6cm（经按压形成凹陷尺寸），24.7cm×29.8cm（正方线尺寸）。

元素：中式园林，中国宝塔，松树。

地点：叠浪崖。

图 362

XVI,18. 注：图题为"幽居庵"。整个建筑位于山峰的西侧。

1786 年，乔治·路易·拉鲁日出版于巴黎。

尺寸：26.6cm×31.8cm（经按压形成凹陷尺寸），24.8cm×29.9cm（正方线尺寸）。

地点：幽居庵。

元素：幽居庵，中国寺庙，中式园林，松树。

图 363

XVI,19. 注：图题为"天门山"。封闭的花园内有院落及书房。

1786 年，乔治·路易·拉鲁日出版于巴黎。

尺寸：26.5cm×31.5cm（经按压形成凹陷尺寸），24.8cm×29.8cm（正方线尺寸）。

元素：中国花园小亭，松树。

图 364

XVI,20. 注：图题为"玲峰池"。池塘岸边建有楼阁。对于山顶的两处注释为"狼息峰"和"王冠峰"。

1786 年，乔治·路易·拉鲁日出版于巴黎。

尺寸：26.7cm×31.5cm（经按压形成凹陷尺寸），23.9cm×29.7cm（正方线尺寸）。

地点：玲峰池。

元素：玲峰池，中国观景台，中国花园小亭，松树。

图 362

图 363

图 364

图 365

图 366

图 367

图 365

XVI,21. 注：图题为"万松山房"。在一片松树林中坐落的行宫及其花园。图画左下角的注释为"慈僧观景台"。

1786 年，乔治·路易·拉鲁日出版于巴黎。

尺寸：26.5cm×31.5cm（经按压形成凹陷尺寸），23.9cm×29.5cm（正方线尺寸）。

地点：万松禅房。

元素：万松山房，中式园林，中国观景台，中国花园小亭，松树。

图 366

XVI,22. 注：图题为"白鹿泉"。中见众房屋被称为行宫或宫殿群。建于 1757 年乾隆第二次南巡，1767 年又进行加盖。

中间上方的文字为 1786 年，乔治·路易·拉鲁日出版于巴黎。

尺寸：26.7cm×31.7cm（经按压形成凹陷尺寸），24.8cm×29.8cm（正方线尺寸）。

地点：白鹿观。

元素：中式建筑，中国花园小亭，松树。

图 367

XVI,23. 注：图题为"朔风观景台"。

1786 年，乔治·路易·拉鲁日出版于巴黎。

尺寸：26.7cm×31.5cm（经按压形成凹陷尺寸），24.7cm×29.5cm（正方线尺寸）。

地点：紫峰阁。

元素：中国观景台，中式建筑，中国宝塔，松树。

图 368

XVI,24. 注：图题为"聂禅山池塘"。图上的注释为"三论殿""月牙池""山门"。

1786 年，乔治·路易·拉鲁日出版于巴黎。

尺寸：26.7cm×31.5cm（经按压形成凹陷尺寸），24.7cm×29.6cm（正方线尺寸）。

地点：摄山。

元素：摄山，中式建筑，中式园林，中国花园楼宇，松树。

图 369

XVI,25. 注：图题为"栖霞总图"。图中的注释包括"池塘平台"、"月牙湖"、"山的入口"。

1786 年，乔治·路易·拉鲁日出版于巴黎。

尺寸：26.8cm×31.5cm（经按压形成凹陷尺寸），24.7cm×29.5cm（正方线尺寸）。

地点：南京东北部山上的寺庙。

元素：中国寺庙，中式园林，中国花园楼宇，中国湖泊，松树。

图 370

XVI,26. 注：图题为"燕子矶"。在南京城外扬子江畔陡峭的岩壁上坐落着两座寺庙，其中有皇帝休憩的行宫。

1786 年，乔治·路易·拉鲁日出版于巴黎。

尺寸：26.7cm×31.5cm（经按压形成凹陷尺寸），24.8cm×29.5cm（正方线尺寸）。

地点：燕子矶。

元素：扬子江，中式建筑，中国景观台，中国花园小亭，中国寺庙。

图 368

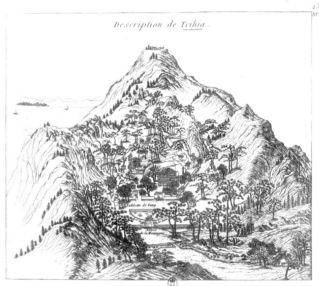

图 369

图 370

图 371

XVI,27. 注：图题为"后湖"。后湖即南京城墙外的玄武湖，包括五个岛。在版画的下方，是皇帝休憩的行宫。版画上的注释为"太平门""鸡鸣寺宝塔""北极阁观景台""朝楼""后湖"。

1786 年，乔治·路易·拉鲁日出版于巴黎。

尺寸：26.8cm×31.7cm（经按压形成凹陷尺寸），24.7cm×29.6cm（正方线尺寸）。

地点：玄武湖。

元素：南京玄武湖，南京鸡鸣寺，湖泊，中式建筑，中国宝塔，中国观景台。

图 372（见第 31 页）

XVI,28. 注：鸡鸣寺宝塔和北极阁观景台。在南京东北部面向玄武湖的两座小山丘，在右侧是鸡鸣寺，在左侧是了望台。版画中的注释为"观景台""后湖""宝塔""鸡鸣寺北极阁"。

1786 年，乔治·路易·拉鲁日出版于巴黎。

尺寸：26.5cm×31.3cm（经按压形成凹陷尺寸），24.5cm×29.2cm（正方线尺寸）。

元素：南京玄武湖，南京鸡鸣寺，湖泊，中国花园楼宇，松树。

图 373（见右页）

XVI,29. 注：埃斯帕尼亚克伯爵位于巴黎市安茹街和圣奥诺雷市郊路街区的花园，由让第建筑事务所设计并施工。

1786 年，乔治·路易·拉鲁日出版于巴黎。

尺寸：40.8cm×24.2cm（经按压形成凹陷尺寸），38.5cm×22cm（正方线尺寸）。

地点：巴黎埃斯帕尼亚克公馆花园，巴黎安茹街。

元素：埃斯帕尼亚克·马克勒内德萨于盖（1752—1793，伯爵）的寓所，法国的英中花园，中式风格的花园楼宇，绿厅。

图 374

XVI,30. 注：科马丹先生位于第戎附近的花园。

1786 年，乔治·路易·拉鲁日出版于巴黎。

尺寸：24.5cm×43.9cm（经按压形成凹陷尺寸）。

地点：第戎城堡公园。

元素：圣昂日·安托内·路易·弗朗索瓦·勒费弗尔德·科马丹（1725—1803，侯爵）的寓所，英式花园。

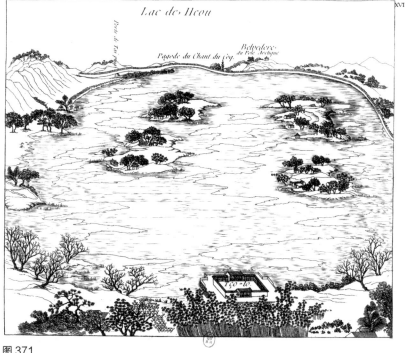

图 371

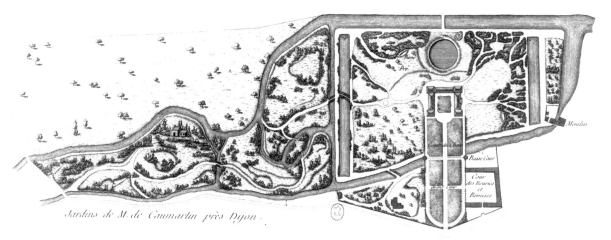

图 374

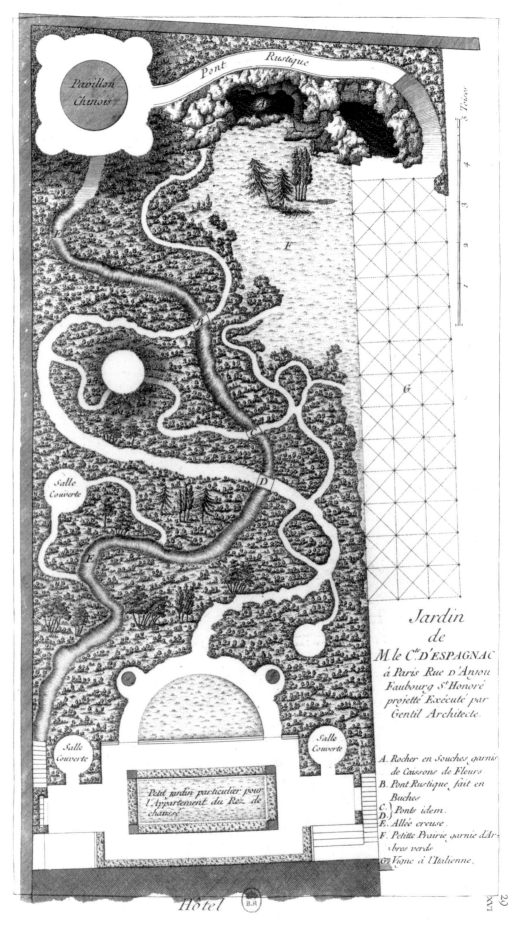

Pavillon Chinois

Pont Rustique

Salle Couverte

Salle Couverte

Salle Couverte

Jardin
de
M. le Cte D'ESPAGNAC
à Paris Rue D'Anjou
Faubourg St Honoré
projetté Exécuté par
Gentil Architecte.

A. Rocher en Souches garnis
de Caissons de Fleurs
B. Pont Rustique fait en
Buches
C. Ponts idem.
D.
E. Allée creuse.
F. Petite Prairie garnie d'Ar-
bres verds
G. Vigne à l'Italienne.

Petit jardin particulier pour
l'Appartement du Rez de
chaussé

Hôtel

图 373

第十七册

1786 年 10 月

30 幅版画

都佛说，1786 年 10 月初巴黎方面通知他第十七册出版了，随后在 11 月 12 日他把这册书发到了施泰因富尔特（参考 1786 年 10 月 8 日和 11 月 12 日都佛于马斯特里赫特发给本特海姆伯爵的发票）。

图 375

图 375

XVII, 1. 注：第十七册，英中式园林 97 幅版画中最后的 30 幅。此幅是中国皇帝的行宫。左边的文字为"中文书像所有的东方书籍一样从我们结束的地方开始，第十六册中的第十二幅版画是谢菲尔伯爵发过来的系列中的第一幅。第十七册中的第三十幅版画是乐华家中四十六幅画中的第一幅，第十六册中的第十三幅是最后一幅。因此皇帝离开北京出巡居住的第一处行宫是第十七册中的第三十幅画，最后一处行宫是第十六册中的第十三幅画。"

1786 年，乔治·路易·拉鲁日出版于巴黎。

尺寸：26.4cm×31.6cm（经按压形成凹陷尺寸），24.4cm×29.5cm（正方线尺寸）。

地点：清凉山。

元素：中国扬子江，中式建筑，中国皇帝的寓所，中国观景台，中国花园楼宇，松树。

图 376
XVII, 2. 注：图题为"报恩寺"。位于南京城门的报恩寺内有十五世纪建造的琉璃宝塔，塔后面是无梁殿。

1786 年，乔治·路易·拉鲁日出版于巴黎。

尺寸：：26.2cm×31.5cm（经按压形成凹陷尺寸），24.2cm×29.3cm（正方线尺寸）。

地点：报恩寺。

元素：中国皇帝的寓所，中国寺庙，中国宝塔，中国花园小亭，中国景观台。

图 377
XVII, 3. 注：图题为"江宁行宫"。皇帝出巡居住在南京的场所。江宁也曾是南京的名称之一。

1786 年，乔治·路易·拉鲁日出版于巴黎。

尺寸：26.5cm×31.6cm（经按压形成凹陷尺寸），24.4cm×29.4cm（正方线尺寸）。

地点：江宁行宫。

元素：中国南京的行宫，中国皇帝的寓所，中式园林。

图 378
XVII, 4. 注：图题为"宝华山"。版画上的注释为"朝楼""莲花池""泉水"。

1786 年，乔治·路易·拉鲁日出版于巴黎。

尺寸：26.2cm×31.1cm（经按压形成凹陷尺寸），24.2cm×29.1cm（正方线尺寸）。

地点：宝华山。

元素：中国宝华山，中国皇帝的寓所，中国的寺庙，中式园林，中国的花园小亭，中国的花园露台。

图 376

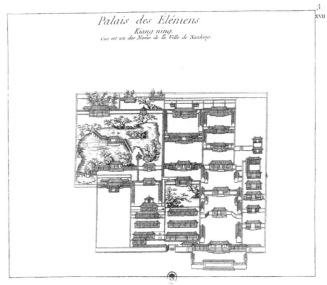

图 377

图 378

图 379

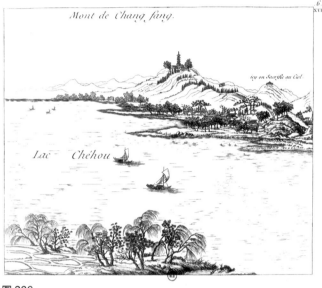

图 380

图 381

图 379

XVII,5. 注：图题为"行宫"。康熙所建的位于南京与镇江之间的行宫。

1786 年，乔治·路易·拉鲁日出版于巴黎。

尺寸：25.9cm×31.1cm（经按压形成凹陷尺寸），24cm×29cm（正方线尺寸）。

地点：龙潭殿。

元素：中国皇帝的寓所，中式建筑，中国宫殿，松树。

图 380

XVII,6. 注：图题为"上方山"。在苏州城西南太湖边的一座小丘上坐落着治平寺。版画上的注释为"我们在这里祭天""石湖"。

1786 年，乔治·路易·拉鲁日出版于巴黎。

尺寸：26.3cm×31.3cm（经按压形成凹陷尺寸），24.2cm×29.2cm（正方线尺寸）。

地点：苏州上方山。

元素：中国太湖，中国寺庙，中国皇帝的寓所，中国宝塔，中国景观台。

图 381

XVII,7. 注：图题为"石佛寺"。位于苏州城西南太湖支流的石湖畔的寺庙。版画上的注释为"石湖""观景台"。

1786 年，乔治·路易·拉鲁日出版于巴黎。

尺寸：26.2cm×31.3cm（经按压形成凹陷尺寸），24.1cm×29.3cm（正方线尺寸）。

地点：苏州石佛寺。

元素：中国太湖，中国寺庙，中国湖泊，中国观景台，中国花园小亭，中国花园桥梁，中国皇帝的寓所，松树。

图 382

XVII,8. 注：图题为"穹窿山"。山上有寺庙，山下是太湖。版画上的注释为"太湖""石桥"，图下方文字为"灵岩山"。

1786 年，乔治·路易·拉鲁日出版于巴黎。

尺寸：26.2cm×31.3cm（经按压形成凹陷尺寸），24.2cm×29.2cm（正方线尺寸）。

地点：苏州穹窿山。

元素：中国穹窿山，中国太湖，中国寺庙，中国的花园小亭，中国的观景台，中国湖泊，中国皇帝的寓所。

图 383（见第 31 页）

XVII,9. 注：图题为"高义园"。苏州西部天平山脚下的园林，园里建有白云寺。版画上的注释"天平山"，左下角注释为"忠烈庙"。

1786 年，乔治·路易·拉鲁日出版于巴黎。

尺寸：26.3cm×31.3cm（经按压形成凹陷尺寸），24.3cm×29.3cm（正方线尺寸）。

地点：苏州高义园。

元素：中国天平山，中国皇帝的寓所，中式园林，中国寺庙。

图 384

XVII,10. 注：图题为"法螺寺宝塔"。寒山别墅之上的寺庙。

1786 年，乔治·路易·拉鲁日出版于巴黎。

尺寸：26.2cm×31.5cm（经按压形成凹陷尺寸），24.2cm×29.3cm（正方线尺寸）。

地点：法螺寺宝塔。

元素：中国法螺寺，中式园林，中国宝塔，中国皇帝的寓所。

图 385

XVII,11. 注：图题为"千尺雪"。飞瀑直下千尺宛如白雪。版画上的注释为"听雪阁""凌波桥"。

1786 年，乔治·路易·拉鲁日出版于巴黎。

尺寸：26.3cm×31.3cm（经按压形成凹陷尺寸），24.1cm×29.2cm（正方线尺寸）。

元素：中式园林，中国的花园楼宇，中国的观景台，中国皇帝的寓所，瀑布，松树。

图 382

图 384

图 385

图 387

图 389

图 390

图 386（见第 32 页）

XVII,12. 注：图题为"寒山行宫"。16 世纪的赵宧光所构筑位于寒山的别业，随后成为了一座寺庙。

1786 年，乔治·路易·拉鲁日出版于巴黎。

尺寸：26.4cm×31.5cm（经按压形成凹陷尺寸），24.4cm×29.5cm（正方线尺寸）。

地点：苏州寒山别墅。

元素：中国寺庙，中式园林，中国花园小亭，中国皇帝的寓所。

图 387

XVII,13. 注：图题为"花山"。版画上的注释为"莲花峰"。

1786 年，乔治·路易·拉鲁日出版于巴黎。

尺寸：26cm×31cm（经按压形成凹陷尺寸），23.9cm×28.8cm（正方线尺寸）。

地点：苏州花山。

元素：中国寺庙，中国观景台，中国的花园小亭，中国皇帝的寓所。

图 388（见第 32 页）

XVII,14. 注：图题为"西山"。版画上的注释"观音殿""知行山"。

1786 年，乔治·路易·拉鲁日出版于巴黎。

尺寸：26.1cm×31.2cm（经按压形成凹陷尺寸），23.9cm×28.9cm（正方线尺寸）。

地点：苏州西山，观音寺。

元素：中国寺庙，中式园林，中国的花园小亭，中国皇帝的寓所，松树。

图 389

XVII,15. 注：图题为"香雪海"。版画上的注释为"光福寺宝塔""后陵桥""虎山桥"。

1786 年，乔治·路易·拉鲁日出版于巴黎。

尺寸：26.2cm×31.1cm（经按压形成凹陷尺寸），24.1cm×29.1cm（正方线尺寸）。

地点：苏州香雪海。

元素：中式园林，中国花园小亭，中国皇帝的寓所，中国宝塔，中国的花园桥梁。

图 390（见左页）

XVII,16. 注：图题为"邓尉山"。在太湖边，苏州西南郊，邓尉山脚下有圣恩寺。版画上的注释为"在这里我们可以钓珍珠"。

1786 年，乔治·路易·拉鲁日出版于巴黎。

尺寸：26.4cm×31.5cm（经按压形成凹陷尺寸），24.3cm×29.4cm（正方线尺寸）。

地点：苏州邓尉山。

元素：中式园林，中国寺庙，中国湖泊，中国皇帝的寓所，中国观景台，珍珠养殖地。

图 391

XVII,17. 注：图题为"灵岩山"。苏州西郊灵岩山上有灵岩寺。版画上的注释为"行宫""汉碑记"。

1786 年，乔治·路易·拉鲁日出版于巴黎。

尺寸：26.3cm×31.5cm（经按压形成凹陷尺寸），24.1cm×29.2cm（正方线尺寸）。

地点：苏州灵岩山。

元素：灵岩山，中国皇帝的寓所，中国寺庙，中国宝塔，中国的花园小亭，中国的观景台。

图 392（见第 33 页）

XVII,18. 注：图题为"虎丘寺"。位于苏州西北虎丘有云岩寺。

1786 年，乔治·路易·拉鲁日出版于巴黎。

尺寸：26.4cm×33.9cm（经按压形成凹陷尺寸），24.5cm×31.9cm（正方线尺寸）。

地点：苏州虎丘。

元素：中国寺庙，中国宝塔，中式园林，中国皇帝的寓所。

图 393

XVII,19. 注：图题为"苏州行宫"。1750 年兴建的出游江苏时的住所。

1786 年，乔治·路易·拉鲁日出版于巴黎。

尺寸：26.1cm×31.1cm（经按压形成凹陷尺寸），24cm×29cm（正方线尺寸）。

地点：苏州行宫。

元素：苏州行宫，中国皇帝的寓所，中式建筑。

图 394

XVII,20. 注：图题为"寄畅园"。十六世纪初兵部尚书兴建的位于无锡西郊惠山脚下的园林。版画上的注释为"惠山""寄畅园"。

1786 年，乔治·路易·拉鲁日出版于巴黎。

尺寸：26.2cm×33.7cm（经按压形成凹陷尺寸），24.1cm×31.7cm（正方线尺寸）。

地点：无锡寄畅园。

元素：中式园林，中国观景台，中国花园桥梁，中国皇帝的寓所。

图 391

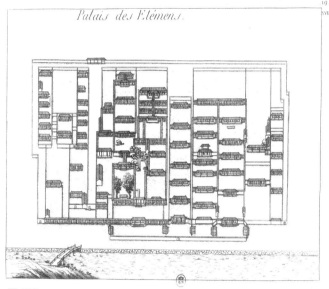

图 393

图 394

图 395

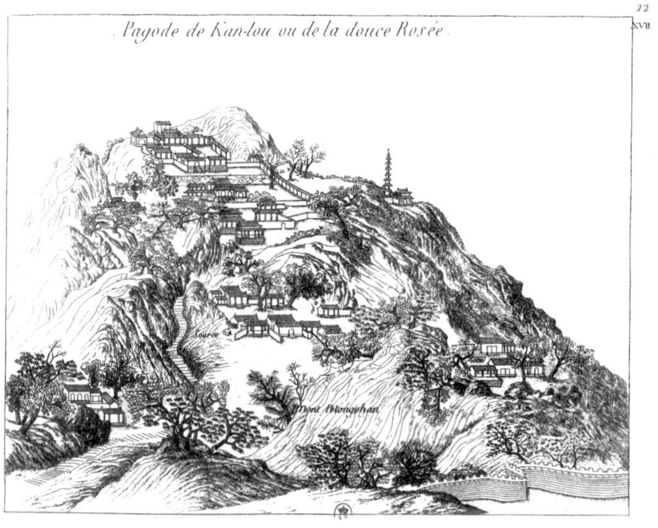

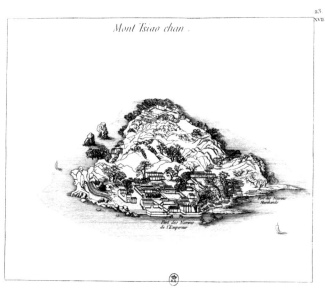

图 396

图 397

图 395

XVII,21. 注：图题为"惠泉山"。太湖之滨无锡西郊惠山脚下的寺庙。

1786 年，乔治·路易·拉鲁日出版于巴黎。

尺寸：26cm×31cm（经按压形成凹陷尺寸），23.8cm×28.8cm（正方线尺寸）。

地点：无锡惠山。

元素：太湖，中国湖泊，中国寺庙，中国宝塔，中国皇帝的寓所。

图 396

XVII,22. 注：图题为"甘露寺宝塔"。位于镇江长江边北固山上的寺庙。版画上的注释"北固山""泉水"。

1786 年，乔治·路易·拉鲁日出版于巴黎。

尺寸：26.2cm×33.5cm（经按压形成凹陷尺寸），24.1cm×31.3cm（正方线尺寸）。

地点：甘露寺。

元素：长江，中国寺庙，中国宝塔，中国观景台，中国皇帝的寓所。

图 397

XVII,23 注：图题为"焦山"。镇江长江中的一座岛，岛上有寺庙。版画上的注释为"皇帝渡口""商人渡口"。

1786 年，乔治·路易·拉鲁日出版于巴黎。

尺寸：25.8cm×31.3cm（经按压形成凹陷尺寸），23.7cm×29cm（正方线尺寸）。

地点：焦山。

元素：中国长江，中国岛屿，中国寺庙，中式园林，中国皇帝的寓所。

图 398

XVII,24. 注：图题为"行宫"。长江边，镇
江城外，金山对岸的行宫。版画上的注释为
"金山"。

1786 年，乔治·路易·拉鲁日出版于巴黎。

尺寸：26.5cm×31.4cm（经按压形成凹陷尺
寸），24.2cm×29.1cm（正方线尺寸）。

地点：镇江城外的行宫。（镇江城今为镇江市）

元素：中国长江，中国岛屿，中式园林，中国
宝塔，中国宫殿，中国皇帝的寓所。

图 399（见第 33 页）

XVII,25. 注：图题为"金山"。镇江长江中
的金山上有寺庙。版画上的注释为"慈寿塔"。

1786 年，乔治·路易·拉鲁日出版于巴黎。

尺寸：26.1cm×31.6cm（经按压形成凹陷尺
寸），24cm×29.4cm（正方线尺寸）。

地点：金山。

元素：中国长江，中国岛屿，中国寺庙，中国
宝塔，中国皇帝的寓所，中国的花园露台。

图 400

XVII,26. 注：图题为"锦春园"。扬州高旻
寺南侧大运河畔盐商吴氏的住所。版画上的
注释为"书院"。

1786 年，乔治·路易·拉鲁日出版于巴黎。

尺寸：26.2cm×31.2cm（经按压形成凹陷尺
寸），23.9cm×28.9cm（正方线尺寸）。

地点：扬州锦春园。

元素：锦春园，中式园林，中国皇帝的寓所。

图 401

XVII,27. 注：图题为"行宫"。在扬州南部
大运河边的寺庙，其中建有皇帝南巡时的住
所。版画上的注释为"供奉佛祖的寺庙"。

1786 年，乔治·路易·拉鲁日出版于巴黎。

尺寸：26.4cm×31.3cm（经按压形成凹陷尺
寸），24.3cm×29.2cm（正方线尺寸）。

地点：扬州高旻寺。

元素：扬州行宫，中国寺庙，中式园林，中国
皇帝的寓所，中国宝塔，中国的花园小亭，中
国的花园楼宇。

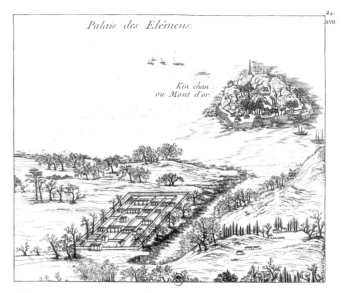

图 398

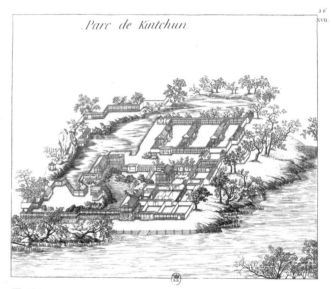

图 400

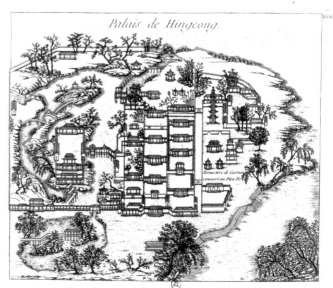

图 401

图 402

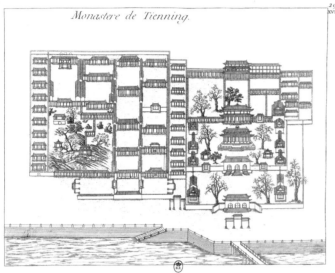

图 403

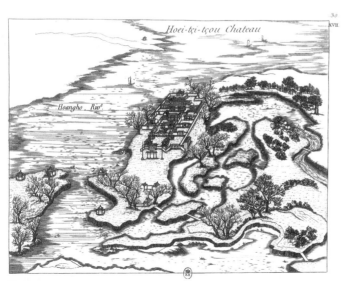

图 404

图 402

XVII,28. 注：图题为"平山堂"。位于扬州蜀冈的寺庙。再往西是著名的"天下第五泉"。

1786 年，乔治·路易·拉鲁日出版于巴黎。

尺寸：26.2cm×33.7cm（经按压形成凹陷尺寸），24.1cm×31.5cm（正方线尺寸）。

地点：扬州平山堂。

元素：扬州平山堂，中国皇帝的寓所，中国观景台，中国花园小亭，松树。

图 403

XVII,29. 注：图题为"天宁寺"。位于扬州的寺庙，皇帝 1756 年南巡时的住所。

1786 年，乔治·路易·拉鲁日出版于巴黎。

尺寸：26.2cm×33.5cm（经按压形成凹陷尺寸），24.1cm×31.3cm（正方线尺寸）。

地点：扬州天宁寺。

元素：扬州，中式建筑，中式园林，中国的花园小亭，中国皇帝的寓所，中国寺庙。

图 404

XVII,30. 注：图题为"惠济祠"。黄河和淮河交汇处兴建的供奉河神以保佑过往船只平安的寺庙。版画上的注释为"黄河""淮河"。

1786 年，乔治·路易·拉鲁日出版于巴黎。

尺寸：26.3cm×33.6cm（经按压形成凹陷尺寸），24.4cm×31.5cm（正方线尺寸）。

地点：惠济祠。

元素：中国黄河，中国淮河，中国皇帝的寓所，中式园林，中国的花园小亭，中国的寺庙。

第十八册与第十九册

1787 年 5 月
49 幅版画

　　第十八册共有 25 幅版画，在第 26 幅版画上有一个新的标题：《第十九册》。和标题页上标注的时间不同，这本双册出版的书一直到 1787 年 7 月才被创作完成。都佛在 8 月初将一本书邮寄到了施泰因富尔特，随后在 11 月中旬又邮寄了三本，然后又有四本书在 1788 年 2 月由拉鲁日通过杜佛邮寄到了施泰因富尔特（参考在 1788 年 8 月 5 日、1788 年 11 月 15 日和 1788 年 4 月 30 日由都佛于马斯特里赫特寄给本特海姆伯爵的信和发票）。巴尼奥画册并没有在都佛销售的目录里。

图 405

图 405
XVIII,1. 注：第十八册与第十九册英式园林含有西发里亚的施泰因富尔特的巴尼奥献给本特海姆、施泰因富尔特、特克伦堡、林堡神圣帝国的路易伯爵，雷达、韦沃灵霍芬、霍亚、阿尔彭与哈芬施泰因领主大人，科隆世袭大人，巴腾堡方旗爵士，霍威肯沃茨与卡文霍斯特爵爷，皇家象骑士团和金狮骑士团，由他们谦卑和顺服的臣子皇家地图工程师拉鲁日绘制。在右下角的徽章文印及两行诗：看这些树木、被解放的大自然，将自己自由地交付给崇高的能量圣兰伯。左下角被两个恋人拿着的是巴尼奥总平面图。拉鲁日把第十八册和第十九册编在一起，专门用来描绘施泰因富尔特的巴尼奥公园的景观。整册的排序是从第 1 幅到第 49 幅顺次排下来的。只有第 20 幅版画包含多一幅的巴尼奥勒城堡花园的平面图。

1787 年 5 月，乔治·路易·拉鲁日出版于巴黎。尺寸：24.2cm×38.5cm（经按压形成凹陷尺寸），22cm×36.4cm（正方线尺寸）。
地点：施泰因富尔特（德国，北莱茵威斯特法伦）巴尼奥公园。
元素：路易·纪尤姆·塞德里克·本特海姆－施泰因富尔特（1756—1817，伯爵）的徽章，让－弗朗索瓦·圣兰伯（1716—1803，侯爵）借景，植物装饰花边。

2.
XIX

DESCRIPTION DU BAGNO,

Jardin Anglo - François Chinois.

A STEINFORT,

près de MUNSTER en Westphalie.

Avant - propos.

LES petits Chifres soulignés 1.2.7.10.50. &.ª indiquent la place dans le Plan Général, les gros chifres enfermés dans une Parenthèse, marquent les pages du Cahier.

Ce Magnifique Jardin, au milieu d'une immense Forêt de Vieux Chênes ne laisse pas dêtre par ses varietés infinies, un séjour agréable au fond de la Westphalie. Les Etrangers curieux le visitent journellement.

LE PLAN général représente la Ville de STEINFORT. 1.2. avec ses colleges et Bâtimens publics vis à vis. (5.)

LE CHÂTEAU Gothique dans une Isle formée par la Riviere d'Aa, prouve la Noblesse des Maitres deja celebres dans les Siecles passés.

La Riviere qui vient du Sud - Ouest donne une Vüe charmante, dont les lointains sont terminés par une crête d'Arbres en Amphithéâtre, par les prairies émaillées, et une blanchisserie Hollandoise, 4 ou quantité de personnes sont journellement occupées à apprêter les plus belles toiles. (6.) la commanderie de Malthe, 2 avec un Jardin, une partie des faubourges, et la grde Eglise, d'une Architecture Gothique sont entourés par la Riviere qui porte des Barques.

En sortant du château on traverse l'Aa au moyen d'un pont levis pour passer dans le Jardin Français. 6. (7.) décoré d'un Theatre de Verdure, d'une Orangerie, et d'arcades, et d'un quincaunce qui vous conduit par un pont chinois, dans le Jardin fruitier de la Princesse 8 ou se présente la grande allée illuminée par des Réverberes, entourée d'un parc rempli de Chevaux sauvages, de Daims, Cerfs,

Biches, Vaches, &.ª (8.) L'entrée du BAGNO est assurée par le corps de Garde des Grenadiers, 17 (9.) et d'un Nombre de Sentinelles distribuées çà et là.

Le premier Bâtiment est celui du garde en forme de hameau 19. (10.) orné de tous ses agrémens Champêtres; là chaque Etranger trouve un guide qui lui explique le Jardin, fait jouer les Eaux, offre les rafraichissemens qu'on peut desirer: icy se présente une des entrées du BAGNO, 24 (11.) Vous voyez devant vous par dessus une piece d'eau un des quatre Pavillons 24 d'ordre Dorique qui se trouvent à 50 Toises de distance l'un de l'autre (19.)

LE PAVILLON Septentrional se trouve derriere vous, et les deux autres à 40 Toises à droite et à gauche, formant la Croix et servent à loger à la suite du maître, au Bosquet le Berceau de Diane, le jardin des Fleurs de la Princesse, un jeu de Mail, avec Six cabinets de Verdure, un Ruisseau entoure la Ménagerie 26 (12.) et après bien des détours forme la Cascade Hollandoise Au Nord; vous trouvez l'entrée du grand Berceau, 31 (13.) qui conduit au Therme de Diane à la Source sous le Temple à la Romaine 30 (36.) ensuite, retournant par l'autre côté du Berceau, la scene du Jardin Français se perd entierement, car en passant le pont Chinois 32 sous lequel serpente un ruisseau, tantôt large, tantôt resseré, on découvre à gauche dans l'ouverture de la forêt une belle fontaine, jaillissante, et en prenant à droite le courant du Ruisseau, on trouve la Mosquée 33 (14.) le Kiosque est à 25 Toises à vers la gauche 34 (18.) ce Sallon destiné au repas dont l'Architecture Chinoise nous rappelle ces tems ou le brave Germain brisa les Isles de l'indomptable Romain; Aussi l'Histoire de l'intrépide Hermannus, qui battit Varus, et sauva sa Patrie, orne le Plafond de ce Bâtiment national.

De là un Sentier vous ramenne vers la Gallerie 39 (17.) destinée aux Concerts et aux Bals; deux Grottes (20.) chef-d'Œuvres d'un art, praque eteint forment un tableau accompli des Madrepores, le Corail, et les Coquilliages les plus recherchés (18.) la Coupe ou Grand Bâtiment prouve que les décorations et l'Ameublement meritent bien les Eloges, qui leur sont si souvent prodigués.

Vis à vis de ce Bâtiment à 70 Toises de distance se trouve la grande Perspective pour la Chine.

Le Palais Chinois 37 (24.) qui est près de la grande Avenue donne un Coup-d'œil charmant, et procure au Seigneur, qui y fait sa demeure, la vüe sur tous les Passants qui prennent cette Route pour Munster.

Les décorations variées des Appartements sont d'un Goût recherché des Teintures représentent les plus belles vües de la Chine d'après le détail de Neuhof de l'Ambassade Hollandoise à la Chine.

Les Lanternes Chinoises 38 ornent la Demi-lune de l'Avenue et du Parterre d'Eau qui contient des poissons dorés.

Un beau jet d'Eau 35 décore cette place (21.) Derrière cette Gallerie deux Routes diferentes vous conduisent dans une partie du grand bois orné par divers bosquets.

La Cabine Moresque 40 (19.) le Temple Grec 42 (26.) les trois Entrées du bosquet 44. 45. 46. (27.) La Statue de Cupidon 43 l'Isle des Roses 51 Consacrée à Venus (28.) ceci se présente de l'un Côté tandis que de l'autre des chemins en Zic-zag vous menent dans une sortes de Labyrinthe ou divers jeux méchaniques vous invitent à faire les parties suivantes joüent chacun. 56. 57. 58. 59. 60. 61.

En quittant les delassemens Européens un autre Objet s'offre à la Vüe, c'est la place Chinoise 52. 53. entourée d'une Gallerie contenant une infinité de Chinois (29.) qui servent et amusent l'Empereur entouré de toute sa Cour, qui paroit assister à quelque Fête publique.

Au milieu de cette place 53 s'éleve un Sallon Chinois en Treillage pour prendre le Frais (30.) deux Pagodes placées dans des niches 54 paroissent applaudir à cette Fête par leur balancement de tête; de là on vous conduit par plusieurs detours au Sallon des Bains 62 (31.) (52.) un petit Sentier qui paroit bouché vers son Extrémité, vous fait entrer tout-à-coup dans la place 63 (53.) d'où vous voyez la Montagne d'Arion. C'est qu'on admire dans un lointain agréable ce Navire brillant, qui lance lui-même ses Eaux par les quelles il se trouve Submergé 64. 65. de là cette même chute se perd dans les terres, sort par mille crevasses du milieu de ce Rocher, qui bordé toute la Montagne forment des nappes d'Eau.

A mesure qu'on approche du sommet on découvre le Vaisseau (34.) (35.) et l'on admire les couleurs les plus vives incrustées au moyen des plus rares productions de tout ce que les mines d'Allemagne ont pu offrir, de plus precieux pour cet ouvrage magique. l'Histoire d'Arion, qui divertit nous peint de vers si touchants, est suivie au moment interessant où le charitable Dauphin enleve pour le Triomphe de l'harmonie son protégé au sommet de sa gloire en submergeant par ses Eaux Ecumantes les laches Navigateurs Compagnons meurtriers du Divin Arion.

Comme cette Cascade 66 descend du haut du mât du Navire (36.) elle reçoit sur ses nappes bleuâtres tout l'or des jeux du jour.

Après que vous avez admiré ces scenes ravissantes, embellies par des vües agréables (37.) (38.) que l'Elevation de la Montagne procure, un Escalier dans le Roc vous mene au bas de

图 406

3
XIX

la Montagne où deux chemins se présentent à vous à droite c'est un sentier tortueux sous les feuillages sombres d'un bois majestueux un doux silence qui regne dans cette contrée ne fait voir qu'une Glaciere 67 (29.) à peine éclairée de la, votre route se rétrécissant vous arrivez à un Hermitage 48 (36.) où un Vieillard, quoique inanimé se présente à voir par un mechanisme caché ouvrant sa Porte et la refermant sur lui. Cette surprise et une attrape d'Eau sous la chaumiere voisine 47 ont decouvert plusieurs Etrangers. A gauche vous trouvez un lac fort étendu, tantôt large, tantôt retreci, il donne une perspective qui se perd en Amphithéâtre, dans un Vallon riant; des Isles charmantes 71. 73. 74. 75. la plus riche parure des Eaux, representent au loin dans les flots repetés divers bâtimens d'un goût choisi, des Routes, des Rochers, des Antres mysterieux, parmi les quels une Eau écumante roule à grand bruit de Cascade en Cascade, ses Vagues blanchissantes: le Cigne superbe au plumage orné, les Banderolles colorées sur les Barques de differentes nations, enfin le Port 70 avec son appareil de Voiles, de mâts et de Rames animent beaucoup ces scenes aquatiques. Le Jardin anglais 68 qui entoure ce lac pittoresque par ses vallons, pentes et collines imite la nature dans ses belles irrégularites, les touffes d'arbres de vingt climats divers, surpris de croitre ensemble plusieurs Hameaux 79. l'Enclos des Brebis 80. et enfin la superbe Colonade 78 (40.) dans un lointain agréable composent un ensemble d'une rare beauté; quand vous quittez ces jardins délicieux, un pont hardi 81 (41.) jetté d'un Rocher à l'autre par dessous où le quel passe le chemin de la Forêt vous fait monter et descendre par des marches multipliées une prairie émaillée 82 garnie d'Arbustes Exotiques.

un sentier vous conduit par un portique de Racines Phosphoriques 58. dans un fond sous un bocage près d'un Ruisseau, où est placé Diogene dans un tonneau couvert de Mousse, en suivant ainsi les bords de ce Ruisseau le Vallon s'abaisse toujours et donne enfin dans un champ plus ouvert un beau Bassin se leve une gerbe d'énorme grosseur 84 ici un large sentier se resserre à mesure, vous ramene de ce sejour sur le terrein élevé: la Metairie Westphalienne 88 (45.) les granges et chaumieres, le Crible, le Van, la Chaise et la herse avec l'attirail champêtre composent d'un côté un agréable lointain tandis que de l'autre la Maison du Fontainier 83 (44.) avec sa menagerie d'une construction gothique offrent une charmante position: le Paon, sur l'étalier, l'iris qui le décore, franchit d'un vol hardi les plus grands cylindres sur une petite éminence s'élevent huit pyramides 87 qui portent sur leur sommet deux réservoirs (24.) dans le fond de ce tableau les bords riants de la Riviere d'Aa nous font voir un pont chinois 93 et cette grande roue 92 (46.) chef-d'œuvre Hydraulique qui eleve les Eaux à cent pieds dans ces réservoirs. Tel est le précis de cette charmante campagne que Louis de Bentheim, la nature et l'Art ont embélie; c'est un sejour dont le genie sublime a vû ces Merveilles dans un canton le plus sterile de l'Allemagne pour faire prosperer son peuple pour le quel le Bagno est une seconde abondante d'un gain assuré; son Esprit a crée, changé, corrigé, et achevé encore (24.) à près ces chifres. Lisez: et un Belveder Egyptien d'où l'on découvre jusqu'à 40 Clochers des differentes Villes et Villages des Environs.

TABLE

图 407

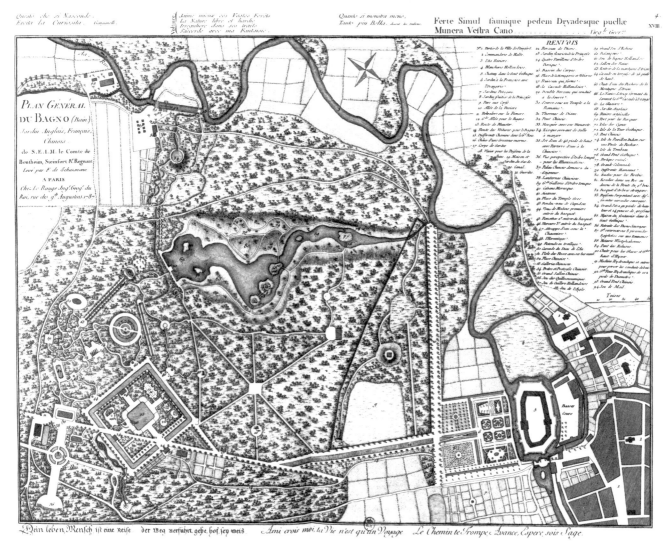

图 408

图 406（见左页）

XIX,2 注：英法中式花园巴尼奥的概述。位于施泰因富尔特，靠近系里亚的明斯特。此图为文字篆刻的序言，描述与解释性文字，分为 4 列。

1787 年，乔治·路易·拉鲁日出版于巴黎。

尺寸：24.7cm×39.1cm（经按压形成凹陷尺寸），23cm×37.2cm（正方线尺寸）。

地点：施泰因富尔特（德国，北莱茵威斯特法伦）巴尼奥公园。

图 407（见左页）

XIX,3. 注：第 18 和第 19 册的图表。图表分为 2 列。

1787 年，乔治·路易·拉鲁日出版于巴黎。

尺寸：24.7cm×38.9cm（经按压形成凹陷尺寸），23.1cm×37.2cm（正方线尺寸）。

地点：施泰因富尔特（德国，北莱茵威斯特法伦）巴尼奥公园。

图 408

XVIII,4. 注：英法中式花园巴尼奥公园的总平面图，由沙兹曼为本特海姆施泰因富尔特伯爵绘制。标题在左上方的框中。右上角，是分为 3 列的注释。在标题上方有许多引用。

1787 年，作于巴黎大奥古斯丁街皇家地图工程师拉鲁日家中。

尺寸：43.3cm×54.8cm（经按压形成凹陷尺寸），39.8cm×53.3cm（正方线尺寸）。

地点：施泰因富尔特（德国，北莱茵威斯特法伦）巴尼奥公园。

元素：路易·纪尤姆·塞德里克·本特海姆－施泰因富尔特（1756—1817，伯爵）的寓所，图中引用了克勉十四世（1705—1774，教宗），伏尔泰·弗朗索瓦马利阿鲁埃（1694—1778）和维吉尔（公元前 70—前 19）的话，英式花园，法式花园，德国的中式风格的园林。

图 409

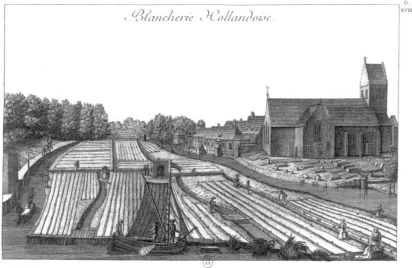

图 410

图 411

图 409

XVIII,5. 注：施泰因福尔特的景色。

1787 年，乔治·路易·拉鲁日出版于巴黎。

尺寸：22.3cm×45.8cm（经按压形成凹陷尺寸），16.6cm×43.1cm（正方线尺寸）。

地点：施泰因富尔特（德国，北莱茵威斯特法伦）巴尼奥公园全景图。

元素：马车，犁。

图 410

XVIII,6. 注：荷兰漂白场。

1787 年，乔治·路易·拉鲁日出版于巴黎。

尺寸：24.7cm×39cm（经按压形成凹陷尺寸），22.1cm×35.1cm（正方线尺寸）。

地点：施泰因富尔特（德国，北莱茵威斯特法伦）巴尼奥公园。

元素：马耳他骑士团封地（德国，施泰因富尔特），德国墓地，德国运河，漂白技术。

图 411

XVIII,7. 注：法式花园。

1787 年，乔治·路易·拉鲁日出版于巴黎。

尺寸：24.3cm×38.3cm（经按压形成凹陷尺寸），22cm×36.2cm（正方线尺寸）。

地点：施泰因富尔特（德国，北莱茵威斯特法伦）巴尼奥公园。

元素：路易·纪尤姆·塞德里克·本特海姆 - 施泰因富尔特（1756—1817，伯爵）的寓所，法式花园，花园楼宇，树丛，中式风格的花园桥梁，树列。

图 412

XVIII,8. 注：公园里的鹿苑和马厩。

1787 年，乔治·路易·拉鲁日出版于巴黎。

尺寸：24.6cm×38.8cm（经按压形成凹陷尺寸），22.5cm×36.7cm（正方线尺寸）。

地点：施泰因富尔特（德国，北莱茵威斯特法伦）巴尼奥公园。

元素：路易·纪尤姆·塞德里克·本特海姆－施泰因富尔特（1756—1817，伯爵）的寓所，德国动物园，栅栏，树列。

图 413

XVIII,9. 注：士兵的警卫室。

1787 年，乔治·路易·拉鲁日出版于巴黎。

尺寸：24.7cm×38.7cm（经按压形成凹陷尺寸），22.2cm×36.2cm（正方线尺寸）。

地点：施泰因富尔特（德国，北莱茵威斯特法伦）巴尼奥公园。

元素：路易·纪尤姆·塞德里克·本特海姆－施泰因富尔特（1756—1817，伯爵）的徽章，德国士兵，德国哨所，花园楼梯，树列。

图 414

XVIII,10. 注：村镇形态的警卫室。

1787 年，乔治·路易·拉鲁日出版于巴黎。

尺寸：24.4cm×38.9cm（经按压形成凹陷尺寸），21cm×36cm（正方线尺寸）。

地点：施泰因富尔特（德国，北莱茵威斯特法伦）巴尼奥公园。

元素：路易·纪尤姆·塞德里克·本特海姆－施泰因富尔特（1756—1817，伯爵）的寓所，警卫，花园茅屋。

图 412

图 413

图 414

图 415

图 416

图 417

图 418

图 415

XVIII,11. 注：巴尼奥公园的入口。

1787 年，乔治·路易·拉鲁日出版于巴黎。

尺寸：24.6cm×39cm（经按压形成凹陷尺寸），22.1cm×36.5cm（正方线尺寸）。

地点：施泰因富尔特（德国，北莱茵威斯特法伦）巴尼奥公园。

元素：路易·纪尤姆·塞德里克·本特海姆－施泰因富尔特（1756—1817，伯爵）的寓所，花园雕塑，绿廊，花园长凳，花园楼宇，德国哨所。

图 416

XVIII,12. 注：异国动物园，大鸟笼。

1787 年，乔治·路易·拉鲁日出版于巴黎。

尺寸：24.5cm×39cm（经按压形成凹陷尺寸），22.3cm×36.7cm（正方线尺寸）。

地点：施泰因富尔特（德国，北莱茵威斯特法伦）巴尼奥公园。

元素：路易·纪尤姆·塞德里克·本特海姆－施泰因富尔特（1756—1817，伯爵）的寓所，动物园，中式风格的大鸟笼。

图 417

XVIII,13. 注：绿廊入口的景色。

1787 年，乔治·路易·拉鲁日出版于巴黎。

尺寸：24cm×38.3cm（经按压形成凹陷尺寸），21.7cm×36.3cm（正方线尺寸）。

地点：施泰因富尔特（德国，北莱茵威斯特法伦）巴尼奥公园。

元素：路易·纪尤姆·塞德里克·本特海姆－施泰因富尔特（1756—1817，伯爵）的寓所，绿廊，18 世纪的景观围墙，胸像柱，美人鱼雕塑，草坪。

图 418

XVIII,14. 注：清真寺及其尖塔。

1787 年，乔治·路易·拉鲁日出版于巴黎。

尺寸：24.7cm×38.9cm（经按压形成凹陷尺寸），22.6cm×36.6cm（正方线尺寸）。

地点：施泰因富尔特（德国，北莱茵威斯特法伦）巴尼奥公园。

元素：路易·纪尤姆·塞德里克·本特海姆－施泰因富尔特（1756—1817，伯爵）的寓所，花园的清真寺。

图 419

XVIII,15. 注：清真寺的剖面图。

1787 年，乔治·路易·拉鲁日出版于巴黎。

尺寸：21.3cm×32cm（经按压形成凹陷尺寸），19.3cm×30cm（正方线尺寸）。

地点：施泰因富尔特（德国，北莱茵威斯特法伦）巴尼奥公园。

元素：路易·纪尤姆·塞德里克·本特海姆－施泰因富尔特（1756—1817，伯爵）的寓所，花园清真寺，摩尔风格的装饰。

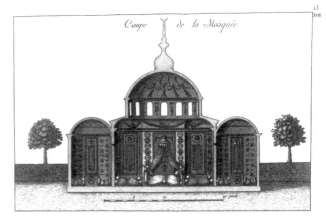
图 419

图 420

XVIII,16. 注：①威斯特法伦农场里水车的景观；②清真寺，小亭以及中式宫殿的景观。

1787 年，乔治·路易·拉鲁日出版于巴黎。

尺寸：23.7cm×38.2cm（经按压形成凹陷尺寸），20.6cm×35.6cm（正方线尺寸）。

地点：施泰因富尔特（德国，北莱茵威斯特法伦）巴尼奥公园。

元素：路易·纪尤姆·塞德里克·本特海姆－施泰因富尔特（1756—1817，伯爵）的寓所，花园清真寺，中式风格的花园楼宇，农场，水车。

图 420

图 421

XVIII,17. 注：①巴尼奥剧院的设计图；②音乐会的大长廊。

1787 年，乔治·路易·拉鲁日出版于巴黎。

尺寸：24.7cm×45cm（经按压形成凹陷尺寸），22.3cm×43cm（正方线尺寸）。

地点：施泰因富尔特（德国，北莱茵威斯特法伦）巴尼奥公园。

元素：路易·纪尤姆·塞德里克·本特海姆－施泰因富尔特（1756—1817，伯爵）的寓所，绿茵掩映下的剧院设计图，绿植栅栏，演出大厅，长廊。

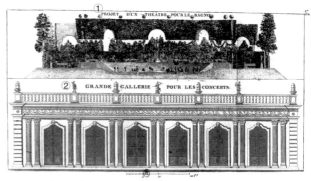
图 421

图 422

XVIII,18. 注：①作为餐厅的亭子；②长廊的纵剖面图。

1787 年，乔治·路易·拉鲁日出版于巴黎。

尺寸：24.1cm×38.3cm（经按压形成凹陷尺寸），21.8cm×36.1cm（正方线尺寸）。

地点：施泰因富尔特（德国，北莱茵威斯特法伦）巴尼奥公园。

元素：路易·纪尤姆·塞德里克·本特海姆－施泰因富尔特（1756—1817，伯爵）的寓所，哥特式风格的花园楼宇，装饰长廊。

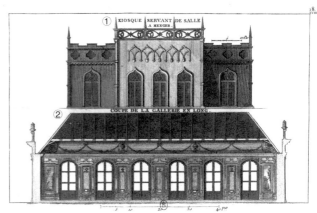
图 422

图 423

XVIII,19. 注：①四座多利安柱式小楼之一；②摩尔小屋；③亭子的剖面图。

1787 年，乔治·路易·拉鲁日出版于巴黎。

尺寸：24cm×38.3cm（经按压形成凹陷尺寸），22cm×36.2cm（正方线尺寸）。

地点：施泰因富尔特（德国，北莱茵威斯特法伦）巴尼奥公园。

元素：路易·纪尤姆·塞德里克·本特海姆 – 施泰因富尔特（1756—1817，伯爵）的寓所，新经典风格和哥特式风格的花园楼宇，新哥特风格的装饰。

图 424

XVIII,20. 注：①石洞 AB 的细节图；②为了这个指南，我们在这里给出了距离巴黎半

法里由奥尔良大女爵种植的巴尼奥雷花园平面图；③拉鲁日为巴尼奥公园设计的迷宫设计图；④巴尼奥雷花园左侧的批注：这个由雷诺特发明拉夏贝尔建造的精美的花园除了在这幅铜版画中已经不复存在了；⑤在右侧迷宫设计图的下方：备注。主人秘密地在其他人之前从 A 处小门和 B 处绿篱通道进入到 C 处小楼。这个门应该是隐藏在一组雕像或花瓶的后面。

1787 年，乔治·路易·拉鲁日出版于巴黎。

尺寸：24cm×38.4cm（经按压形成凹陷尺寸），22cm×36.6cm（正方线尺寸）。

地点：施泰因富尔特（德国，北莱茵威斯特法伦）巴尼奥公园。

元素：巴尼奥雷（塞纳圣丹尼省）的城堡公园，路易·纪尤姆·塞德里克·本特海姆 – 施泰因

富尔特（1756—1817，伯爵）的寓所，奥尔良·夏洛特·伊丽萨白·德巴维埃尔（1652—1722，女爵）的寓所，长廊，内部喷泉，奇异的图案，迷宫设计图，洛可可风格的装饰，法式花园。

图 425（见右页）

XVIII,21. 注：中式灯景观。

1787 年，乔治·路易·拉鲁日出版于巴黎。

尺寸：23.3cm×37.7cm（经按压形成凹陷尺寸），20.7cm×35cm（正方线尺寸）。

地点：施泰因富尔特（德国，北莱茵威斯特法伦）巴尼奥公园。

元素：路易·纪尤姆·塞德里克·本特海姆 – 施泰因富尔特（1756—1817，伯爵）的寓所，德国的英中花园，花园照明，花园帐篷，中式风格和哥特风格的花园楼宇，花园水池，喷泉。

图 426（见右页）

XVIII,22. 注：灯饰的透视图景观。

1787 年，乔治·路易·拉鲁日出版于巴黎。

尺寸：25cm×39.1cm（经按压形成凹陷尺寸），22.9cm×37.1cm（正方线尺寸）。

地点：施泰因富尔特（德国，北莱茵威斯特法伦）巴尼奥公园。

元素：路易·纪尤姆·塞德里克·本特海姆 – 施泰因富尔特（1756—1817，伯爵）的寓所，18 世纪的景观性建筑之栅栏，置于雕塑中的音乐战利品装饰。

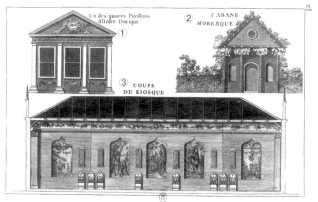

图 423

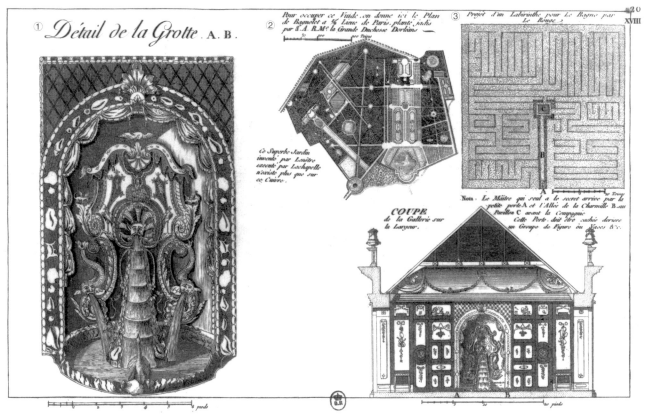

图 424

图 427

XVIII,23. 注：长廊和中式花坛的景观。

1787 年，乔治·路易·拉鲁日出版于巴黎。

尺寸：23.5cm×38.3cm（经按压形成凹陷尺寸），21cm×35.9cm（正方线尺寸）。

地点：施泰因富尔特（德国，北莱茵威斯特法伦）巴尼奥公园。

元素：路易·纪尤姆·塞德里克·本特海姆－施泰因富尔特（1756—1817，伯爵）的寓所，中式风格的花园楼宇，花园水池，喷泉，草坪长凳，栅栏，长廊。

图 426

图 425

图 427

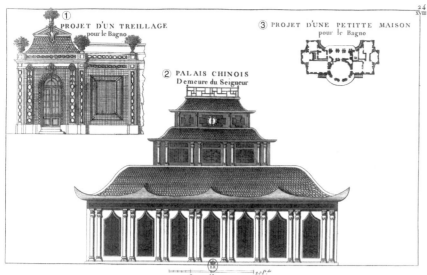

图 428

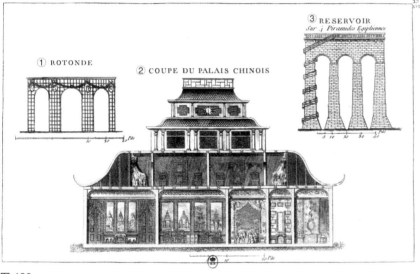

图 429

图 430

图 428

XVIII,24. 注：①巴尼奥一个栅栏的设计图；②中式宫殿庄园主的住所；③巴尼奥一所小房子的设计图。

1787 年，乔治·路易·拉鲁日出版于巴黎。

尺寸：24cm×38.5cm（经按压形成凹陷尺寸），21.6cm×36.3cm（正方线尺寸）。

地点：施泰因富尔特（德国，北莱茵威斯特法伦）巴尼奥公园。

元素：路易·纪尤姆·塞德里克·本特海姆 – 施泰因富尔特（1756—1817，伯爵）的寓所，栅栏设计图，中式风格的花园楼宇。

图 429

XVIII,25. 注：①圆亭；②中式宫殿的剖面图；③位于四根埃及金字塔柱上方的水槽。

1787 年，乔治·路易·拉鲁日出版于巴黎。

尺寸：24.1cm×38.5cm（经按压形成凹陷尺寸），22.2cm×36.5cm（正方线尺寸）。

地点：施泰因富尔特（德国，北莱茵威斯特法伦）巴尼奥公园。

元素：路易·纪尤姆·塞德里克·本特海姆 – 施泰因富尔特（1756—1817，伯爵）的寓所，中式风格的花园楼宇，中式风格的装饰，18世纪的景观围墙，水槽。

图 430

XIX,26. 注：第十九册，希腊神庙。

1787 年，乔治·路易·拉鲁日出版于巴黎。

尺寸：24.3cm×38.5cm（经按压形成凹陷尺寸），22.2cm×36.3cm（正方线尺寸）。

地点：施泰因富尔特（德国，北莱茵威斯特法伦）巴尼奥公园。

元素：路易·纪尤姆·塞德里克·本特海姆 – 施泰因富尔特（1756—1817，伯爵）的寓所，古典风格的花园的圣殿，置于雕塑里的军队战利品装饰，雕塑。

图 431

XIX,27. 注：树丛的三个入口景观。

1787 年，乔治·路易·拉鲁日出版于巴黎。

尺寸：24.5cm×38.4cm（经按压形成凹陷尺寸），22.4cm×36.3cm（正方线尺寸）。

地点：施泰因富尔特（德国，北莱茵威斯特法伦）巴尼奥公园。

元素：路易·纪尤姆·塞德里克·本特海姆 – 施泰因富尔特（1756—1817，伯爵）的寓所，墨丘利（罗马神话里的商业神）雕像，树丛，花园雕像，18 世纪的景观围墙。

图 432

XIX,28. 注：①玫瑰岛；②丘比特雕像。在丘比特雕像的底座上有这样一句箴言"不管你是谁，我就是你的主人。"

1787 年，乔治·路易·拉鲁日出版于巴黎。

尺寸：24.7cm×38.8cm（经按压形成凹陷尺寸），22.5cm×36.5cm（正方线尺寸）。

地点：施泰因富尔特（德国，北莱茵威斯特法伦）巴尼奥公园。

元素：路易·纪尤姆·塞德里克·本特海姆 – 施泰因富尔特（1756—1817，伯爵）的寓所，丘比特（罗马神话的爱神）雕像，18 世纪的花园景观围墙，绿篱，植物长椅，绿廊，树丛。

图 433

XIX,29. 注：广场和中国厅的景观。

1787 年，乔治·路易·拉鲁日作于巴黎。

尺寸：24.5cm×38.6cm（经按压形成凹陷尺寸），22cm×36.3cm（正方线尺寸）。

地点：施泰因富尔特（德国，北莱茵威斯特法伦）巴尼奥公园。

元素：路易·纪尤姆·塞德里克·本特海姆 – 施泰因富尔特（1756—1817，伯爵）的寓所，中式风格的花园楼宇，18 世纪的景观围墙，绿篱，绿廊。

图 431

图 432

图 433

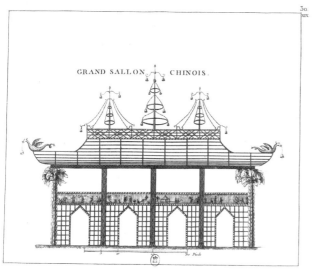

图 434

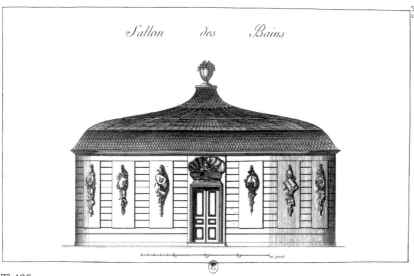

图 435

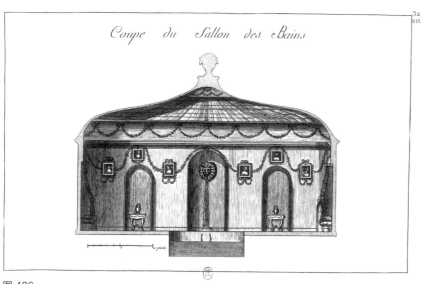

图 436

图 434

XIX,30. 注：中式大厅。

1787 年，乔治·路易·拉鲁日作于巴黎。

尺寸：26.7cm×31.1cm（经按压形成凹陷尺寸），24.2cm×29.1cm（正方线尺寸）。

地点：施泰因富尔特（德国，北莱茵威斯特法伦）巴尼奥公园。

元素：路易·纪尤姆·塞德里克·本特海姆－施泰因富尔特（1756—1817，伯爵）的寓所，中式风格的花园楼宇，18 世纪的景观围墙。

图 435

XIX,31. 注：浴室。

1787 年，乔治·路易·拉鲁日作于巴黎。

尺寸：24.7cm×37.7cm（经按压形成凹陷尺寸），22.1cm×36.5cm（正方线尺寸）。

地点：施泰因富尔特（德国，北莱茵威斯特法伦）巴尼奥公园。

元素：路易·纪尤姆·塞德里克·本特海姆－施泰因富尔特（1756—1817，伯爵）的寓所，置于雕塑里的狄安娜（罗马神话月神）和战利品装饰，花园楼宇，花园浴室。

图 436

XIX,32. 注：浴室的剖面图。

1787 年，乔治·路易·拉鲁日作于巴黎。

尺寸：24.5cm×38.6cm（经按压形成凹陷尺寸），22.4cm×36.5cm（正方线尺寸）。

地点：施泰因富尔特（德国，北莱茵威斯特法伦）巴尼奥公园。

元素：路易·纪尤姆·塞德里克·本特海姆－施泰因富尔特（1756—1817，伯爵）的寓所，花园楼宇，花园浴室，内部喷泉，装饰。

图 437

XIX,33. 注：阿里翁山的景观。

1787 年，乔治·路易·拉鲁日作于巴黎。

尺寸：24.2cm×38.5cm（经按压形成凹陷尺寸），21.8cm×36.1cm（正方线尺寸）。

地点：施泰因富尔特（德国，北莱茵威斯特法伦）巴尼奥公园。

元素：路易·纪尤姆·塞德里克·本特海姆-施泰因富尔特（1756—1817，伯爵）的寓所，阿里翁（公元前七世纪，诗人）雕像，建筑瀑布，金字塔型喷泉，绿植长椅，花园阶梯。

图 438

XIX,34. 注：浴室旁边的阿里翁山景观。

1787 年，乔治·路易·拉鲁日作于巴黎。

尺寸：23.5cm×38.3cm（经按压形成凹陷尺寸），21.1cm×36cm（正方线尺寸）。

地点：施泰因富尔特（德国，北莱茵威斯特法伦）巴尼奥公园。

元素：路易·纪尤姆·塞德里克·本特海姆-施泰因富尔特（1756—1817，伯爵）的寓所，阿里翁（公元前七世纪，诗人）雕像，人造假山，水车，石舫，金字塔型喷泉。

图 439

XIX,35. 注：阿里翁假山的瀑布。

1787 年，乔治·路易·拉鲁日作于巴黎。

尺寸：23.8cm×38.3cm（经按压形成凹陷尺寸），21.1cm×36.2cm（正方线尺寸）。

地点：施泰因富尔特（德国，北莱茵威斯特法伦）巴尼奥公园。

元素：路易·纪尤姆·塞德里克·本特海姆-施泰因富尔特（1756—1817，伯爵）的寓所，阿里翁（公元前七世纪，诗人）雕像，瀑布，金字塔型瀑布，石舫，花园岩洞。

图 437

图 438

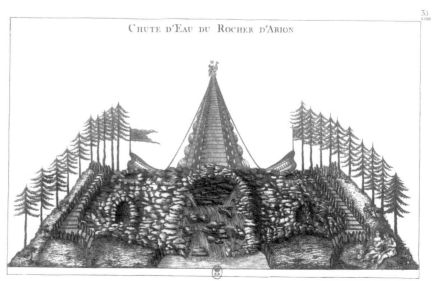

图 439

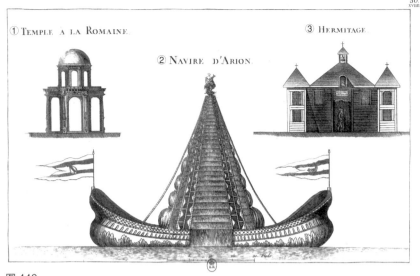

图 440

图 441

图 442

图 440

XIX,36. 注：①罗马神庙；②阿里翁船；③修道院。

1787 年，乔治·路易·拉鲁日作于巴黎。

尺寸：24cm×38.3cm（经按压形成凹陷尺寸），21.7cm×35.8cm（正方线尺寸）。

地点：施泰因富尔特（德国，北莱茵威斯特法伦）巴尼奥公园。

元素：路易·纪尤姆·塞德里克·本特海姆 – 施泰因富尔特（1756—1817，伯爵）的寓所，阿里翁（公元前七世纪，诗人）雕像，金字塔型喷泉，石舫，花园圆亭，修道院。

图 441

XIX,37. 注：从城堡塔楼之一上看到的阿里翁山景观。

1787 年，乔治·路易·拉鲁日作于巴黎。

尺寸：24.5cm×38.5cm（经按压形成凹陷尺寸），21.3cm×35.4cm（正方线尺寸）。

地点：施泰因富尔特（德国，北莱茵威斯特法伦）巴尼奥公园。

元素：路易·纪尤姆·塞德里克·本特海姆 – 施泰因富尔特（1756—1817，伯爵）的寓所，花园塔楼，花园楼宇，瀑布。

图 442

XIX,38. 注：从著名的博考斯特教务会看到的阿里翁山景观。

1787 年，乔治·路易·拉鲁日作于巴黎。

尺寸：24.5cm×39cm（经按压形成凹陷尺寸），22.2cm×36.7cm（正方线尺寸）。

地点：施泰因富尔特（德国，北莱茵威斯特法伦）巴尼奥公园。

元素：路易·纪尤姆·塞德里克·本特海姆 – 施泰因富尔特（1756—1817，伯爵）的寓所，花园楼宇。

图 443

XIX,39. 注：①冰窖；②冰窖剖面图。

1787 年，乔治·路易·拉鲁日作于巴黎。

尺寸：21.2cm×32.2cm（经按压形成凹陷尺寸），19.3cm×30cm（正方线尺寸）。

地点：施泰因富尔特（德国，北莱茵威斯特法伦）巴尼奥公园。

元素：路易·纪尤姆·塞德里克·本特海姆－施泰因富尔特（1756—1817，伯爵）的寓所，冰窖。

图 444

XIX,40. 注：英式花园大檐柱的一半。

1787 年，乔治·路易·拉鲁日作于巴黎。

尺寸：24.4cm×38.7cm（经按压形成凹陷尺寸），21.7cm×36cm（正方线尺寸）。

地点：施泰因富尔特（德国，北莱茵威斯特法伦）巴尼奥公园。

元素：路易·纪尤姆·塞德里克·本特海姆－施泰因富尔特（1756—1817，伯爵）的寓所，英式花园，花园檐柱，爱奥尼柱式，科林斯柱式，栏杆，花园花瓶。

图 445

XIX,41. 注：石桥。

1787 年，乔治·路易·拉鲁日作于巴黎。

尺寸：24.6cm×38.7cm（经按压形成凹陷尺寸），21.5cm×36cm（正方线尺寸）。

地点：施泰因富尔特（德国，北莱茵威斯特法伦）巴尼奥公园。

元素：路易·纪尤姆·塞德里克·本特海姆－施泰因富尔特（1756—1817，伯爵）的寓所，花园桥梁，人工假山，花园檐柱，马套车。

图 443

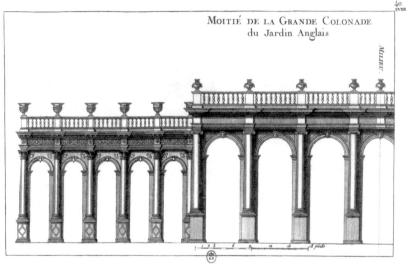

图 444

图 445

图 446

图 447

图 448

图 446

XIX,42. 注：磷酸盐水泥筑成的柱廊。

1787 年，乔治·路易·拉鲁日作于巴黎。

尺寸：24.4cm×38.4cm（经按压形成凹陷尺寸），22.5cm×36.5cm（正方线尺寸）。

地点：施泰因富尔特（德国，北莱茵威斯特法伦）巴尼奥公园。

元素：路易·纪尤姆·塞德里克·本特海姆 – 施泰因富尔特（1756—1817，伯爵）的寓所，人工假山，花园瀑布，花园阶梯，孔雀。

图 447

XIX,43. 注：第欧根尼和木桶的景观。

1787 年，乔治·路易·拉鲁日作于巴黎。

尺寸：25cm×39cm（经按压形成凹陷尺寸），22.8cm×36.7cm（正方线尺寸）。

地点：施泰因富尔特（德国，北莱茵威斯特法伦）巴尼奥公园。

元素：路易·纪尤姆·塞德里克·本特海姆 – 施泰因富尔特（1756—1817，伯爵）的寓所，第欧根尼（约公元前404—公元前323年待考，希腊哲学家）雕像，瀑布，人工假山。

图 448

XIX,44. 注：水池管理员的哥特式房屋。

1787 年，乔治·路易·拉鲁日作于巴黎。

尺寸：24.6cm×38.7cm（经按压形成凹陷尺寸），21.9cm×35.3cm（正方线尺寸）。

地点：施泰因富尔特（德国，北莱茵威斯特法伦）巴尼奥公园。

元素：路易·纪尤姆·塞德里克·本特海姆 – 施泰因富尔特（1756—1817，伯爵）的寓所，哥特式风格的花园楼宇，孔雀，篱笆，储水池，维护与修理喷泉。

图 449

XIX,45. 注：大水车和储水池的景观。

1787 年，乔治·路易·拉鲁日作于巴黎。

尺寸：24.2cm×38.7cm（经按压形成凹陷尺寸），22cm×36.4cm（正方线尺寸）。

地点：施泰因富尔特（德国，北莱茵威斯特法伦）巴尼奥公园。

元素：路易·纪尤姆·塞德里克·本特海姆 – 施泰因富尔特（1756—1817，伯爵）的寓所，花园桥梁，储水池，水车。

图 450

XIX,46. 注：① 102 法尺高的大水车；②侧面图。

1787 年，乔治·路易·拉鲁日作于巴黎。

尺寸：24.1cm×38.5cm（经按压形成凹陷尺寸），22cm×36.5cm（正方线尺寸）。

地点：施泰因富尔特（德国，北莱茵威斯特法伦）巴尼奥公园。

元素：路易·纪尤姆·塞德里克·本特海姆 – 施泰因富尔特（1756—1817，伯爵）的寓所，水车。

图 451

XIX,47. 注：施泰因福尔特周边村民的传统服饰。

1787 年，乔治·路易·拉鲁日作于巴黎。

尺寸：24.4cm×38.2cm（经按压形成凹陷尺寸），22.2cm×36cm（正方线尺寸）。

元素：德国服饰。

图 449

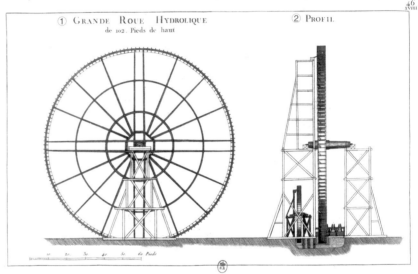

图 450

图 451

图 452

图 453

图 452

XIX,48. 注：①明斯特附近的女性服饰；②
药商；③荷兰农民；④犹太乞丐。

1787 年，乔治·路易·拉鲁日作于巴黎。

尺寸：24.5cm×38.5cm（经按压形成凹陷尺
寸），22.2cm×36.1cm（正方线尺寸）。

元素：德国服饰，荷兰服饰，德国的犹太人。

图 453

XIX,49. 注：埃及观景台。

1787 年，乔治·路易·拉鲁日作于巴黎。

尺寸：38.7cm×24.9cm（经按压形成凹陷尺
寸），36cm×22.3cm（正方线尺寸）。

地点：施泰因富尔特（德国，北莱茵威斯特法
伦）巴尼奥公园。

元素：路易·纪尤姆·塞德里克·本特海姆 –
施泰因富尔特（1756—1817，伯爵）的寓所，
埃及风格的景观台。

第二十册

1788 年 12 月

24 幅版画

1788 年 12 月中旬，第二十册的编著工作接近尾声。这样一来出版社应该是在 1788 年 12 月或 1789 年 1 月拿到的这本书。1788 年 5 月至 6 月间都佛破产了，所以这册书就没能够从马斯特里赫特发出。拉鲁日于 1789 年 2 月初亲自将这本书通过斯特拉斯堡邮局寄到了施泰因福尔特（参考拉鲁日于 1788 年 11 月 11 日和 1789 年 2 月 9 日从巴黎寄给本特海姆伯爵的信件）。

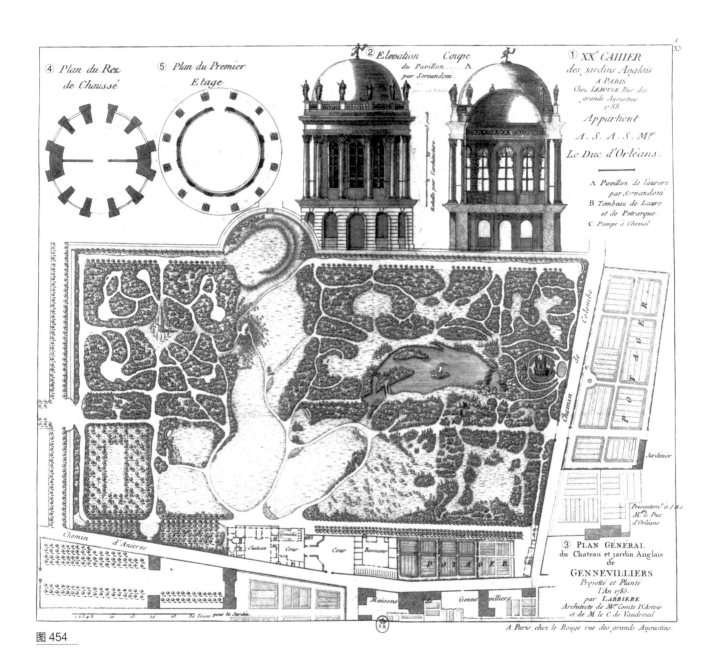

图 454

图 454

XX,1. 注：①英式园林第二十册，1788 年于巴黎大奥古斯丁街拉鲁日家，属于奥尔良公爵。②塞万东尼设计的楼阁正视图和剖面图；③ 1785 年设计和施工的位于热讷维利耶的城堡和英式花园平面图，由阿尔图瓦伯爵和沃德勒伊骑士委托拉布利耶尔建筑事务所促成此事；④阁楼底层平面图；⑤阁楼二楼平面图。

1788 年，乔治·路易·拉鲁日出版于巴黎。

尺寸：39.8cm×45cm（经按压形成凹陷尺寸），37.5cm×43.1cm（正方线尺寸）。

地点：热讷维利耶（法国，上塞纳省）城堡公园。

元素：路易·菲利普·约瑟夫·奥尔良（1747—1793，公爵）的寓所，英式花园，花园楼宇，菜园，花园湖泊。

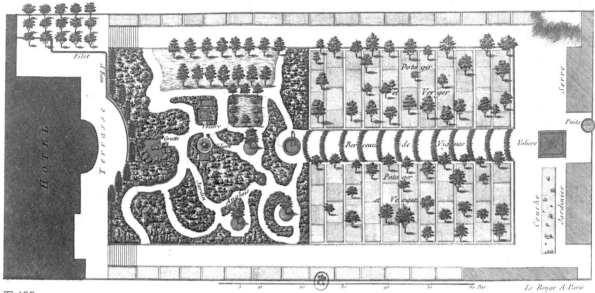

图 455

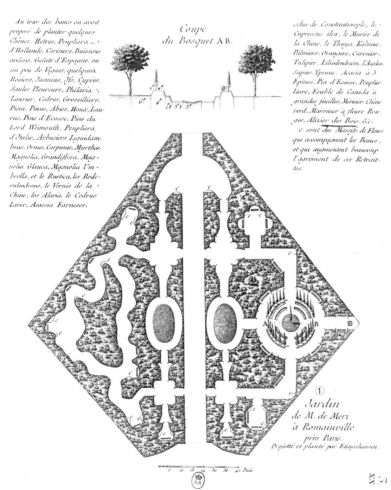

图 456

图 455

XX,2. 注：位于巴比伦街卡西尼公馆实用和
舒适的英式花园。

1788 年，乔治·路易·拉鲁日出版于巴黎。

尺寸：23.4cm×38.6cm（经按压形成凹陷尺
寸），15.7cm×36.2cm（正方线尺寸）。

地点：巴黎巴比伦街。

元素：巴黎卡西尼公馆花园，英式花园，菜园，
大鸟笼，温室，绿荫，假山岩洞，巴黎个人公馆。

图 456

XX,3. 注：①位于巴黎近郊罗曼维尔的梅里
先生的花园，由艾听豪森设计和施工；②树
丛 AB 的剖面图；在平面图和剖面图之外，
是计划种植的主要树木的列表。

1788 年，乔治·路易·拉鲁日出版于巴黎。

尺寸：31.4cm×26.5cm（经按压形成凹陷尺
寸），31.4cm×25.3cm（正方线尺寸）。

地点：罗曼维尔（法国，塞纳圣丹尼省）梅里
先生的花园。

元素：梅里先生的寓所，英式花园，树丛。

图 457（见第 34 页）

XX,4. 注：①精妙绝伦的英式花园，此花园项目在巴黎周边被实施，由贝蒂尼为教廷大使先生设计；②没有正视图，可以把 3 行看成是 1 托阿斯。我们可以说贝蒂尼是一个极具天赋的艺术家。教廷大使先生委派我们在罗马建造一个英式园林，就像当时在整个欧洲国家流行的一样。

1788 年，乔治·路易·拉鲁日出版于巴黎。

尺寸：23.5cm×38.4cm（经按压形成凹陷尺寸），21cm×36.5cm（正方线尺寸）。

元素：英式花园设计图，花园圣殿，中式风格的花园小亭，花园方尖碑，景观台，瀑布，中式风格的花园桥梁，草坪。

图 458（见第 35 页）

XX,5. 注：阿拉斯主教座堂花园的第一版设计图。我们可以根据土地面积的大小建造这样的花园，每托阿斯可以设计一行或四行。版画上的注释有木桥、修道院、坐落在一个假山上的宝塔、废墟、陵墓、友谊祭坛。

1788 年，乔治·路易·拉鲁日出版于巴黎。

尺寸：38.7cm×24.7cm（经按压形成凹陷尺寸），31.8cm×22.4cm（正方线尺寸）。

地点：阿拉斯（法国，北加来省）主教堂花园，英式花园设计图，花园宝塔，花园祭坛，花园陵墓，人工废墟。

图 459

XX,6. 注：阿拉斯主教堂花园。A 为花木板代表乡村小屋的菜园，B 为梅花形区域代表珍贵树木苗圃，C 为乡村小屋，D 为友谊祭坛的废墟，E 为方尖碑，F 为友谊祭坛和柱座，G 为草坪上的大长椅。

1788 年，乔治·路易·拉鲁日出版于巴黎。

尺寸：32.2cm×21.7cm（经按压形成凹陷尺寸），26.5cm×20.7cm（正方线尺寸）。

地点：阿拉斯（法国，北加莱省）主教堂花园。

元素：英式花园设计图，花园方尖碑，花园祭坛，草坪长椅。

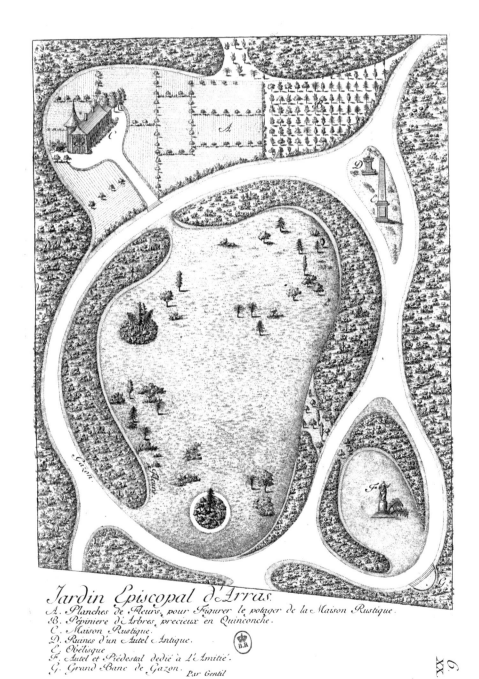

Jardin Episcopal d'Arras.
A. *Planches de Fleurs, pour Figurer le potager de la Maison Rustique.*
B. *Pepiniere de Arbres, precieux en Quinconche.*
C. *Maison Rustique.*
D. *Ruines d'un Autel Antique.*
E. *Obelisque.*
F. *Autel et Piedestal dedié à L'Amitié.*
G. *Grand Banc de Gazon.* *Par Gentil.*

图 459

图 460

图 460

XX,7. 注：①英式花园中间的一座楼阁的正视图；②设计在英式花园中间的大楼阁的平面图。

1788 年，乔治·路易·拉鲁日出版于巴黎。

尺寸：38.6cm×24.1cm（经按压形成凹陷尺寸），26.6cm×22.4cm（正方线尺寸）。

元素：英式花园的设计图，花园楼宇，花园小亭，假山岩洞。

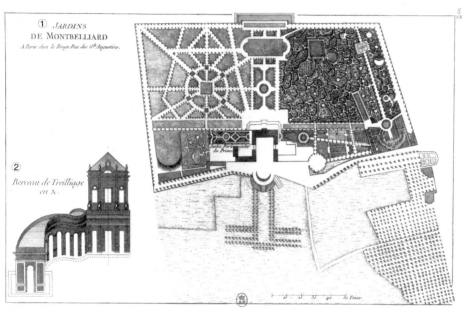

图 461

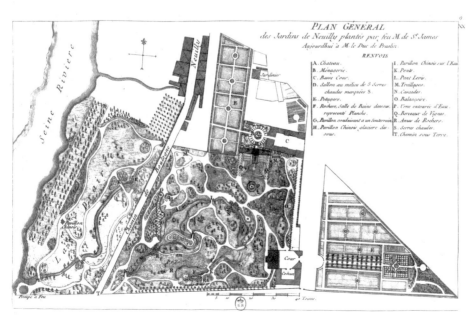

图 462

图 461（见左页）

XX,8. 注：①蒙贝利亚花园，王子的私人花园；②绿篱。

1788 年，乔治·路易·拉鲁日出版于巴黎。

尺寸：25cm×38.8cm（经按压形成凹陷尺寸），23cm×36.8cm（正方线尺寸）。

地点：埃蒂佩（法国，杜省）城堡花园。

元素：弗雷德里克-欧也尼·符腾堡（1732—1797，王子）的寓所，法式花园，英式花园，18 世纪的点缀性建筑。

图 462（见左页）

XX,9. 注：由神圣詹姆士先生在讷伊种植呈献给普拉兰公爵先生的花园总平面图。

1788 年，乔治·路易·拉鲁日出版于巴黎。

尺寸：24.6cm×38.7cm（经按压形成凹陷尺寸），23.3cm×37.2cm（正方线尺寸）。

地点：塞纳河畔讷伊（法国，上塞纳省）疯狂圣詹姆士花园。

元素：圣詹姆士·克洛德博达尔男爵（1738—1787，财政官）的寓所，舒瓦瑟尔普拉兰·安托内凯撒（1756—1808，公爵）的寓所，英式花园。

图 463（见第 34 页）

XX,10. 注：①由神圣詹姆士先生在讷伊市种植呈献给普拉兰公爵先生的中心花园；②水上的中式凉亭。

1788 年，乔治·路易·拉鲁日出版于巴黎。

尺寸：36cm×43.8cm（经按压形成凹陷尺寸），33.9cm×41.8cm（正方线尺寸）。

地点：塞纳河畔讷伊（法国，上塞纳省）疯狂圣詹姆士花园。

元素：舒瓦瑟尔普拉兰·安托内凯撒（1756—1808，公爵）的寓所，法国的英中花园，中式风格的花园楼宇，动物园，温室，花园浴室，花园湖泊。

图 464

XX,11. 注：由神圣詹姆士先生在讷伊建造的西洋花园的牧场。

1788 年，乔治·路易·拉鲁日出版于巴黎。

尺寸：43cm×26.1cm（经按压形成凹陷尺寸），40.9cm×25.2cm（正方线尺寸）。

地点：塞纳河畔讷伊（法国，上塞纳省）疯狂圣詹姆士。

元素：圣詹姆士·克洛德博达尔男爵（1738—1787，财政官）的寓所，英式花园，中式风格的花园楼宇，假山岩洞，花园方尖碑，人工假山，草坪，树列。

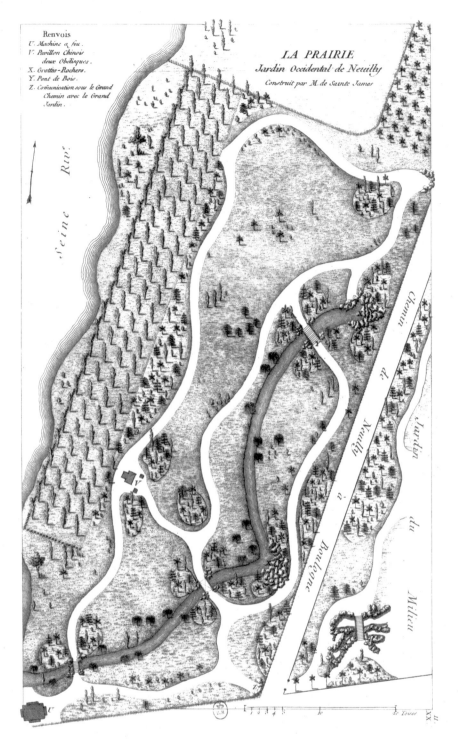

图 464

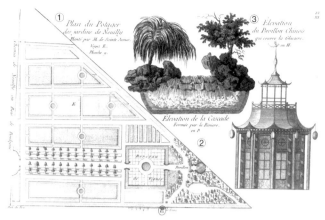

图 465

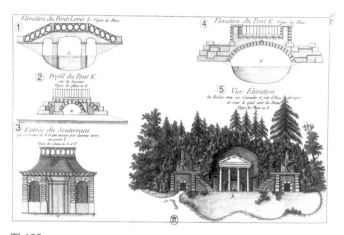

图 466

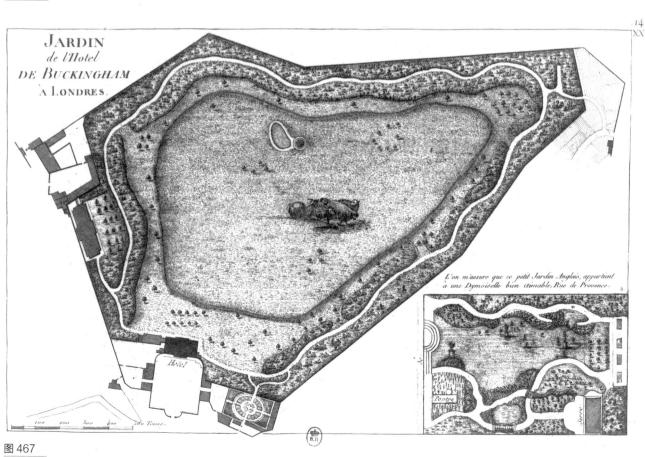

图 467

图 465

XX,12. 注：①由圣詹姆士先生在讷伊种植的花园里菜园的平面图。参考注释 E，第九版；②在图示 P 处由河流形成的瀑布正视图；③在图示 H 处处于冰窖上方的中式楼阁的正视图。版画上的注释还有布洛涅森林中的讷伊大道、通往森林的大门、葡萄藤形成的绿荫。

1788 年，乔治·路易·拉鲁日出版于巴黎。

尺寸：24.7cm×39.1cm（经按压形成凹陷尺寸），23.5cm×36.7cm（正方线尺寸）。

地点：塞纳河畔讷伊（法国，上塞纳省）疯狂圣詹姆士花园。

元素：圣詹姆士·克洛德博达尔男爵（1738—1787，财政官）的寓所，舒瓦瑟尔普拉兰·安托内凯撒（1756—1808，公爵）的寓所，菜园，中式风格的花园楼宇。

图 466

XX,13. 注：①钓桥的正视图标号 L，请参考平面图；②桥的侧面图标号 K，从宽度看，请参考平面图 K；③位于 G 处的地下通道的入口，直通到 Y 处的地下；④桥的正视图标号 K，请参考平面图；⑤带有瀑布和喷泉的假山景观和正视图，在其后面和卜方是浴室，请参考平面图。

1788 年，乔治·路易·拉鲁日出版于巴黎。

尺寸：25.1cm×39.2cm（经按压形成凹陷尺

寸），23.1cm×37cm（正方线尺寸）。

地点：塞纳河畔讷伊（法国，上塞纳省）疯狂圣詹姆士花园。

元素：圣詹姆士·克洛德博达尔男爵（1738—1787，财政官）的寓所，舒瓦瑟尔普拉兰·安托内凯撒（1756—1808，公爵）的寓所，花园桥梁，柱廊，人工假山，假山岩洞。

图 467（见左页）

XX,14. 注：伦敦白金汉宫官邸的花园，他们说这个英式小花园是属于一位非常可爱的小姐的。一幅版画上的两个花园，一个在伦敦，另一个在巴黎。

1788 年，乔治·路易·拉鲁日出版于巴黎。

尺寸：25cm×37.7cm（经按压形成凹陷尺寸），22.9cm×36.7cm（正方线尺寸）。

地点：白金汉宫花园（英国，伦敦），巴黎普罗旺斯花园。

元素：英式花园，温室，草坪。

图 468

XX,15. 注：蒙莫朗西公爵先生位于大道旁花园里的中式楼阁的表面。

1788 年，乔治·路易·拉鲁日出版于巴黎。

尺寸：38.5cm×23.7cm（经按压形成凹陷尺寸），33.5cm×21.1cm（正方线尺寸）。

地点：巴黎旱金莲大道，巴黎蒙莫朗西公馆，中式风格的花园楼宇。

图 469（见第 36、37 页）

XX,16. 注：为阿姆斯特丹的霍普先生设计的英式花园。版画上的注释有木球游戏场地、大湖、瀑布、修道院、农场、火枪、池塘、旧式旋转木马、清凉厅、小村庄的礼拜堂、主人之家。

1788 年，乔治·路易·拉鲁日出版于巴黎。

尺寸：44cm×58cm（经按压形成凹陷尺寸），41.3cm×56cm（正方线尺寸）。

地点：哈勒姆（荷兰，北荷兰省）威尔赫雷根庄园花园。

元素：霍普·亨利（1736—1811，银行家）的寓所，英式花园的设计图，花园湖泊，绿庭，绿荫掩映下的剧院，火枪游戏，旧式旋转木马游戏，秋千，花园圆亭，修道院，瀑布，花园池塘，中式风格的花园楼宇，木球游戏。

图 470

XX,17. 注：霍普花园的第二幅版画。绘制在两张纸上，前面的一幅画在图 16。版画上的著述有大河、爱岛、八角厅、风车、中式桥、瀑布、储水池、假山上的小亭子、美丽荷兰女人大厅、书房、小客厅、水渠。

FAÇADE DU PAVILLON CHINOIS.
à Monseigneur le Duc de Montmorenci
dans son Jardin sur les Boulevards.

图 468

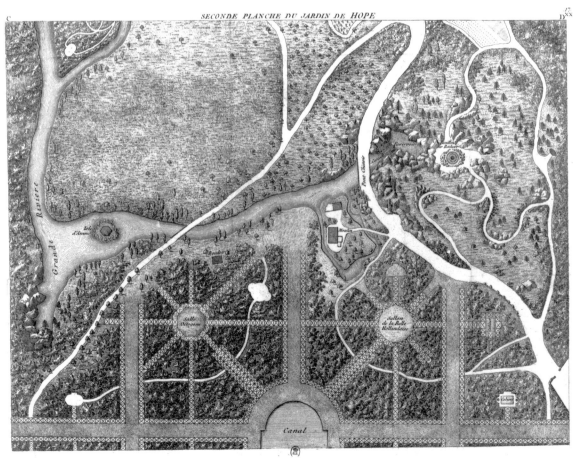

SECONDE PLANCHE DU JARDIN DE HOPE

图 470

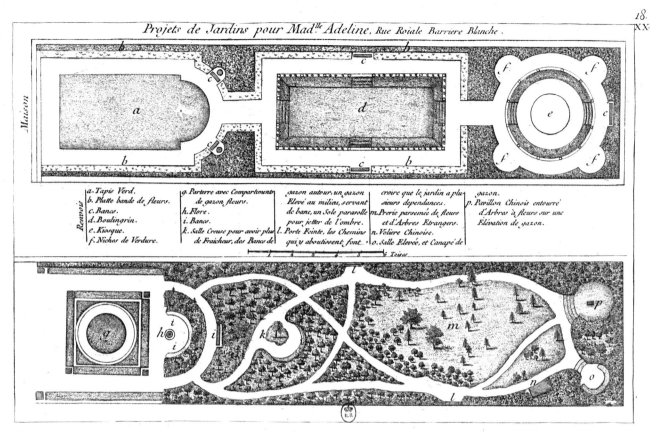

图 471

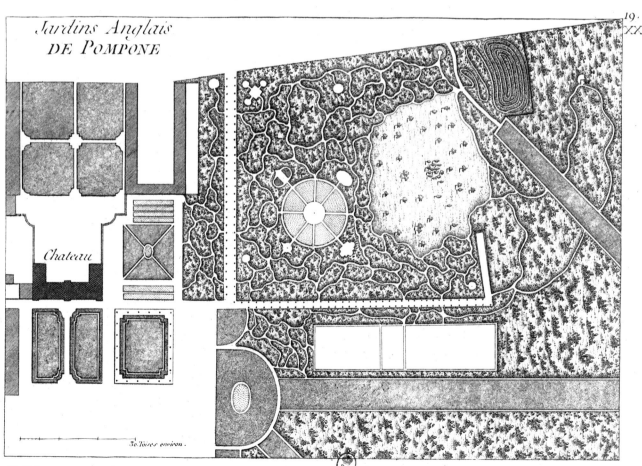

图 472

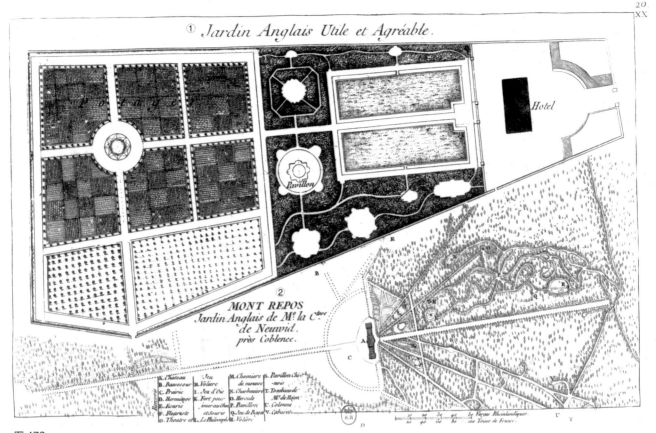

图 473

1788 年，乔治·路易·拉鲁日出版于巴黎。

尺寸：43.5cm×58cm（经按压形成凹陷尺寸），40.9cm×55.4cm（正方线尺寸）。

地点：哈勒姆（荷兰，北荷兰省）威尔赫雷根庄园花园。

元素：霍普·亨利（1736—1811，银行家）的寓所，英式花园设计图，花园楼宇，瀑布，花园水渠，绿庭，花园桥梁，人工岛。

图 471（见左页）

XX,18. 注：位于皇家白栅街的阿德里娜小姐花园的设计图。绘制在两处，由一组 5 列的注释列表分开。

1788 年，乔治·路易·拉鲁日出版于巴黎。

尺寸：25cm×39cm（经按压形成凹陷尺寸），22.9cm×36.7cm（正方线尺寸）。

地点：巴黎皮加勒街花园。

元素：阿德里娜·梅勒（1760—1841，女演员）的寓所，英中花园的设计图，草坪，绿荫草皮，中式风格的花园楼宇，中式风格的大鸟笼，绿橱。

图 472（见左页）

XX,19. 注：蓬波纳英式花园。

1788 年，乔治·路易·拉鲁日出版于巴黎。

尺寸：21.6cm×32.4cm（经按压形成凹陷尺寸），20.1cm×29.3cm（正方线尺寸）。

地点：蓬波纳（法国，塞纳马恩省）城堡花园，勒巴德古赫蒙·路易马修（包税人）的寓所，英式花园，星形路口，草坪，花园水渠。

图 473

XX,20. 注：①实用及舒适的英式花园；②蒙雷伯斯，科布伦茨附近，新维德女伯爵的英式花园；中下部有 4 列的注释表。

1788 年，乔治·路易·拉鲁日出版于巴黎。

尺寸：24.8cm×39.2cm（经按压形成凹陷尺寸），22.6cm×37cm（正方线尺寸）。

地点：新维德（德国，莱茵兰－普法尔茨）蒙雷伯斯城堡花园。

元素：维德新维德·卡罗琳（1706—1791，女伯爵）的寓所，英式花园的设计图，中式风格的花园楼宇，绿荫掩映下的剧院，绿庭，旧式旋转木马游戏，赛鹅图，大鸟笼，修道院，花园陵墓，菜园。

图 474

XX,21. 注：另一个英式花园的设计图。

1788 年，乔治·路易·拉鲁日出版于巴黎。

尺寸：24.8cm×39.2cm（经按压形成凹陷尺寸），22.9cm×37.2cm（正方线尺寸）。

元素：英式花园的设计图，迷宫。

图 475

XX,22. 注：①蒙雷伯斯花园的细节图，请参见图 20；②图中所示的树上有不同类型的树叶来自于不同的树木、灌木及小灌木，还有一些可以在森林中和矮树林中找到的植物，在厄郡的自然写生，随后做成版画；在版画的上方，有 7 列注释，其中有 1 列是空的，左侧的详注为剧院、茅屋、炭场、圆柱、中式房屋、陵墓、工地、炼金术士、舞厅、大鸟笼、堡垒、小亭、大力士、室内舞厅、冬宫、别墅、训鸟基地、蒙雷伯斯城堡的景观。

1788 年，乔治·路易·拉鲁日出版于巴黎。

尺寸：23.3cm×32.9cm（经按压形成凹陷尺寸），22cm×31.3cm（正方线尺寸）。

地点：新维德（德国，莱茵兰－普法尔茨）蒙雷伯斯城堡花园。

元素：厄镇（法国，滨海塞纳省）城堡公园，维德新维德·卡罗琳（1706—1791，女伯爵）的寓所，英式花园，树木取样，绿荫掩映下的剧院，花园楼宇，花园小亭，花园陵墓，大鸟笼，修道院。

图 474

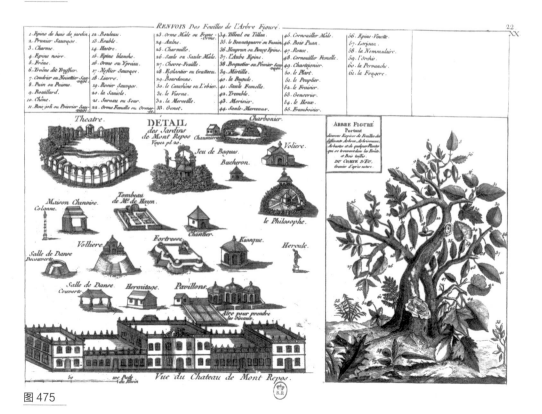

图 475

图 476

XX,23. 注：距离拜罗伊特 1 法里的安斯巴赫总督修道院的花园。在左上方，有 2 列的注释列表。

1788 年，乔治·路易·拉鲁日出版于巴黎。

尺寸：48.5cm×40.1cm（经按压形成凹陷尺寸），46.2cm×37.9cm（正方线尺寸）。

地点：拜罗伊特（德国）修道院城堡公园。

元素：拜罗伊特·威廉明娜弗雷德里克索菲德霍亨索伦（1709—1758，女总督）的寓所，英式花园，大鸟笼，假山岩洞，修道院，中式风格的花园楼宇，观景台，温室，花园圣殿。

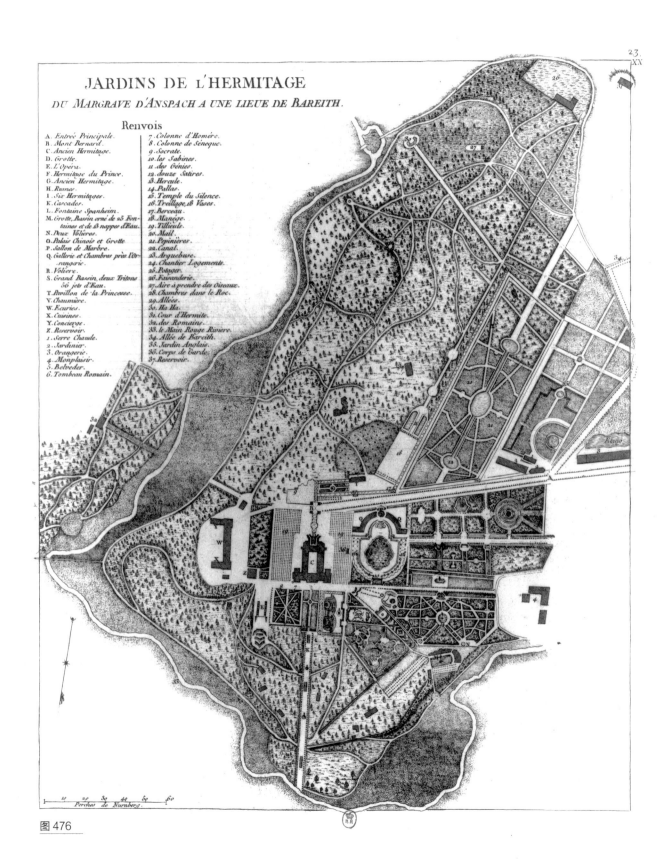

图 476

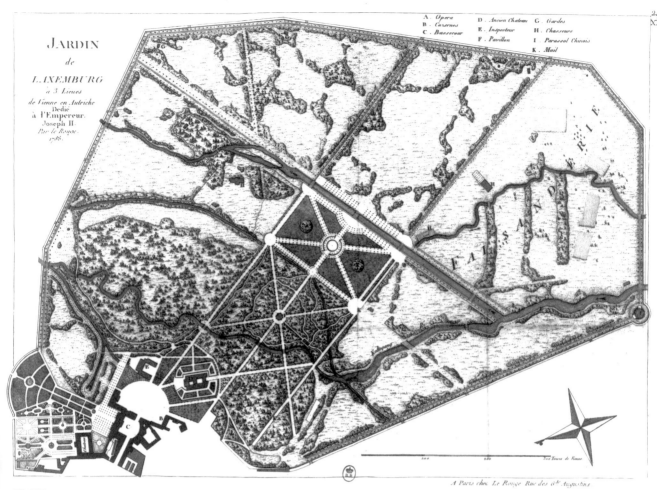

图 477

图 477

XX,24. 注：距离奥地利维也纳 3 法里的专属于国王约瑟夫二世的拉克森堡花园。

1788 年，乔治·路易·拉鲁日出版于巴黎。

尺寸：33.9cm×47cm（经按压形成凹陷尺寸），31.9cm×45cm（正方线尺寸）。

地点：拉克森堡（奥地利）城堡公园。

元素：英式花园，奥地利皇家城堡，花园养雉场，木球游戏。

第二十一册

1789 年 11 月

第二十一册于 1789 年 11 月创作完成。12 月 6 日拉鲁日给路易本特海姆伯爵邮寄了 4 本（参考自 1789 年 12 月 10 日于巴黎由拉鲁日写给本特海姆伯爵的信）。

图 478
XXI,1. 注：英中式园林第二十一册。皇家地图工程师拉鲁日，大奥古斯丁街，第一次交付 6 幅版画。施泰因富尔特英式花园的景观。

1789 年，乔治·路易·拉鲁日出版于巴黎。
尺寸：34.3cm×38.5cm（经按压形成凹陷尺寸），21.3cm×36cm（正方线尺寸）。
地点：施泰因福尔特（德国，北莱茵威斯特法伦）巴尼奥公园花园。
元素：本特海姆－施泰因福尔特·路易·纪尤姆·塞德里克（1756—1817，伯爵）的寓所，英式花园，景观台。

图 479
XXI,2. 注：①位于施泰因福尔特状如小村落的厨房景观；②位于施泰因福尔特将近 100 法尺高 14 法寸宽的大喷泉景观。

1789 年，乔治·路易·拉鲁日出版于巴黎。
尺寸：28.4cm×43.7cm（经按压形成凹陷尺寸），25.7cm×42cm（正方线尺寸）。
地点：施泰因福尔特（德国，北莱茵威斯特法伦）巴尼奥公园花园。
元素：本特海姆－施泰因福尔特·路易纪尤姆塞德里克（1756—1817，伯爵）的寓所，花园池塘，喷泉，水车，花园楼宇，花园塔楼。

图 478

图 479

图 480

XXI,3. 注：位于施泰因富尔特的天然大瀑布景观。

1789 年，乔治·路易·拉鲁日出版于巴黎。

尺寸：24.7cm×39cm（经按压形成凹陷尺寸），21.1cm×37.8cm（正方线尺寸）。

地点：施泰因福尔特（德国，北莱茵威斯特法伦）巴尼奥公园花园。

元素：本特海姆－施泰因福尔特·路易纪尤姆塞德里克（1756—1817，伯爵）的寓所，英式花园，花园湖泊，瀑布，花园塔楼，人工岛，观景台，轮渡，水车。

图 481

XXI,4. 注：位于施泰因富尔特的埃及观景台对面的部分湖泊的景观。

1789 年，乔治·路易·拉鲁日出版于巴黎。

尺寸：24.5cm×38.8cm（经按压形成凹陷尺寸），20.7cm×35.9cm（正方线尺寸）。

地点：施泰因福尔特（德国，北莱茵威斯特法伦）巴尼奥公园花园。

元素：本特海姆－施泰因福尔特·路易纪尤姆塞德里克（1756—1817，伯爵）的寓所，英式花园，花园塔楼，景观台，水车，花园陵墓，花园湖泊，人工岛，娱乐小艇，轮渡。

图 482（见右页）

XXI,5. 注：位于施泰因富尔特的岛和乡间小桥的景观。

1789 年，乔治·路易·拉鲁日出版于巴黎。

尺寸：24.7cm×46.8cm（经按压形成凹陷尺寸），22cm×44.1cm（正方线尺寸）。

地点：施泰因福尔特（德国，北莱茵威斯特法伦）巴尼奥公园花园。

元素：本特海姆－施泰因福尔特·路易纪尤姆塞德里克（1756—1817，伯爵）的寓所，英式花园，观景台，花园塔楼，轮渡，花园湖泊，水车，娱乐小艇，花园陵墓，人工岛。

图 480

图 481

图 483
XXI,6. 注：①从 F 点取景的岛、假山、荷兰风车的景观，位于蒙梭公园的景观，结合第十册第二幅；②从 G 点取景的位于蒙梭公园的建有宣礼塔的小丘景观，结合第十册第二幅；③陵墓之林，位于蒙梭公园的马戏或海战剧表演场所的景观，结合第十册第二

幅；④位于蒙梭公园的马戏或海战剧表演场所的景观，从 K 点取景，结合第十册第二幅；此花园的平面图已由拉鲁日发表在第十册英中式园林一书中（第二幅版画）。
1789 年，乔治·路易·拉鲁日出版于巴黎。
尺寸：24.cm×38.2cm（经按压形成凹陷尺寸），22.4cm×38.2cm（正方线尺寸）。

地点：巴黎蒙梭公园。
元素：奥尔良·路易菲利普约瑟夫（1747—1793）的寓所，英式花园，风车，人工岛，人造假山，宣礼塔，花园陵墓，花园方尖碑，摩尔式风格的花园楼宇，散步者。

图 482

图 483

园林版画名录编号信息

由弗朗索瓦 . 约瑟夫 . 贝朗热于 1784 年设计
的巴格泰勒花园，左页图为第十二册第 2 图（参
见总分类图 256）。

关于每份被保存在法国国家图书馆藏品部的文档标签和信息；这些信息后面跟随有被保存在复制部门的版号（Cl.）。

第一册

1（I,1）
Hd-88-4. • Cl. 92-C-158881
Hd-89 (1)-Pet. fol.
Hd-89d-Boîte fol.
Hd-89c-Fol. (fac-sim.)

2（I,2）
Hd-88-4. • Cl. 92-C-158880
Hd-89 (1)-Pet. fol.
Hd-89d-Boîte fol.
Hd-89c-Fol. (fac-sim.)

3（I,3）
Hd-88-4. • Cl. 92-C-158879
Hd-89 (1)-Pet. fol.
Hd-89d-Boîte fol.
Hd-89c-Fol. (fac-sim.)

4（I,4）
Hd-88-4. • Cl. 92-C-158878
Hd-89 (1)-Pet. fol.
Hd-89d-Boîte fol.
Hd-89c-Fol. (fac-sim.)

5（I,5）
Hd-88-4. • Cl. 92-C-158875
Hd-89 (1)-Pet. fol.
Hd-89d-Boîte fol.
Hd-89c-Fol. (fac-sim.)

6（I,6）
Hd-88-4. • Cl. 92-C-158907
Hd-89 (1)-Pet. fol.
Hd-89d-Boîte fol.
Hd-89c-Fol. (fac-sim.)

7（I,7）
Hd-88-4. • Cl. 92-C-158872
Hd-89 (1)-Pet. fol.
Hd-89d-Boîte fol.
Hd-89c-Fol. (fac-sim.)

8（I,8）
Hd-88-4. • Cl. 92-C-158870
Hd-89 (1)-Pet. fol.

Hd-89d-Boîte fol.
Hd-89c-Fol. (fac-sim.)

9（I,9）
Hd-88-4. • Cl. 92-C-158874
Hd-89 (1)-Pet. fol.
Hd-89d-Boîte fol.
Hd-89c-Fol. (fac-sim.)

10（I,10）
Hd-88-4. • Cl. 92-C-1558871
Hd-89 (1)-Pet. fol.
Hd-89d-Boîte fol.
Hd-89c-Fol. (fac-sim.)

11（I,11）
Hd-88-4. • Cl. 92-C-158868
Hd-89 (1)-Pet. fol.
Hd-89d-Boîte fol.
Hd-89c-Fol. (fac-sim.)

12（I,12）
Hd-88-4. • Cl. 88-C-133585, 92-C-158873
Hd-89 (1)-Pet. fol.
Hd-89d-Boîte fol.
Hd-89c-Fol. (fac-sim.)

13（I,13）
Hd 88-4. • Cl. 92-C-158867, 88-C-133584
Hd-89 (1)-Pet. fol.
Hd-89d-Boîte fol.
Hd-89c-Fol. (fac-sim.)
Reproduit p. 11

14（I,14）
Hd-88-4. • Cl. 88-C-133533
Hd-89 (1)-Pet. fol
Hd-89d-Boîte fol.
Hd-89c-Fol. (fac-sim.)

15（I,15）
Hd-88-4. • Cl. 74-C-65155
Hd-89 (1)-Pet. fol.
Hd-89d-Boîte fol.
Hd-89c-Fol. (fac-sim.)

16（I,16）
Hd-88-4. • Cl. 80-C-103212
Hd-89 (1)-Pet. fol.
Hd-89d-Boîte fol.
Hd-89c-Fol. (fac-sim.)
Reproduit p. 11

17（I,17）
Hd-88-4. • Cl. 92-C-158866
Hd-89 (1)-Pet. fol.
Hd-89d-Boîte fol.
Hd-89c-Fol. (fac-sim.)

18（I,18）
Hd-88-4
Hd-89 (1)-Pet. fol. • Cl. 92-C-158877
Hd-89d-Boîte fol.
Hd-89c-Fol. (fac-sim.)

19（I,19）
Hd-89 (1)-Pet. fol. État décrit. • Cl. 92-C-158876
Hd-89d-Boîte fol. État décrit
Hd-88-4. Épr. sans les deux vues de pavillons à g. • Cl. 92-A-65882
Hd-89c-Fol. (fac-sim.). Épr. sans les deux vues de pavillons à g.

20（I,20）
Hd-88-4. • Cl. 92-C-158869
Hd-89 (1)-Pet. fol.
Hd-89d-Boîte fol.
Hd-89c-Fol. (fac-sim.)

21（I,21）
Hd-89 (1)-Pet. fol. État décrit
Hd-89d-Boîte fol. État décrit. • Cl. 92-C-158908
Hd-88-4. Épr. sans la vue du pavillon en h. à dr. • Cl. 92-A-65883
Hd-89c-Fol. (fac-sim.). Épr. sans la vue du pavillon en h. à dr.

22（I,22）
Hd-89 (1)-Pet. fol. • Cl. 78-C-86221. État décrit
Hd-89d-Boîte fol. État décrit
Hd-88-4. État sans la vue du pavillon en h. à g. • Cl. 92-A-65884
Hd-89c-Fol. (fac-sim.). État sans la vue du pavillon en h. à g.

23（I,23）
Hd-89 (1)-Pet. fol. • Cl. 78-C-86222
Hd-88-4
Hd-89d-Boîte fol.
Hd-89c-Fol. (fac-sim.)

24（I,24,25,26）
Hd-88-4
Hd-89 (1)-Pet. fol.
Hd-89d-Boîte fol.
Hd-89c-Fol. (fac-sim.)

25（I. 无编号）
Hd-89 (1)-Pet. fol.
Hd-88-4
Hd-89d-Boîte fol. • Cl. 90-C-151490
Hd-89c-Fol. (fac-sim.)

第二册
26（II,1）
Hd-89 (2)-Pet. fol. • Cl. 92-C-159339
Hd-89b-Pet. fol. • Cl. 2000-C-231933
Hd-89d-Boîte fol.
Hd-89c-Fol. (fac-sim.)
Vc-17-Fol. Détail colorié découpé autour
des monuments
de Stow. • Mf. P147683
Vc-36-Fol. Détail découpé : « Temple du
dieu Pan exécuté à Kew». • Mf. P149530
Vc-36-Fol. Détail découpé : « Plan du
temple de Pan en petit ». • Mf. P149529
Vc-36-Fol. Détail découpé : « Plan du
Temple de Bellone
en petit ». • Mf. P149531
Vc-36-Fol. Détail découpé : « Temple de
Bellone, exécuté à Kew». • Mf. P149532
Vc-36-Fol. Détail découpé : « Plan du
temple de la solitude ». • Mf. P149533
Vc-36-Fol. Détail découpé : « Temple de la
solitude, exécuté à Kew». • Mf. P149534

27（II,2）
Hd-89 (2)-Pet. fol. • Cl. 92-C-159340
Hd-89b-Pet. fol. • Cl. 2000-C-231934
Hd-89d-Boîte fol.
Hd-89c-Fol. (fac-sim.)
Vc-17-Fol. Détail colorié découpé autour
des monuments de
Stow. • Mf. P147681
Vc-36-Fol. Détail découpé : « Plan de
l'Entablement ». • Mf. P149535
Vc-36-Fol. Détail découpé : « Temple du
Soleil [...] à Kew [...] pour la Princesse de
Galles ». • Mf. P149536
Vc-36-Fol. Détail découpé : « Plan du
Monument ». • Mf. P149537
Vc-36-Fol. Détail découpé : «Monument qui
tourne ». • Mf. P149538

28（II,3）
Hd-89 (2)-Pet. fol. • Cl. 92-C-159341
Hd-89b-Pet. fol. • Cl. 2000-C-231935
Hd-89d-Boîte fol.
Hd-89c-Fol. (fac-sim.)
Vc-17-Fol. Ex. découpé autour des
monuments de Stow, et colorié. • Mf.
P147682

29（II,4）
Hd-89 (2)-Pet. fol. • Cl. 92-C-159342
Hd-89b-Pet. fol. • Cl. 2000-C-231936
Hd-89d-Boîte fol.
Hd-89c-Fol. (fac-sim.)
Vc-17-Fol. Détail colorié découpé autour
des monuments de Stowe. • Mf. P147677-
P147678-P147679-P147680
Vc-36-Fol. Détails découpés : « principale
entrée [...] Kew [...] Princesse de Galles »
et : « Plan de l'Entrée ». • Mf. P149553
Vc-36-Fol. Détail découpé : « Plan de la
Volière [de Kew]. • Mf. P149554
Vc-36-Fol. Détail découpé et colorié :
« Elévation de la Volière à Kew». • Mf.
P149555
Reproduit p. 18

30（II, 6）
Hd-89 (2)-Pet. fol. • Cl. 92-C-159343
Hd-89b-Pet. fol. • Cl. 2000-C-231937
Hd-89c-Fol. (fac-sim.)
Vc 17, fol. Détails coloriés découpés autour
des monuments de Stowe (en bas). • Mf.
P147683
Vc-36-Fol. Détail découpé : « Plan [du
temple de Bacchus ». • Mf. P149539
Vc-36-Fol. Détail découpé : « Temple de
Bacchus à Kew». • Mf. P149540

31（II, 6.）
Hd-89 (2)-Pet. fol. • Cl. 92-C-159344
Hd-89b-Pet. fol. • Cl. 2000-C-231938
Hd-89d-Boîte fol.
Hd-89c-Fol. (fac-sim.)
Vc-36-Fol. Ex. partiellement colorié. • Mf.
P149552
Reproduit p. 18

32（II,7）
Hd-89 (2)-Pet. fol. • Cl. 92-C-159345
Hd-89b-Pet. fol. • Cl. 2000-C-231939
Hd-89d-Boîte fol.

Hd-89c-Fol. (fac-sim.)
Vc-36-Fol. Détail découpé autour de
l'élévation et du plan de la pagode de Kew.
• Mf. P149551

33（II,8）
Hd-89 (2)-Pet. fol. • Cl. 92-C-159346
Hd-89b-Pet. fol. • Cl. 2000-C-231940
Hd-89d-Boîte fol.
Hd-89c-Fol. (fac-sim.)

34（II,9）
Hd-89 (2)-Pet. fol. • Cl. 92-C-159347
Hd-89b-Pet. fol. • Cl. 2000-C-231941
Hd-89d-Boîte fol.
Hd-89c-Fol. (fac-sim.)
Reproduit p. 12-13

35（II,10）
Hd-89 (2)-Pet. fol. • Cl. 92-C-159348
Hd-89b-Pet. fol. • Cl. 2000-C-231942
Hd-89d-Boîte fol. Tirage sur papier bleuté
Hd-89c-Fol. (fac-sim.)
Vc-8-Fol. Ex. colorié. • Mf. P146958

36（II,11）
Hd-89 (2)-Pet. fol. • Cl. 92-C-159349
Hd-89b-Pet. fol. • Cl. 2000-C-231943
Hd-89d-Boîte fol.
Hd-89c-Fol. (fac-sim.)
Vc-36-Fol. Ex. colorié. • Mf. P1

37（II,12）
Hd-89 (2)-Pet. fol. • Cl. 92-C-159350
Hd-89b-Pet. fol. • Cl. 2000-C-231944
Hd-89d-Boîte fol.
Hd-89c-Fol. (fac-sim.)
Vc-1-Fol. • Mf. P146141. Épr. en coul.

38（II,13）
Hd-89 (2)-Pet. fol. • Cl. 92-C-159351
Hd-89b-Pet. fol. • Cl. 2000-C-231945
Hd-89d-Boîte fol.
Hd-89c-Fol. (fac-sim.)

39（II,14）
Hd-89 (2)-Pet. fol. • Cl. 48-B-4402 (détail),
92-C-159352
Hd-89b-Pet. fol. • Cl. 2000-C-231946
Hd-89c-Fol. (fac-sim.)

40（II,15）
Hd-89 (2)-Pet. fol. • Cl. 72-B-61265, 92-A-65885
Hd-89b-Pet. fol. • Cl. 2000-C-231947
Hd-89d-Boîte fol.
Hd-89c-Fol. (fac-sim.)
Vc-36-Fol. Détail découpé : « Faisanderie de Kew [...]. » • Mf. P149556
Vc-36-Fol. Détail découpé : « Plan du Port ». • Mf. P149557
Vc-36-Fol. Détail découpé et colorié : « Ponts chinois à Kew». • Mf. P149558

41（II,16）
Hd-89 (2)-Pet. fol. • Cl. 92-C-159353
Hd-89b-Pet. fol. • Cl. 2000-C-231948
Hd-89c-Fol. (fac-sim.)

42（II,17）
Hd-89 (2)-Pet. fol. • Cl. 92-C-159354
Hd-89b-Pet. fol. • Cl. 2000-C-231949
Hd-89d-Boîte fol.
Hd-89c-Fol. (fac-sim.)

43（II,18）
Hd-89 (2)-Pet. fol. • Cl. 92-C-159355
Hd-89b-Pet. fol. • Cl. 2000-C-231950
Hd-89c-Fol. (fac-sim.)

44（II,19）
Hd-89 (2)-Pet. fol. • Cl. 89-C-181204
Hd-89b-Pet. fol. • Cl. 2000-C-231951
Hd-89c-Fol. (fac-sim.)
Vc-307-Fol. • Mf. P170774. Ex. partiellement colorié

45（II,20）
Hd-89 (2)-Pet. fol. • Cl. 92-C-159356
Hd-89b-Pet. fol. • Cl. 2000-C-231952
Hd-89c-Fol. (fac-sim.)
Vc-307-Fol. • Mf. P170775. Ex. colorié

46（II,21）
Hd-89 (2)-Pet. fol. • Cl. 92-C-159357
Hd-89b-Pet. fol. • Cl. 2000-C-231953
Hd-89d-Boîte fol.
Hd-89c-Fol. (fac-sim.)
Vc-307-Fol. • Mf. P170776. Ex. colorié

47（II,22）
Hd-89 (2)-Pet. fol. • Cl. 60-B-23970
Hd-89b-Pet. fol. • Cl. 2000-C-231954

Hd-89c-Fol. (fac-sim.)
Vc-307-Fol. • Mf. P170777. Ex. colorié

48（II,23）
Hd-89 (2)-Pet. fol. • Cl. 92-C-159358
Hd-89b-Pet. fol. • Cl. 2000-C-231955
Hd-89c-Fol. (fac-sim.)
Hd-89d-Boîte fol. Une épr. reliée et une épr. indépendante coloriée
Reproduit p. 14-15

第三册
49（III, 无编号）
Hd-89 (3)-Pet. fol.
Hd-89d-Boîte fol. Épr. reliée à la fin du cahier 1. • Cl. 92-B-127167
Hd-89c-Fol. (fac-sim.)

50（III,1）
Hd-89 (3)-Pet. fol. • Cl. 92-C-159359
Hd-89b-Pet. fol.
Hd-89d-Boîte fol.
Hd-89c-Fol. (fac-sim.)

51（III,2）
Hd-89 (3)-Pet. fol. • Cl. 92-C-159360
Hd-89b-Pet. fol.
Hd-89d-Boîte fol.
Hd-89c-Fol. (fac-sim.)

52（III,3）
Hd-89 (3)-Pet. fol. • Cl. 92-C-159361
Hd-89b-Pet. fol.
Hd-89d-Boîte fol.
Hd-89c-Fol. (fac-sim.)

53（III,4）
Hd-89 (3)-Pet. fol. • Cl. 92-C-159362
Hd-89b-Pet. fol.
Hd-89d-Boîte fol.
Hd-89c-Fol. (fac-sim.)

54（III,5）
Hd-89 (3)-Pet. fol. • Cl. 92-C-159363
Hd-89b-Pet. fol.
Hd-89d-Boîte fol.
Hd-89c-Fol. (fac-sim.)

55（III,6）
Hd-89 (3)-Pet. fol. • Cl. 92-C-159364
Hd-89b-Pet. fol.
Hd-89d-Boîte fol.

Hd-89c-Fol. (fac-sim.)

56（III,7）
Hd-89 (3)-Pet. fol. • Cl. 92-C-159365
Hd-89b-Pet. fol.
Hd-89d-Boîte fol.
Hd-89c-Fol. (fac-sim.)

57（III,8）
Hd-89 (3)-Pet. fol. • Cl. 92-C-159366
Hd-89b-Pet. fol.
Hd-89d-Boîte fol.
Hd-89c-Fol. (fac-sim.)

58（III,9）
Hd-89 (3)-Pet. fol. • Cl. 74-C-65156
Hd-89b-Pet. fol.
Hd-89d-Boîte fol.
Hd-89c-Fol. (fac-sim.)

59（III,10）
Hd-89 (3)-Pet. fol. • Cl. 74-C-65157
Hd-89b-Pet. fol. Pl. mq
Hd-89d-Boîte fol.
Hd-89c-Fol. (fac-sim.)

60（III,11）
Hd-89 (3)-Pet. fol. • Cl. 74-C-65158
Hd-89b-Pet. fol. Pl. mq
Hd-89d-Boîte fol.
Hd-89c-Fol. (fac-sim.)

61（III,12）
Hd-89 (3)-Pet. fol.
Hd-89b-Pet. fol. Pl. mq
Hd-89d-Boîte fol. • Cl. 74-C-65159
Hd-89c-Fol. (fac-sim.)

62（III,13）
Hd-89 (3)-Pet. fol. • Cl. 74-C-65160
Hd-89b-Pet. fol.
Hd-89d-Boîte fol.
Hd-89c-Fol. (fac-sim.)

63（III,14）
Hd-89 (3)-Pet. fol. • Cl. 74-C-65161
Hd-89b-Pet. fol.
Hd-89d-Boîte fol.
Hd-89c-Fol. (fac-sim.)

64（III,15）
Hd-89 (3)-Pet. fol. • Cl. 74-C-65162

Hd-89b-Pet. fol. Pl. avec croquis au crayon
à g. et à dr.
Hd-89d-Boîte fol.
Hd-89c-Fol. (fac-sim.)

65（III,16）
Hd-89 (3)-Pet. fol. • Cl. 74-C-65163
Hd-89b-Pet. fol.
Hd-89d-Boîte fol.
Hd-89c-Fol. (fac-sim.)

66（III,17）
Hd-89 (3)-Pet. fol. • Cl. 74-C-65164
Hd-89b-Pet. fol.
Hd-89d-Boîte fol.
Hd-89c-Fol. (fac-sim.)

67（III,18）
Hd-89 (3)-Pet. fol. • Cl. 78-B-76938
Hd-89d-Boîte fol.
Hd-89b-Pet. fol. Pl. mq
Hd-89c-Fol. (fac-sim.)
CPL. Ge D 2857

68（III,19）
Hd-89 (3)-Pet. fol. • Cl. 88-C-133910
Hd-89d-Boîte fol.
Hd-89c-Fol. (fac-sim.)

69（III,20）
Hd-89 (3)-Pet. fol. • Cl. 74-C-63645
Hd-89b-Pet. fol.
Hd-89d-Boîte fol.
Hd-89c-Fol. (fac-sim.)

70（III,21）
Hd-89 (3)-Pet. fol. • Cl. 92-C-159367
Hd-89b-Pet. fol. Pl. mq
Hd-89d-Boîte fol.
Hd-89c-Fol. (fac-sim.)

71（III,22）
Hd-89 (3)-Pet. fol. • Cl. 81-C-107578
Hd-89b-Pet. fol. Pl. mq
Hd-89d-Boîte fol.
Hd-89c-Fol. (fac-sim.)

72（III,23）
Hd-89 (3)-Pet. fol. • Cl. 99-C-228678, 47-B-3686 (détail)
Hd-89b-Pet. fol. Pl. mq
Hd-89d-Boîte fol.

Hd-89c-Fol. (fac-sim.)

73（III,24）
Hd-89 (3)-Pet. fol. • Cl. 92-C-159368
Hd-89b-Pet. fol.
Hd-89d-Boîte fol.
Hd-89c-Fol. (fac-sim.)

74（III,25）
Hd-89 (3)-Pet. fol. • Cl. 92-C-159369
Hd-89b-Pet. fol.
Hd-89d-Boîte fol.
Hd-89c-Fol. (fac-sim.)

75（III,26）
Hd-89 (3)-Pet. fol. • Cl. 92-C-159370
Hd-89b-Pet. fol.
Hd-89d-Boîte fol.
Hd-89c-Fol. (fac-sim.)

76（III,27）
Hd-89 (3)-Pet. fol. • Cl. 92-C-159371
Hd-89b-Pet. fol.
Hd-89d-Boîte fol.
Hd-89c-Fol. (fac-sim.)

77（III,28）
Hd-89 (3)-Pet. fol. • Cl. 92-C-159372
Hd-89b-Pet. fol.
Hd-89d-Boîte fol.
Hd-89c-Fol. (fac-sim.)

第四册
78（IV,1）
Hd-89 (4)-Pet. fol.
Hd-89b-Pet. fol.
Hd-89d-Boîte fol. • Cl. 92-C-159207
Hd-89c-Fol. (fac-sim.)
Vc-17-Fol. • Mf. P147669

79（IV,2）
Hd-89 (4)-Pet. fol.
Hd-89b-Pet. fol.
Hd-89d-Boîte fol. • Cl. 92-C-159208
Hd-89c-Fol. (fac-sim.)
Vc-35-Fol. • Mf. P149432

80（IV,3）
Hd-89 (4)-Pet. fol.
Hd-89b-Pet. fol.
Hd-89d-Boîte fol. • Cl. 92-C-159209
Hd-89c-Fol. (fac-sim.)

81（IV,4）
Hd-89 (4)-Pet. fol.
Hd-89b-Pet. fol.
Hd-89d-Boîte fol. • Cl. 92-C-159210
Hd-89c-Fol. (fac-sim.)

82（IV,5）
Hd-89 (4)-Pet. fol.
Hd-89b-Pet. fol.
Hd-89d-Boîte fol. • Cl. 92-C-159211, 74-C-65149
Hd-89c-Fol. (fac-sim.)

83（IV,6）
Hd-89 (4)-Pet. fol.
Hd-89b-Pet. fol.
Hd-89d-Boîte fol. • Cl. 92-C-159212
Hd-89c-Fol. (fac-sim.)
Reproduit p. 33

84（IV,7）
Hd-89 (4)-Pet. fol.
Hd-89b-Pet. fol.
Hd-89d-Boîte fol. • Cl. 92-C-159213
Hd-89c-Fol. (fac-sim.)

85（IV,8）
Hd-89 (4)-Pet. fol.
Hd-89b-Pet. fol.
Hd-89d-Boîte fol. • Cl. 92-C-159214
Hd-89c-Fol. (fac-sim.)

86（IV,9）
Hd-89 (4)-Pet. fol.
Hd-89b-Pet- fol.
Hd-89d-Boîte fol. • Cl. 92-C-159215
Hd-89c-Fol. (fac-sim.)

87（IV,10）
Hd-89 (4)-Pet. fol.
Hd-89b-Pet. fol.
Hd-89d-Boîte fol. • Cl. 92-C-159216
Hd-89c-Fol. (fac-sim.)

88（IV,11）
Hd-89 (4)-Pet. fol.
Hd-89b-Pet. fol.
Hd-89d-Boîte fol. • Cl. 92-C-159217
Hd-89c-Fol. (fac-sim.)

89（IV,12）
Hd-89 (4)-Pet. fol. • Cl. 92-C-159218

Hd-89b-Pet. fol.
Hd-89d-Boîte fol.
Hd-89c-Fol. (fac-sim.)
Vc-18-Fol. • Mf. P148061. Ex. tronqué, moitié g.
Vc-19-Fol. • Mf. P147991. Ex. tronqué, moitié dr.

90（IV,13）
Hd-89 (4)-Pet. fol.
Hd-89b-Pet. fol.
Hd-89d-Boîte fol. • Cl. 92-C-159219
Hd-89c-Fol. (fac-sim.)
Vc-313-Fol. • Mf. P171003

91（IV,14）
Hd-89 (4)-Pet. fol.
Hd-89b-Pet. fol.
Hd-89d-Boîte fol. • Cl. 92-C-159220
Hd-89c-Fol. (fac-sim.)

92（IV,15）
Hd-89 (4)-Pet. fol.
Hd-89b-Pet. fol.
Hd-89d-Boîte fol. • Cl. 68-C-35063, 65-C-24907
Hd-89c-Fol. (fac-sim.)

93（IV, 16）
Hd-89 (4)-Pet. fol.
Hd-89b-Pet. fol. Pl. mq
Hd-89d-Boîte fol. • Cl. 92-C-159221
Hd-89c-Fol. (fac-sim.)
Reproduit p. 17

94（IV,17）
Hd-89 (4)-Pet. fol.
Hd-89b-Pet. fol.
Hd-89d-Boîte fol. • Cl. 92-C-159222
Hd-89c-Fol. (fac-sim.)
Reproduit p. 17

95（IV,18）
Hd-89 (4)-Pet. fol.
Hd-89b-Pet. fol.
Hd-89d-Boîte fol. • Cl. 78-C-86223, 88-C-133616
Hd-89c-Fol. (fac-sim.)

96（IV,19）
Hd 89 (4)-Pet. fol.
Hd-89b-Pet. fol.

Hd-89d-Boîte fol. • Cl. 92-C-159223
Hd-89c-Fol. (fac-sim.)

97（IV,20）
Hd-89 (4)-Pet. fol.
Hd-89b-Pet. fol.
Hd-89d-Boîte fol. • Cl. 92-C-159224
Hd-89c-Fol. (fac-sim.)

98（IV,21）
Hd-89 (4)-Pet. fol. • Cl. 73-C-59945
Hd-89b-Pet. fol.
Hd-89d-Boîte fol.
Hd-89c-Fol. (fac-sim.)

99（IV,22）
Hd-89 (4)-Pet. fol. • Cl. 92-C-159225
Hd-89b-Pet. fol.
Hd-89d-Boîte fol.
Hd-89c-Fol. (fac-sim.)
Reproduit p. 16

100（IV,23）
Hd-89 (4)-Pet. fol. • Cl. 51-B-7515
Hd-89b-Pet. fol.
Hd-89d-Boîte fol.
Hd-89c-Fol. (fac-sim.)
Reproduit p. 16

101（IV,24）
Hd-89 (4)-Pet. fol.
Hd-89b-Pet. fol.
Hd-89d-Boîte fol. • Cl. 92-C-159226
Hd-89c-Fol. (fac-sim.)

102（IV,25）
Hd-89 (4)-Pet. fol.
Hd-89b-Pet. fol.
Hd-89d-Boîte fol. • Cl. 92-C-159227
Hd-89c-Fol. (fac-sim.)

103（IV,26）
Hd-89 (4)-Pet. fol.
Hd-89b-Pet. fol.
Hd-89d-Boîte fol. • Cl. 92-C-159228
Hd-89c-Fol. (fac-sim.)

104（IV,27）
Hd-89 (4)-Pet. fol.
Hd-89b-Pet. fol.
Hd-89d-Boîte fol. • Cl. 92-C-159229
Hd-89c-Fol. (fac-sim.)

105（IV,28）
Hd-89 (4)-Pet. fol.
Hd-89b-Pet. fol.
Hd-89d-Boîte fol. • Cl. 92-C-159230
Hd-89c-Fol. (fac-sim.)

106（IV,29）
Hd-89 (4)-Pet. fol.
Hd-89b-Pet. fol.
Hd-89d-Boîte fol. • Cl. 92-C-159231
Hd-89c-Fol. (fac-sim.)

107（IV,30）
Hd-89 (4)-Pet. fol.
Hd-89b-Pet. fol.
Hd-89d-Boîte fol. • Cl. 92-C-159232
Hd-89c-Fol. (fac-sim.)

第五册
108
Hd-89 (5)-Pet. fol. • Cl. 99-C-228677
Hd-89b-Pet. fol.
Hd-89c-Fol. (fac-sim.)
Oe-14a-4. Inscription ms. à l'encre, sur la page de titre, en b. : « vendu a Mr. Lequeu Archit.te ». Inv. No 7131 : « donné par M. Lequeu en 1825 »

109（V, 1）
Hd-89 (5)-Pet. fol. • Cl. 92-A-64852
Hd-89b-Pet. fol.
Hd-89c-Fol. (fac-sim.)
Oe-14a-4

110（V,2）
Hd-89 (5)-Pet. fol. • Cl. 92-A-64866
Hd-89b-Pet. fol.
Hd-89c-Fol. (fac-sim.)
Oe-14a-4

111（V,3）
Hd-89 (5)-Pet. fol. • Cl. 92-A-64854
Hd-89b-Pet. fol.
Hd-89c-Fol. (fac-sim.)
Oe-14a-4

112（V,4）
Hd-89 (5)-Pet. fol. • Cl. 92-A-64863
Hd-89b-Pet. fol.
Hd-89c-Fol. (fac-sim.)
Oe-14a-4

113（V,5）
Hd-89 (5)-Pet. fol. • Cl. 65-C-24908
Hd-89b-Pet. fol.
Hd-89c-Fol. (fac-sim.)
Oe-14a-4

114（V,6）
Hd-89 (5)-Pet. fol. • Cl. 92-A-64859
Hd-89b-Pet. fol.
Hd-89c-Fol. (fac-sim.)
Oe-14a-4

115（V,7）
Hd-89 (5)-Pet. fol. • Cl. 92-A-64861
Hd-89b-Pet. fol.
Hd-89c-Fol. (fac-sim.)
Oe-14a-4

116（V,8）
Hd-89 (5)-Pet. fol. • Cl. 80-B-88863
Hd-89b-Pet. fol.
Hd-89c-Fol. (fac-sim.)
Oe-14a-4

117（V,9）
Hd-89 (5)-Pet. fol. • Cl. 92-A-64865
Hd-89b-Pet. fol.
Hd-89c-Fol. (fac-sim.)
Oe-14a-4

118（V,10）
Hd-89 (5)-Pet. fol. • Cl. 92-A-64862
Hd-89b-Pet. fol.
Hd-89c-Fol. (fac-sim.)
Oe-14a-4

119（V,11）
Hd-89 (5)-Pet. fol. • Cl. 92-A-64856
Hd-89b-Pet. fol.
Hd-89c-Fol. (fac-sim.)
Oe-14a-4

120（V,12）
Hd-89 (5)-Pet. fol. • Cl. 92-A-64860
Hd-89b-Pet. fol.
Hd-89c-Fol. (fac-sim.)
Oe-14a-4

121（V,13）
Hd-89 (5)-Pet. fol. • Cl. 92-A-64851
Hd-89b-Pet. fol.
Hd-89c-Fol. (fac-sim.)

Oe-14a-4

122（V,14）
Hd-89 (5)-Pet. fol. • Cl. 92-A-64853
Hd-89b-Pet. fol.
Hd-89c-Fol. (fac-sim.)
Oe-14a-4

123（V,15）
Hd-89 (5)-Pet. fol. • Cl. 92-A-64855
Hd-89b-Pet. fol.
Hd-89c-Fol. (fac-sim.)
Oe-14a-4

124（V,16）
Hd-89 (5)-Pet. fol. • Cl. 65-C-24909
Hd-89b-Pet. fol.
Hd-89c-Fol. (fac-sim.)
Oe-14a-4

125（V,17）
Hd-89 (5)-Pet. fol. • Cl. 92-A-64864
Hd-89b-Pet. fol.
Hd-89c-Fol. (fac-sim.)
Oe-14a-4

126（V,18）
Hd-89 (5)-Pet. fol. • Cl. 92-A-64858
Hd-89b-Pet. fol.
Hd-89c-Fol. (fac-sim)
Oe-14a-4

127（V,19）
Hd-89 (5)-Pet. fol. • Cl. 92-A-64867
Hd-89b-Pet. fol.
Hd-89c-Fol. (fac-sim.)
Oe-14a-4

128（V, 20）
Hd-89 (5)-Pet. fol. • Cl. 92-A-64857
Hd-89b-Pet. fol.
Hd-89c-Fol. (fac-sim.)
Oe-14a-4

第六册
129（VI, 1）
Hd-89 (6)-Pet. fol.
Hd-89b-Pet. fol.
Hd-89d-Boîte fol. • Cl. 92-A-64889
Hd-89c-Fol. (fac-sim.)

130（VI,2）
Hd-89 (6)-Pet. fol.
Hd-89b-Pet. fol.
Hd-89d-Boîte fol. • Cl. 92-A-64880
Hd-89c-Fol. (fac-sim.)

131（VI, 3）
Hd-89 (6)-Pet. fol.
Hd-89b-Pet. fol.
Hd-89d-Boîte fol. • Cl. 92-A-64874
Hd-89c-Fol. (fac-sim.)

132（VI,4）
Hd-89 (6)-Pet. fol.
Hd-89b-Pet. fol.
Hd-89d-Boîte fol. • Cl. 92-A-64875
Hd-89c-Fol. (fac-sim.)
Reproduit p. 19

133（VI,5）
Hd-89 (6)-Pet. fol.
Hd-89b-Pet. fol.
Hd-89d-Boîte fol. • Cl. 92-A-64888
Hd-89c-Fol. (fac-sim.)

134（VI,6）
Hd-89 (6)-Pet. fol. • Cl. 92-A-64885
Hd-89b-Pet. fol.
Hd-89c-Fol. (fac-sim.)
Reproduit p. 19

135（VI,7）
Hd-89 (6)-Pet. fol.
Hd-89b-Pet. fol.
Hd-89d-Boîte fol. • Cl. 92-A-64872
Hd-89c-Fol. (fac-sim.)

136（VI,8）
Hd-89 (6)-Pet. fol. • Cl. 92-A-64882
Hd-89b-Pet. fol.
Hd-89d-Boîte fol
Hd-89c-Fol. (fac-sim.)

137（VI,9）
Hd-89 (6)-Pet. fol.
Hd-89b-Pet. fol.
Hd-89d-Boîte fol. • Cl. 92 A 64877
Hd-89c-Fol. (fac-sim.)

138（VI,10）
Hd-89 (6)-Pet. fol.
Hd-89b-Pet. fol.

Hd-89d-Boîte fol. • Cl. 92-A-64871
Hd-89c-Fol. (fac-sim.)

139（VI,11）
Hd-89 (6)-Pet. fol.
Hd-89b-Pet. fol.
Hd-89d-Boîte fol. • Cl. 92-A-64876
Hd-89c-Fol. (fac-sim.)

140（VI,12）
Hd-89 (6)-Pet. fol.
Hd-89b-Pet. fol.
Hd-89d-Boîte fol. • Cl. 92-A-64873
Hd-89c-Fol. (fac-sim.)

141（VI,13）
Hd-89 (6)-Pet. fol.
Hd-89b-Pet. fol.
Hd-89d-Boîte fol. • Cl. 92-A-64887
Hd-89c-Fol. (fac-sim.)

142（VI,14）
Hd-89 (6)-Pet. fol.
Hd-89b-Pet. fol.
Hd-89d-Boîte fol. • Cl. 84-C-122135
Hd-89c-Fol. (fac-sim.)

143（VI,15）
Hd-89 (6)-Pet. fol.
Hd-89b-Pet. fol.
Hd-89d-Boîte fol. • Cl. 92-A-64878
Hd-89c-Fol. (fac-sim.)

144（VI,16）
Hd-89 (6)-Pet. fol.
Hd-89b-Pet. fol.
Hd-89d-Boîte fol. • Cl. 88-C-133617
Hd-89c-Fol. (fac-sim.)

145（VI,17）
Hd-89 (6)-Pet. fol.
Hd-89b-Pet. fol.
Hd-89d-Boîte fol. • Cl. 92-A-64884
Hd-89c-Fol. (fac-sim.)
Va-78a (3)-Fol. • Mf. B007679

146（VI,18）
Hd-89 (6)-Pet. fol.
Hd-89b-Pet. fol.
Hd-89d-Boîte fol. • Cl. 88-C-133911
Hd-89c-Fol. (fac-sim.)

147（VI,19）
Hd-89 (6)-Pet. fol.
Hd-89b-Pet. fol.
Hd-89d-Boîte fol. • Cl. 73-C-60161, 88-C-133618
Hd-89c-Fol. (fac-sim.)
Reproduit p. 20-21

148（VI,20）
Hd-89 (6)-Pet. fol.
Hd-89b-Pet. fol.
Hd-89d-Boîte fol. • Cl. 73-C-60162
Hd-89c-Fol. (fac-sim.)

149（VI,21）
Hd-89 (6)-Pet. fol.
Hd-89b-Pet. fol.
Hd-89d-Boîte fol. • Cl. 73-C-60163
Hd-89c-Fol. (fac-sim.)

150（VI,22）
Hd-89 (6)-Pet. fol.
Hd-89b-Pet. fol.
Hd-89d-Boîte fol. • Cl. 73-C-60164, 65-C-24910, 92-A-64879
Hd-89c-Fol. (fac-sim.)

151（VI,23）
Hd-89 (6)-Pet. fol.
Hd-89b-Pet. fol.
Hd-89d-Boîte fol. • Cl. 73-C-60165
Hd-89c-Fol. (fac-sim.)

152（VI,24）
Hd-89 (6)-Pet. fol.
Hd-89b-Pet. fol.
Hd-89d-Boîte fol. • Cl. 92-A-64886
Hd-89c-Fol. (fac-sim.)

153（VI,25）
Hd-89 (6)-Pet. fol.
Hd-89b-Pet. fol.
Hd-89d-Boîte fol. • Cl. 92-A-64870
Hd-89c-Fol. (fac-sim.

154（VI,26）
Hd-89 (6)-Pet. fol.
Hd-89b-Pet. fol.
Hd-89d-Boîte fol. • Cl. 94-C-208375
Hd-89c-Fol. (fac-sim.)

155（VI,27）
Hd-89 (6)-Pet. fol.
Hd-89b-Pet. fol.
Hd-89d-Boîte fol. • Cl. 92-A-64869
Hd-89c-Fol. (fac-sim.)

156（VI,28）
Hd-89 (6)-Pet. fol.
Hd-89b-Pet. fol.
Hd-89d-Boîte fol. • Cl. 92-A-64868
Hd-89c-Fol. (fac-sim.)

157（VI,29）
Hd-89 (6)-Pet. fol.
Hd-89b-Pet. fol.
Hd-89d-Boîte fol. • Cl. 92-A-64883
Hd-89c-Fol. (fac-sim.)

158（VI,30）
Hd-89 (6)-Pet. fol.
Hd-89b-Pet. fol.
Hd-89d-Boîte fol. • Cl. 92-A-64881
Hd-89c-Fol. (fac-sim.)

第七册
159（VII,1）
Hd-89 (7)-Pet. fol.
Hd-89b-Pet. fol.
Hd-89d-Boîte Fol. • Cl. 92-A-64794
Hd-89c-Fol. (fac-sim.)

160（VII,2）
Hd-89 (7)-Pet. fol.
Hd-89b-Pet. fol.
Hd-89d-Boîte fol. • Cl. 78-B-76936
Hd-89c-Fol. (fac-sim.)

161（VII,3）
Hd-89 (7)-Pet. fol.
Hd-89b-Pet. fol.
Hd-89d-Boîte fol. • Cl. 92-A-64795
Va-60 (3)-Fol. • Cl. 78-C-89739. • Mf. H0139700
Hd-89c-fol. (fac-sim.)

162（VII,4）
Hd-89 (7)-Pet. fol.
Hd-89b-Pet. fol.
Hd-89d-Boîte fol. • Cl. 92-A-64796
Hd-89c-Fol. (fac-sim.)

163（VII,5）
Hd-89 (7)-Pet. fol.
Hd-89b-Pet. fol.
Hd-89d-Boîte fol. • Cl. 92-A-64797
Hd-89c-Fol. (fac-sim.)
Reproduit p. 26

164（VII,6）
Hd-89 (7)-Pet. fol.
Hd-89b-Pet. fol.
Hd-89d-Boîte fol. • Cl. 92-A-64798
Hd-89c-Fol. (fac-sim.)

165（VII,7）
Hd-89 (7)-Pet. fol.
Hd-89b-Pet. fol.
Hd-89d-Boîte fol. • Cl. 92-A-64799
Hd-89c-Fol. (fac-sim.)
Reproduit p. 24-25

166（VII,8）
Hd-89 (7)-Pet. fol.
Hd-89b-Pet. fol.
Hd-89d-Boîte fol. • Cl. 92-A-64800
Hd-89c-Fol. (fac-sim.)

167（VII,9）
Hd-89 (7)-Pet. fol. • Cl. 78-B-76937
Hd-89b-Pet. fol.
Hd-89c-Fol. (fac-sim.)

168（VII,10）
Hd-89 (7)-Pet. fol.
Hd-89b-Pet. fol.
Hd-89d-Boîte fol. • Cl. 72-C-61267
Hd-89c-Fol. (fac-sim.)

169（VII,11）
Hd-89 (7)-Pet. fol.
Hd-89b-Pet. fol.
Hd-89d-Boîte fol. • Cl. 92-A-64801
Hd-89c-Fol. (fac-sim.)

170（VII,12-14）
Hd-89 (7)-Pet. fol.
Hd-89b-Pet. fol.
Hd-89d-Boîte fol.
Hd-89c-Fol. (fac. sim.)

170a Cl. 92-A-64802
170b Cl. 92-A-64803
170c Cl. 92-A-64804

171（VII,15）
Hd-89 (7)-Pet. fol.
Hd-89b-Pet. fol.
Hd-89d-Boîte fol. • Cl. 92-A-64805
Vc-90-Fol. • Mf. P155819
Hd-89c-Fol. (fac-sim.)

172（VII,16）
Hd-89 (7)-Pet. fol. • Cl. 82-C-112795
Hd-89b-Pet. fol.
Hd-89d-Boîte fol.
Vc-90-Fol. • Mf. P155821
Hd-89c-Fol. (fac-sim.)
Reproduit p. 29

173（VII,17）
Hd-89 (7)-Pet. fol. • Cl. 92-A-64806
Hd-89b-Pet. fol.
Hd-89d-Boîte fol.
Hd-89c-Fol. (fac-sim.)

174（VII,18）
Hd-89 (7)-Pet. fol. • Cl. 92-A-64807
Hd-89b-Pet. fol.
Hd-89d-Boîte fol.
Hd-89c-Fol. (fac-sim.)
Vc-90-Fol. • Mf. P155820

175（VII,19-23）
Hd-89 (7)-Pet. fol.
Hd-89b-Pet. fol.
Hd-89d-Boîte fol.
Hd-89c-Fol. (fac. sim.)

175a • Cl. 85-C-170892
175b• Cl. 85-C-170893
175c• Cl. 85-C-170894
175d• Cl. 85-C-170895
175e• Cl. 85-C-170896

176（VII,24）
Hd-89 (7)-Pet. fol. • Cl. 88-C-133909, 90-C-151491, 92-A-64808
Hd-89b-Pet. fol.
Hd-89d-Boîte fol.
Hd-89c-Fol. (fac-sim)

177（VII,25）
Hd-89 (7)-Pet. fol. • Cl. 88-C-133619
Hd-89b-Pet. fol.
Hd-89d-Boîte fol.
Hd-89c-Fol. (fac-sim.)

178（VII,26）
Hd-89 (7)-Pet. fol. • Cl. 68-C-35064, 90-C-151492
Hd-89b-Pet. fol.
Hd-89d-Boîte fol.
Hd-89c-Fol. (fac-sim.)

179（VII,27）
Hd-89 (7)-Pet. fol. • Cl. 68-C-35065, 90-C-151493,
92-A-64809
Hd-89b-Pet. fol.
Hd-89d-Boîte fol.
Hd-89c-Fol. (fac-sim.)

第八册
180（VIII,1）
Hd-89a-Pet. fol. • Cl. 2000-C-231058
Hd-89d-Boîte fol. • Cl. 92-A-64810
Hd-89c-Fol. (fac-sim.)

181（VIII,2）
Hd-89a-Pet. fol. • Cl. 2000-C-231059
Hd-89d-Boîte fol. • Cl. 77-B-43143, 92-A-64811
Hd-89c-Fol. (fac-sim.)

182（VIII,3）
Hd-89a-Pet. fol. • Cl. 2000-C-231060
Hd-89d-Boîte fol. • Cl. 92-A-64812
Hd-89c-Fol. (fac-sim.)

183（VIII,4）
Hd-89a-Pet. fol. • Cl. 2000-C-231061
Hd-89d-Boîte fol. • Cl. 90-A-64813
Hd-89c-Fol. (fac-sim.)

184（VIII,5）
Hd-89a-Pet. fol. • Cl. 2000-C-231062
Hd-89d-Boîte fol. • Cl. 92-A-64814
Hd-89c-Fol. (fac-sim.)

185（VIII,6）
Hd-89a-Pet. fol. • Cl. 2000-C-231063
Hd-89d-Boîte fol. • Cl. 92-A-64815
Hd-89c-Fol. (fac-sim.)

186（VIII,7）
Hd-89a-Pet. fol. • Cl. 2000-C-231064
Hd-89d-Boîte fol. • Cl. 92-A-64816
Hd-89c-Fol. (fac-sim.)

187（VIII,8）
Hd-89a-Pet. fol. • Cl. 2000-C-231065
Hd-89d-Boîte fol. • Cl. 92-A-64817
Hd-89c-Fol. (fac-sim.)

188（VIII,9）
Hd-89a-Pet. fol. • Cl. 2000-C-231066
Hd-89d-Boîte fol. • Cl. 92-A-64818
Hd-89c-Fol. (fac-sim.)

189（VIII,10）
Hd-89a-Pet. fol. • Cl. 2000-C-231067
Hd-89d-Boîte fol. • Cl. 92-A-64819
Hd-89c-Fol. (fac-sim.)
Reproduit p. 22

190（VIII,11）
Hd-89a-Pet. fol. • Cl. 2000-C-231068
Hd-89d-Boîte fol. • Cl. 92-A-64820
Hd-89c-Fol. (fac-sim.)
Reproduit p. 23

191（VIII,12）
Hd-89a-Pet. fol. • Cl. 2000-C-231069
Hd-89d-Boîte fol. • Cl. 92-A-64821
Hd-89c-Fol. (fac-sim.)

192（VIII,13）
Hd-89a-Pet. fol. • Cl. 2000-C-231070
Hd-89d-Boîte fol. • Cl. 92-A-64822
Hd-89c-Fol. (fac-sim.)
Reproduit p. 27

193（VIII,14）
Hd-89a-Pet. fol. • Cl. 2000-C-231071
Hd-89d-Boîte fol. • Cl. 92-A-64823
Hd-89c-Fol. (fac-sim.)

194（VIII,15）
Hd-89a-Pet. fol. • Cl. 2000-C-231072
Hd-89d-Boîte fol. • Cl. 92-A-64824
Hd-89c-Fol. (fac-sim.)
CPL. Ge D 5589. Canal et rivière lavés en bleu

195（VIII,16）
Hd-89a-Pet. fol. • Cl. 2000-C-231073
Hd-89d-Boîte fol. • Cl. 92-A-64825
Hd-89c-Fol. (fac-sim.)

196（VIII,17）
Hd-89a-Pet. fol. • Cl. 2000-C-231074

Hd-89d-Boîte fol. • Cl. 82-C-112454
Hd-89c-Fol. (fac-sim.)

197（VIII,18）
Hd-89a-Pet. fol. • Cl. 2000-C-231075
Hd-89d-Boîte fol. • Cl. 92-A-64826
Hd-89c-Fol. (fac-sim.)

198（VIII,19）
Hd-89a-Pet. fol. • Cl. 2000-C-231076
Hd-89d-Boîte fol. • Cl. 92-A-64827
Hd-89c-Fol. (fac-sim.)

199（VIII,20）
Hd-89a-Pet. fol. • Cl. 2000-C-231077
Hd-89d-Boîte fol. • Cl. 92-A-64828
Hd-89c-Fol. (fac-sim.). Ex. sans la lettre des détails

200（VIII,21）
Hd-89a-Pet. fol. • Cl. 2000-C-231078
Hd-89d-Boîte fol. • Cl. 92-A-64829
Hd-89c-Fol. (fac-sim.)
Reproduit p. 28

201（VIII,22）
Hd-89a-Pet. fol. • Cl. 2000-C-231079
Hd-89d-Boîte fol. • Cl. 92-A-64830
Hd-89c-Fol. (fac-sim.)

202（VIII,23）
Hd-89a-Pet. fol. • Cl. 2000-C-231080
Hd-89d-Boîte fol. • Cl. 92-A-64831
Hd-89c-Fol. (fac-sim.)

203（VIII,24）
Hd-89a-Pet. fol. • Cl. 2000-C-231081
Hd-89d-Boîte fol. • Cl. 92-A-64832
Hd-89c-Fol. (fac-sim.)

204（VIII,25）
Hd-89a-Pet. fol.
Hd-89d-Boîte fol. • Cl. 92-A-64833
Hd-89c-Fol. (fac-sim.)

205（VIII,26）
Hd-89a-Pet. fol.
Hd-89d-Boîte fol. • Cl. 92-A-64834
Hd-89c-Fol. (fac-sim.)

206（VIII,27）
Hd-89a-Pet. fol.

Hd-89d-Boîte fol. • Cl. 92-A-64835
Hd-89c-Fol. (fac-sim.)

207（VIII,28）
Hd-89a-Pet. fol.
Hd-89d-Boîte fol. • Cl. 92-A-64836
Hd-89c-Fol. (fac-sim.)

第九册
208（IX,1）
Hd-89a-Pet. fol.
Hd-89d-Boîte fol. • Cl. 92-A-64847
Hd-89c-Fol. (fac-sim.)

209（IX,2）
Hd-89a-Pet. fol. État décrit. • Cl. 99-B-159174
Hd-89d-Boîte fol. Épr. où il manque les détails : « Vue de la Cascade », « Le Grand Vase », « La Statue Egyptienne », le « Tombeau de Zizi » et l'inscription sous le titre • Cl. 92-A-64844, 65-A-14368 (détail à dr.)
Hd-89c-Fol. (fac. sim.). Même épr. que la précédente

210（IX,3）
Hd-89a-Pet. fol.
Hd-89d-Boîte fol. • Cl. 92-A-64846
Hd-89c-Fol. (fac-sim.)

211（IX,4）
Hd-89a-Pet. fol.
Hd-89d-Boîte fol. • Cl. 80-B-88835
Hd-89c-Fol. (fac-sim.)
Reproduit p. 27

212（IX,5）
Hd-89a-Pet. fol.
Hd-89d-Boîte fol. • Cl. 92-A-64845
Hd-89c-Fol. (fac-sim.)

213（IX,6）
Hd-89a-Pet. fol.
Hd-89d-Boîte fol. • Cl. 78-C-90857
Hd-89c-Fol. (fac-sim.)

214（IX,7）
Hd-89a-Pet. fol.
Hd-89d-Boîte fol. • Cl. 92-A-64843
Hd-89c-Fol. (fac-sim.)
Reproduit p. 22-23

215（IX,8）
Hd-89a-Pet. fol.
Hd-89d-Boîte fol. • Cl. 73-C-59944
Hd-89c-Fol. (fac-sim.)

216（IX,9）
Hd-89a-Pet. fol.
Hd-89d-Boîte fol. • Cl. 92-A-64841
Hd-89c-Fol. (fac-sim.)

217（IX,10）
Hd-89a-Pet. fol.
Hd-89d-Boîte fol. • Cl. 92-A-64842
Hd-89c-Fol. (fac-sim.)

218（IX,11）
Hd-89a-Pet. fol.
Hd-89d-Boîte fol. • Cl. 92-A-64849
Hd-89c-Fol. (fac-sim.)

219（IX,12）
Hd-89a-Pet. fol.
Hd-89d-Boîte fol. • Cl. 92-A-64848
Hd-89c-Fol. (fac-sim.)

220（IX,13）
Hd-89a-Pet. fol.
Hd-89d-Boîte fol. • Cl. 92-A-64850
Hd-89c-Fol. (fac-sim.)

221（IX,14）
Hd-89a-Pet. fol.
Hd-89d-Boîte fol. • Cl. 92-A-64890
Hd-89c-Fol. (fac-sim.)

222（IX,15）
Hd-89a-Pet. fol. • Cl. 74-C-65150
Hd-89d-Boîte fol.
Hd-89c-Fol. (fac-sim.)

第十册
223（X,1）
Hd-89a-Pet. fol.
Hd-89d-Boîte fol. • Cl. 92-B-126346
Hd-89c-Fol. (fac-sim.)

224（X,2）
Hd-89a-Pet. fol. La pl. manque dans le
volume
Hd-89d-Boîte fol. • Cl. 92-B-126343
Hd-89c-Fol. (fac-sim.). En b. à g. sous
l'adresse : «Nota // Les Lettres Capitales

isolées, marquent les Endroits ou // l'on a
dessiné les Vues qui sont gravées dans les
divers // Cahiers de jardins de Le Rouge »
CPL. Rés. Ge D. 7644. Ex. en partie colorié

225（X,3）
Hd-89a-Pet. fol.
Hd-89d-Boîte fol. • Cl. 92-B-126347
Hd-89c-Fol. (fac-sim.)

226（X,4）
Hd-89a-Pet. fol.
Hd-89d-Bpîte fol. • Cl. 92-B-126354
Hd-89c-Fol. (fac-sim.)

227（X,5）
Hd-89a-Pet. fol.
Hd-89d-Boîte fol. • Cl. 92-B-126350
Hd-89c-Fol. (fac-sim.)

228（X,6）
Hd-89a-Pet. fol.
Hd-89d-Boîte fol. • Cl. 92-B-126352
Hd-89c-Fol. (fac-sim.)

229（X,7）
Hd-89a-Pet. fol.
Hd-89d-Boîte fol. • Cl. 92-B-126348, 92-B-
126348
Hd-89c-Fol. (fac-sim.)

230（X,8）
Hd-89a-Pet. fol.
Hd-89d-Boîte fol. • Cl. 92-B-126353
Hd-89c-Fol. (fac-sim.)

231（X,9）
Hd-89a-Pet. fol.
Hd-89d-Boîte fol. • Cl. 76-C-76352
Hd-89c-Fol. (fac-sim.)

232（X,10）
Hd-89a-Pet. fol.
Hd-89d-Boîte fol. • Cl. 92-B-126349
Hd-89c-Fol. (fac-sim.)

233（X,11）
Hd-89a-Pet. fol.
Hd-89d-Boîte fol. • Cl. 92-B-126351
Hd-89c-Fol. (fac-sim.)

234（X,12-13）
Hd-89a-Pet. Fol.
Hd-89d-Boîte fol.
Hd-89c-Fol. (fac. sim.)

• Cl. 92-B-126344
• Cl. 92-B-126345

第十一册
235（XI,1）
Hd-89a-Pet. fol. • Cl. 65-B-37385
Hd-89c-Fol. (fac-sim.)

236（XI,2）
Hd-89a-Pet. fol. • Cl. 92-B-126355
Hd-89c-Fol. (fac-sim.)

237（XI,3）
Hd-89a-Pet. fol. • Cl. 92-B-126356
Hd-89c-Fol. (fac-sim.). Épr. avec les
renvois

238（XI,4）
Hd-89a-Pet. fol. • Cl. 92-B-126357
Hd-89c-Fol. (fac-sim.)

239（XI,5）
Hd-89a-Pet. fol. • Cl. 92-B-126358
Hd-89c-Fol. (fac-sim.)

240（XI,6）
Hd-89a-Pet. fol. • Cl. 92-B-126359
Hd-89c-Fol. (fac-sim.)

241（XI,7）
Hd-89a-Pet. fol. • Cl. 92-B-126360
Hd-89c-Fol. (fac-sim.)

242（XI,8）
Hd-89a-Pet. fol.
Hd-89c-Fol. (fac-sim.). • Cl. 92-B-126361

243（XI,9）
Hd-89a-Pet. fol. • Cl. 92-B-126362
Hd-89c-Fol. (fac-sim.)

244（XI,10）
Hd-89a-Pet. fol. • Cl. 84-C-122126
Hd-89c-Fol. (fac-sim.)

245（XI,11）
Hd-89a-Pet. fol. • Cl. 92-B-126363

Hd-89c-Fol. (fac-sim.)

246（XI,12）
Hd-89a-Pet. fol. • Cl. 84-C-122127
Hd-89c-Fol. (fac-sim.)

247（XI,13）
Hd-89a-Pet. fol. • Cl. 84-C-122128
Hd-89c-Fol. (fac-sim.)

248（XI,14）
Hd-89a-Pet. fol. • Cl. 84-C-122129
Hd-89c-Fol. (fac-sim.)

249（XI,15）
Hd-89a-Pet. fol. • Cl. 94-B-135357, 47-B-3687 (détail de dr.)
Hd-89c-Fol. (fac-sim.)

250（XI,16）
Hd-89a-Pet. fol. • Cl. 84-C-122130
Hd-89c-Fol. (fac-sim.)
Reproduit p. 30-31

251（XI,17）
Hd-89a-Pet. fol. • Cl. 93-C-2063
Hd-89c-Fol. (fac-sim.)
Reproduit p. 32

252（XI,18）
Hd-89a-Pet. fol. • Cl. 92-B-126364
Hd-89c-Fol. (fac-sim.)

253（XI,19）
Hd-89a-Pet. fol. • Cl. 92-B-126365
Hd-89c-Fol. (fac-sim.)

254（XI,20）
Hd-89a-Pet. fol. • Cl. 92-B-126366, 65-B-37384 (détail
du b. à dr.)
Hd-89c-Fol. (fac-sim.)

第十二册
255（XII,1）
Hd-89a-Pet. fol. • Cl. 76-C-76353
Hd-89d-Boîte fol.
Hd-89c-Fol. (fac-sim.)

256（XII 2）
Hd-89a-Pet. fol. En b. à dr., dans les
renvois, les numéros 22 et 23 sont inscrits
à l'encre, ainsi que la mention en dessous

« Belanger invenit ». • Cl. 85-C-170897,
84-C-168702
Va-418-Ft 4. Épr. décrite. • Cl. 76-C-75630.
•Mf. H184685
Hd-89d-Boîte fol. Épr. décrite
Hd-89c-Fol. (fac-sim.). Épr. remaniée, sans
le texte sous les
« Renvois »
CPL. Ge C 2931257

257（XII,3）
Hd-89a-Pet. fol. • Cl. 84-C-122131
Va-95 (9)-Fol. • Mf. B17010
Hd-89d-Boîte fol.
Hd-89c-Fol. (fac-sim.)
CPL. Ge D 2107

258（XII,4）
Hd-89a-Pet. fol. • Cl. 92-B-126367
Hd-89d-Boîte fol.
Va-95 (9)-Fol. • Mf. B17021
Hd-89c-Fol. (fac-sim.)

259（XII,5）
Hd-89a-Pet. fol. • Cl. 92-B-126368
Hd-89d-Boîte fol.
Hd-89c-Fol. (fac-sim.)

260（XII,6）
Hd-89a-Pet. fol. • Cl. 84-C-122132
Hd-89d-Boîte fol.
Hd-89c-Fol. (fac-sim.)

261（XII,7）
Hd-89a-Pet. fol. • Cl. 84-C-122133
Hd-89d-Boîte fol.
Va-95 (9)-Fol. • Mf. B17019
Hd-89c-Fol. (fac-sim.)

262（XII,8）
Hd-89a-Pet. fol. • Cl. 73-C-59942
Hd-89d-Boîte fol.
Va-95 (9)-Fol. • Mf. B17020
Hd-89c-Fol. (fac-sim.)
Reproduit p. 32

263（XII,9）
Hd-89a-Pet. fol. • Cl. 92-B-126369
Hd-89d-Boîte fol.
Hd-89c-Fol. (fac-sim.)

264（XII,10）
Hd-89a-Pet. fol. • Cl. 92-B-126370
Hd-89d-Boîte fol.
Va-93 (3)-Fol. • Mf. B013215
Hd-89c-Fol. (fac-sim.)

265（XII,11）
Hd-89a-Pet. fol. • Cl. 92-B-126371
Hd-89c-Fol. (fac-sim.). Épr. avec quelques
modifications : « Pépinière » remplacé par
« Potager », absence des lettres de renvoi
ainsi que de la liste en b. à dr.

266（XII,12）
Hd-89a-Pet. fol.
Hd-89d-Boîte fol. • Cl. 92-B-126372
Hd-89c-Fol. (fac-sim.). Épr. sans le titre du
plan en h. à dr.
Reproduit p. 33

267（XII,13）
Hd-89a-Pet. fol. • Cl. 72-C-57939
Hd-89d-Boîte fol.
Hd-89c-Fol. (fac-sim.)

268（XII,14）
Hd-89a-Pet. fol. • Cl. 92-B-126373
Hd-89d-Boîte fol.
Hd-89c-Fol. (fac-sim.)

269（XII,15）
Hd-89a-Pet. fol. • Cl. 74-C-65152, 47-B-3673 (détail de dr.)
Hd-89d-Boîte fol.
Hd-89c-Fol. (fac-sim.)

270（XII,16）
Hd-89a-Pet. fol. • Cl. 92-B-126374
Hd-89d-Boîte fol.
Hd-89c-Fol. (fac-sim.)

271（XII,17）
Hd-89a-Pet. fol. • Cl. 92-B-126375
Hd-89d-Boîte fol.
Hd-89c-Fol. (fac-sim.)

272（XII, 18）
Hd-89a-Pet. fol. • Cl. 92-B-126376
Hd-89d-Boîte fol.
Hd-89c-Fol. (fac-sim.)

273（XII,19）
Hd-89a-Pet. fol. • Cl. 92-B-126377
Hd-89d-Boîte fol.
Hd-89c-Fol. (fac-sim.)

274（XII,20）
Hd-89a-Pet. fol. • Cl. 84-C-122134, 82-C-112456 (détail du haut), 82-C-112457 (détail du bas)
Hd-89d-Boîte fol.
Hd-89c-Fol. (fac-sim.). Pl. disposées inversement
Reproduit p. 34

275（XII,21）
Hd-89a-Pet. fol. • Cl. 92-B-126378
Hd-89d-Boîte fol.
Hd-89c-Fol. (fac-sim.)

276（XII,22）
Hd-89a-Pet. fol. • Cl. 74-C-65153
Hd-89d-Boîte fol.
Hd-89c-Fol. (fac-sim.)

277（XII,23）
Hd-89a-Pet. fol. • Cl. 73-C-59943
Hd-89d-Boîte fol.
Hd-89c-Fol. (fac-sim.)

278（XII,24）
Hd-89a-Pet. fol. • Cl. 78-B-81085
Hd-89d-Boîte fol.
Hd-89c-Fol. (fac-sim.)

279（XII,25-26）
Hd-89a-Pet. fol. • Cl. 92-B-126379, 93-C-206400
Hd-89d-Boîte fol.
Hd-89c-Fol. (fac-sim.)

第十三册
280（XIII,1）
Hd-89a-Pet. fol. • Cl. 47-B-3568
Hd-89d-Boîte fol.
Hd-89c-Fol. (fac-sim.)

281（XIII, 2）
Hd-89a-Pet. fol. • Cl. 47-B-3569
Hd-89d-Boîte fol.
Hd-89c-Fol. (fac-sim.)

282（XIII,3）
Hd-89a-Pet. fol. • Cl. 78-B-81086, 78-C-87244
Hd-89d-Boîte fol.
Hd-89c-Fol. (fac-sim.)

283（XIII,4）
Hd-89a-Pet. fol. • Cl. 47-B-5570
Hd-89d-Boîte fol.
Hd-89c-Fol. (fac-sim.)
Reproduit p. 35

284（XIII,5）
Hd-89a-Pet. fol. • Cl. 47-B-3566
Hd-89d-Boîte fol.
Hd-89c-Fol. (fac-sim.)

285（XIII,6）
Hd-89a-Pet. fol. • Cl. 47-B-3584
Hd-89d-Boîte fol.
Hd-89c-Fol. (fac-sim.)

286（XIII,7）
Hd-89a-Pet. fol. • Cl. 47-B-3571
Hd-89d-Boîte fol.
Hd-89c-Fol. (fac-sim.)

287（XIII,8）
Hd-89a-Pet. fol.
Hd-89d-Boîte fol. • Cl. 47-B-3590
Hd-89c-Fol. (fac-sim.)

288（XIII,9）
Hd-89a-Pet. fol. • Cl. 47-B-3579
Hd-89d-Boîte fol.
Hd-89c-Fol. (fac-sim.)

289（XIII,10）
Hd-89a-Pet. fol. • Cl. 47-B-3574
Hd-89d-Boîte fol.
Hd-89c-Fol. (fac-sim.)
Reproduit p. 35

290（XIII,11）
Hd-89a-Pet. fol. • Cl. 47-B-3586
Hd-89d-Boîte fol.
Hd-89c-Fol. (fac-sim.)

291（XIII,12）
Hd-89a-Pet. fol. • Cl. 47-B-3587
Hd-89d-Boîte fol.
Hd-89c-Fol. (fac-sim.)

292（XIII,13）
Hd-89a-Pet. fol. • Cl. 47-B-3591
Hd-89d-Boîte fol.
Hd-89c-Fol. (fac-sim.)

293（XIII,14）
Hd-89a-Pet. fol. • Cl. 47-B-3589
Hd-89d-Boîte fol.
Hd-89c-Fol. (fac-sim.)

294（XIII,15）
Hd-89a-Pet. fol. • Cl. 47-B-3575
Hd-89d-Boîte fol.
Hd-89c-Fol. (fac-sim.)

295（XIII,16）
Hd-89a-Pet. fol. • Cl. 47-B-3582
Hd-89d-Boîte fol.
Hd-89c-Fol. (fac-sim.)

296（XIII,17）
Hd-89a-Pet. fol. • Cl. 47-B-3585
Hd-89d-Boîte fol.
Hd-89c-Fol. (fac-sim.)

297（XIII,18）
Hd-89a-Pet. fol. • Cl. 47-B-3576
Hd-89d-Boîte fol.
Hd-89c-Fol. (fac-sim.)

298（XIII,19）
Hd-89a-Pet. fol. • Cl. 44-B-3588, 74-C-65154
Hd-89d-Boîte fol.
Hd-89c-Fol. (fac-sim.)

299（XIII,20）
Hd-89a-Pet. fol. • Cl. 47-B-3581
Hd-89d-Boîte fol.
Hd-89c-Fol. (fac-sim.)

300（XIII,21）
Hd-89a-Pet. fol. • Cl. 47-B-3573
Hd-89d-Boîte fol.
Hd-89c-Fol. (fac-sim.)
301（XIII,22）
Hd-89a-Pet. fol. • Cl. 47-B-3578
Hd-89d-Boîte fol.
Hd-89c-Fol. (fac-sim.)

302（XIII,23）
Hd-89a-Pet. fol. • Cl. 47-B-3577

Hd-89d-Boîte fol.
Hd-89c-Fol. (fac-sim.)

303（XIII,24）
Hd-89a-Pet. fol. • Cl. 47-B-3572
Hd-89d-Boîte fol.
Hd-89c-Fol. (fac-sim.)

304（XIII,25）
Hd-89a-Pet. fol. • Cl. 47-B-3583
Hd-89d-Boîte fol.
Hd-89c-Fol. (fac-sim.)

305（XIII,26）
Hd-89a-Pet. fol. • Cl. 47-B-3580
Hd-89d-Boîte fol.
Hd-89c-Fol. (fac-sim.)

第十四册
306（XIV,1）
Hd-89a-Pet. fol. • Cl. 82-C-112797
Hd-89d-Boîte fol.
Hd-89c-Fol. (fac-sim.)

307（XIV,2）
Hd-89a-Pet. fol. • Cl. 92-A-65022
Hd-89d-Boîte fol.
Hd-89c-Fol. (fac-sim.)

308（XIV,3）
Hd-89a-Pet. fol. • Cl. 76-C-76354
Hd-89d-Boîte fol.
Hd-89c-Fol. (fac-sim.)

309（XIV,4）
Hd-89a-Pet. fol. • Cl. 92-A-65015
Hd-89d-Boîte fol.
Hd-89c-Fol. (fac-sim.)

310（XIV,5）
Hd-89a-Pet. fol. • Cl. 92-A-65017
Hd-89d-Boîte fol.
Hd-89c-Fol. (fac-sim.)

311（XIV,6）
Hd-89a-Pet. fol. • Cl. 92-A-65014
Hd-89d-Boîte fol.
Hd-89c-Fol. (fac-sim.)

312（XIV,7）
Hd-89a-Pet. fol. • Cl. 92-A-65021
Hd-89d-Boîte fol.

Hd-89c-Fol. (fac-sim.)

313（XIV,8）
Hd-89a-Pet. fol. • Cl. 92-A-65019
Hd-89d-Boîte fol.
Hd-89c-Fol. (fac-sim)

314（XIV,9）
Hd-89a-Pet. fol. • Cl. 92-A-65016
Hd-89d-Boîte fol.
Hd-89c-Fol. (fac-sim.)

315（XIV,10）
Hd-89a-Pet.fol. • Cl. 92-A-65020
Hd-89d-Boîte fol.
Hd-89c-Fol. (fac-sim.)

316（XIV,11）
Hd-89a-Pet. fol. • Cl. 92-A-65018
Hd-89d-Boîte fol.
Hd-89c-Fol. (fac-sim.)

第十五册
317（XV,1）
Hd-89a-Pet. fol. • Cl. 55-C-17208
Hd-89d-Boîte fol.
Hd-89c-Fol. (fac-sim.)

318（XV,2）
Hd-89a-Pet. fol. • Cl. 92-B-125761
Hd-89d-Boîte fol.
Hd-89c-Fol. (fac-sim.)

319（XV,3）
Hd-89a-Pet. fol. • Cl. 92-B-125759
Hd-89d-Boîte fol.
Hd-89c-Fol. (fac-sim.)

320（XV,4）
Hd-89a-Pet. fol. • Cl. 92-B-125749
Hd-89d-Boîte fol.
Hd-89c-Fol. (fac-sim.)

321（XV,5）
Hd-89a-Pet. fol. • Cl. 92-B-125741, 88-C-136840
Hd-89d-Boîte fol.
Hd-89c-Fol. (fac-sim.)

322（XV,6）
Hd-89a-Pet. fol. • Cl. 92-B-125767
Hd-89d-Boîte fol.

Hd-89c-Fol. (fac-sim.)

323（XV,7）
Hd-89a-Pet. fol. • Cl. 92-B-125742
Hd-89d-Boîte fol.
Hd-89c-Fol. (fac-sim.)

324（XV,8）
Hd-89a-Pet. fol. • Cl. 92-B-125766
Hd-89d-Boîte fol.
Hd-89c-Fol. (fac-sim.)

325（XV,9）
Hd-89a-Pet. fol. • Cl. 92-B-125755
Hd-89d-Boîte fol.
Hd-89c-Fol. (fac-sim.)

326（XV,10）
Hd-89a-Pet. fol. • Cl. 92-B-125748
Hd-89d-Boîte fol.
Hd-89c-Fol. (fac-sim.)

327（XV,11）
Hd-89a-Pet. fol. • Cl. 92-B-125765
Hd-89d-Boîte fol.
Hd-89c-Fol. (fac-sim.)

328（XV,12）
Hd-89a-Pet. fol. • Cl. 92-B-125751
Hd-89d-Boîte fol
Hd-89c-fol. (fac-sim.)

329（XV,13）
Hd-89a-Pet. fol. • Cl. 92-B-125762
Hd-89d-Boîte fol.
Hd-89c-Fol. (fac-sim.)

330（XV,14）
Hd-89a-Pet. fol. • Cl. 92-B-125760
Hd-89d-Boîte fol.
Hd-89c-fol. (fac-sim.)
Reproduit p. 36

331（XV,15）
Hd-89a-Pet. fol. • Cl. 92-B-125763
Hd-89d-Boîte fol.
Hd-89c-Fol. (fac-sim.)

332（XV,16）
Hd-89a-Pet. fol. • Cl. 92-B-125764
Hd-89d-Boîte fol.
Hd-89c-Fol. (fac-sim.)

333（XV,17）
Hd-89a-Pet. fol. • Cl. 92-B-125743
Hd-89d-Boîte fol.
Hd-89c-Fol. (fac-sim.)

334（XV,18）
Hd-89a-Pet. fol. • Cl. 92-B-125754
Hd-89d-Boîte fol.
Hd-89c-Fol. (fac-sim.)

335（XV,19）
Hd-89a-Pet. fol. • Cl. 92-B-125746
Hd-89d-Boîte fol.
Hd-89c-Fol. (fac-sim.)

336（XV,20）
Hd-89a-Pet. fol. • Cl. 92-B-125745
Hd-89d-Boîte fol.
Hd-89c-Fol. (fac-sim.)

337（XV,21）
Hd-89a-Pet. fol. • Cl. 92-B-125747
Hd-89d-Boîte fol.
Hd-89c-Fol. (fac-sim.)

338（XV,22）
Hd-89a-Pet. fol. • Cl. 92-B-125744
Hd-89d-Boîte fol.
Hd-89c-Fol. (fac-sim.)

339（XV,23）
Hd-89a-Pet. fol. • Cl. 92-B-125750
Hd-89d-Boîte fol. Hd-89c-Fol. (fac-sim.)
Hd-89c-Fol. (fac-sim.)

340（XV,24）
Hd-89a-Pet. fol. • Cl. 92-B-125758
Hd-89d-Boîte fol.
Hd-89c-Fol. (fac-sim.)

341（XV,25）
Hd-89a-Pet. fol. • Cl. 92-B-125757
Hd-89d-Boîte fol.
Hd-89c-Fol. (fac-sim.)

342（XV,26）
Hd-89a-Pet. fol. • Cl. 92-B-125753
Hd-89d-Boîte fol.
Hd-89c-Fol. (fac-sim.)

343（XV,27）
Hd-89a-Pet. fol. • Cl. 92-B-125756

Hd-89d-Boîte fol.
Hd-89c-Fol. (fac-sim.)

344（XV,28）
Hd-89a-Pet. fol. • Cl. 92-B-125752
Hd-89d-Boîte fol.
Hd-89c-Fol. (fac-sim.)

第十六册
345（XVI,1）
Hd-89a-Pet. fol. • Cl. 92-B-125768
Hd-89d-Boîte fol.
Hd-89c-Fol. (fac-sim.)

346（XVI,2）
Hd-89a-Pet. fol. • Cl. 92-B-125769
Hd-89d-Boîte fol.
Hd-89c-Fol. (fac-sim.)

347（XVI,3）
Hd-89a-Pet. fol. • Cl. 92-B-125771
Hd-89d-Boîte fol.
Hd-89c-Fol. (fac-sim.)

348（XVI,4）
Hd-89a-Pet. fol. • Cl. 92-B-125770
Hd-89d-Boîte fol.
Hd-89c-Fol. (fac-sim.)
Reproduit p. 36

349（XVI,5）
Hd-89a-Pet. fol. • Cl. 92-B-125772
Hd-89d-Boîte fol.
Hd-89c-Fol. (fac-sim.)

350（XVI,6）
Hd-89a-Pet. fol. • Cl. 92-B-125773
Hd-89d-Boîte fol.
Hd-89c-Fol. (fac-sim.)

351（XVI,7）
Hd-89a-Pet. fol. • Cl. 92-B-125774
Hd-89d-Boîte fol.
Hd-89c-Fol. (fac-sim.)

352（XVI,8）
Hd-89a-Pet. fol. • Cl. 92-B-125775
Hd-89d-Boîte fol.
Hd-89c-Fol. (fac-sim.)

353（XVI,9）
Hd-89a-Pet. fol. • Cl. 92-B-125776

Hd-89d-Boîte fol.
Hd-89c-Fol. (fac-sim.)

354（XVI,10）
Hd-89a-Pet. fol. • Cl. 92-B-125777
Hd-89d-Boîte fol.
Hd-89c-Fol. (fac-sim.)

355（XVI,11）
Hd-89a-Pet. fol. • Cl. 92-B-125778
Hd-89d-Boîte fol.
Hd-89c-Fol. (fac-sim.)

356（XVI,12）
Hd-89a-Pet. fol. • Cl. 92-B-125779
Hd-89d-Boîte fol.
Hd-89c-Fol. (fac-sim.)

357（XVI,13）
Hd-89a-Pet. fol. • Cl. 92-B-125780
Hd-89d-Boîte fol.
Hd-89c-Fol. (fac-sim.)

358（XVI,14）
Hd-89a-Pet. fol. • Cl. 92-B-125781
Hd-89d-Boîte fol.
Hd-89c-Fol. (fac-sim.)

359（XVI,15）
Hd-89a-Pet. fol. • Cl. 92-B-125782
Hd-89d-Boîte fol.
Hd-89c-Fol. (fac-sim.)

360（XVI,16）
Hd-89a-Pet. fol. • Cl. 92-B-125783
Hd-89d-Boîte fol.
Hd-89c-Fol. (fac-sim.)

361（XVI,17）
Hd-89a-Pet. fol. • Cl. 92-B-125784
Hd-89d-Boîte fol.
Hd-89c-Fol. (fac-sim.)

362（XVI,18）
Hd-89a-Pet. fol. • Cl. 92-B-125785
Hd-89d-Boîte fol.
Hd-89c-Fol. (fac-sim.)

363（XVI,19）
Hd-89a-Pet. fol. • Cl. 92-B-125786
Hd-89d-Boîte fol.
Hd-89c-Fol. (fac-sim.)

364（XVI,20）
Hd-89a-Pet. fol. • Cl. 92-B-125787
Hd-89d-Boîte fol.
Hd-89c-Fol. (fac-sim.)

365（XVI,21）
Hd-89a-Pet. fol. • Cl. 92-B-125788
Hd-89d-Boîte fol.
Hd-89c-Fol. (fac-sim.)

366（XVI,22）
Hd-89a-Pet. fol. • Cl. 92-B-125789
Hd-89d-Boîte fol.
Hd-89c-Fol. (fac-sim.)

367（XVI,23）
Hd-89a-Pet. fol. • Cl. 92-B-125790
Hd-89d-Boîte fol.
Hd-89c-Fol. (fac-sim.)

368（XVI,24）
Hd-89a-Pet. fol. • Cl. 92-B-125791
Hd-89d-Boîte fol.
Hd-89c-Fol. (fac-sim.)

369（XVI,25）
Hd-89a-Pet. fol. • Cl. 92-B-125792
Hd-89d-Boîte fol.
Hd-89c-Fol. (fac-sim.)

370（XVI,26）
Hd-89a-Pet. fol.
Hd-89d-Boîte fol. • Cl. 92-B-125793
Hd-89c-Fol. (fac-sim.)

371（XVI,27）
Hd-89a-Pet. fol. • Cl. 92-B-125794
Hd-89d-Boîte fol.
Hd-89c-Fol. (fac-sim.)

372（XVI,28）
Hd-89a-Pet. fol. • Cl. 76-C-76359
Hd-89d-Boîte fol.
Hd-89c-Fol. (fac-sim.)
Reproduit p. 37

373（XVI,29）
Hd-89a-Pet. fol. • Cl. 92-B-125795
Hd-89d-Boîte fol.
Hd-89c-Fol. (fac-sim.)

374（XVI,30）
Hd-89a-Pet. fol. • Cl. 92-B-125796
Hd-89d-Boîte fol.
Hd-89c-Fol. (fac-sim.)

第十七册
375（XVII, 1）
Hd-89a-Pet. fol. • Cl. 92-B-125812
Hd-89d-Boîte fol. Épr. sans le texte de la note
Hd-89c-Fol. (fac-sim.)

376（XVII,2）
Hd-89a-Pet. fol. • Cl. 92-B-125813
Hd-89d-Boîte fol.
Hd-89c-Fol. (fac-sim.)

377（XVII,3）
Hd-89a-Pet. fol. • Cl. 92-B-125815
Hd-89d-Boîte fol.
Hd-89c-Fol. (fac-sim.)

378（XVII,4）
Hd-89a-Pet. fol. • Cl. 92-B-125806
Hd-89d-Boîte fol.
Hd-89c-Fol. (fac-sim.)

379（XVII,5）
Hd-89a-Pet. fol. • Cl. 92-B-125805
Hd-89d-Boîte fol.
Hd-89c-Fol. (fac-sim.)

380（XVII,6）
Hd-89a-Pet. fol. • Cl. 92-B-125807
Hd-89d-Boîte fol.
Hd-89c-Fol. (fac-sim.)

381（XVII,7）
Hd-89a-Pet. fol. • Cl. 92-B-125800
Hd-89d-Boîte fol.
Hd-89c-Fol. (fac-sim.)

382（XVII,8）
Hd-89a-Pet. fol. • Cl. 92-B-125814
Hd-89d-Boîte fol.
Hd-89c-Fol. (fac-sim.)

383（XVII,9）
Hd-89a-Pet. fol. • Cl. 92-B-125802
Hd-89d-Boîte fol.
Hd-89c-Fol. (fac-sim.)
Reproduit p. 37

384（XVII,9）
Hd-89a-Pet. fol. • Cl. 92-B-125809
Hd-89d-Boîte fol.
Hd-89c-Fol. (fac-sim.)

385（XVII,11）
Hd-89a-Pet. fol. • Cl. 92-B-125823
Hd-89d-Boîte fol.
Hd-89c-Fol. (fac-sim.)

386（XVII,12）
Hd-89a-Pet. fol. • Cl. 92-B-125798
Hd-89d-Boîte fol.
Hd-89c-Fol. (fac-sim.)
Reproduit p. 38

387（XVII,13）
Hd-89a-Pet. fol. • Cl. 92-B-125819
Hd-89d-Boîte fol.
Hd-89c-Fol. (fac-sim.)

388（XVII,14）
Hd-89a-Pet. fol. • Cl. 92-B-125821
Hd-89d-Boîte fol.
Hd-89c-Fol. (fac-sim.)
Reproduit p. 38

389（XVII,15）
Hd-89a-Pet. fol. • Cl. 92-B-125816
Hd-89d-Boîte fol.
Hd-89c-Fol. (fac-sim.)

390（XVII,16）
Hd-89a-Pet. fol. • Cl. 92-B-125818
Hd-89d-Boîte fol.
Hd-89c-Fol. (fac-sim.)

391（XVII,17）
Hd-89a-Pet. fol. • Cl. 92-B-125822
Hd-89d-Boîte fol.
Hd-89c-fol. (fac-sim.)

392（XVII,17）
Hd-89a-Pet. fol. • Cl. 92-B-125824
Hd-89d-Boîte fol.
Hd-89c-Fol. (fac-sim.)
Reproduit p. 39

393（XVII,19）
Hd-89a-Pet. fol. • Cl. 92-B-125820
Hd-89d-Boîte fol.
Hd-89c-Fol. (fac-sim.)

394（XVII,20）
Hd-89a-Pet. fol. • Cl. 92-B-125817
Hd-89d-Boîte fol.
Hd-89c-Fol. (fac-sim.)

395（XVII,21）
Hd-89a-Pet. fol. • Cl. 92-B-125811
Hd-89d-Boîte fol.
Hd-89c-Fol. (fac-sim.)

396（XVII,22）
Hd-89a-Pet. fol. • Cl. 92-B-125797
Hd-89d-Boîte fol.
Hd-89c-Fol. (fac-sim.)

397（XVII,23）
Hd-89a-Pet. fol. • Cl. 92-B-125810
Hd-89d-Boîte fol.
Hd-89c-Fol. (fac-sim.)

398（XVII,24）
Hd-89a-Pet. fol. • Cl. 92-B-125803
Hd-89d-Boîte fol.
Hd-89c-Fol. (fac-sim.)

399（XVII,25）
Hd-89a-Pet. fol. • Cl. 92-B-125799
Hd-89d-Boîte fol.
Hd-89c-Fol (fac-sim.)
Reproduit p. 39

400（XVII,26）
Hd-89a-Pet. fol. • Cl. 92-B-125801
Hd-89d-Boîte fol.
Hd-89c-Fol. (fac-sim.)

401（XVII,27）
Hd-89a-Pet. fol. • Cl. 92-B-125808
Hd-89d-Boîte fol.
Hd-89c-Fol. (fac-sim.)

402（XVII,28）
Hd-89a-Pet. fol. • Cl. 92-B-125804
Hd-89d-Boîte fol.
Hd-89c-Fol. (fac-sim.)

403（XVII,29）
Hd-89a-Pet. fol. • Cl. 76-C-76360
Hd-89d-Boîte fol.
Hd-89c-Fol. (fac-sim.)

404（XVII,30）
Hd-89a-Pet. fol. • Cl. 76-C-76361
Hd-89d-Boîte fol.
Hd-89c-Fol. (fac-sim.)

第十八册与第十九册
405（XVIII,1）
Hd-89a-Pet. fol. • Cl. 92-B-126618
Hd-89d-Boîte fol.
Hd-89c-Fol. (fac-sim.)

406（XIX,2）
Hd-89a-Pet. fol. • Cl. 92-B-126619
Hd-89d-Boîte fol.
Hd-89c-Fol. (fac-sim.)

407（XIX,3）
Hd-89a-Pet. fol. • Cl. 92-B-126620
Hd-89d-Boîte fol.
Hd-89c-Fol. (fac-sim.)

408（XVIII,4）
Hd-89a-Pet. fol. • Cl. 92-B-126621
Hd-89d-Boîte fol.
Hd-89c-Fol. (fac-sim.)

409（XVIII,5）
Hd-89a-Pet. fol. • Cl. 92-B-126622
Hd-89d-Boîte fol.
Hd-89c-Fol. (fac-sim.)

410（XVIII,6）
Hd-89a-Pet. fol. • Cl. 92-B-126623
Hd-89d-Boîte fol.
Hd-89c-Fol. (fac-sim.)

411（XVIII,7）
Hd-89a-Pet. fol. • Cl. 92-B-126624
Hd-89d-Boîte fol.
Hd-89c-Fol. (fac-sim.)

412（XVIII,8）
Hd-89a-Pet. fol. • Cl. 92-B-126625
Hd-89d-Boîte fol.
Hd-89c-Fol. (fac-sim.)

413（XVIII,9）
Hd-89a-Pet. fol. • Cl. 92-B-126626
Hd-89d-Boîte fol.
Hd-89c-Fol. (fac-sim.)

414（XVIII,10）
Hd-89a-Pet. fol. • Cl. 92-B-126627
Hd-89d-Boîte fol.
Hd-89c-Fol. (fac-sim.)

415（XVIII,11）
Hd-89a-Pet. fol. • Cl. 92-B-126628
Hd-89d-Boîte fol.
Hd-89c-Fol. (fac-sim.)

416（XVIII,12）
Hd-89a-Pet. fol. • Cl. 92-B-126629
Hd-89d-Boîte fol.
Hd-89c-Fol. (fac-sim.)

417（XVIII,13）
Hd-89a-Pet. fol. • Cl. 92-B-126630
Hd-89d-Boîte fol.
Hd-89c-Fol. (fac-sim.)

418（XVIII,14）
Hd-89a-Pet. fol. • Cl. 92-B-126631
Hd-89d-Boîte fol.
Hd-89c-Fol. (fac-sim.)

419（XVIII,15）
Hd-89a-Pet. fol. • Cl. 92-B-126632
Hd-89d-Boîte fol.
Hd-89c-Fol. (fac-sim.)

420（XVIII,16）
Hd-89a-Pet. fol. • Cl. 92-B-126633
Hd-89d-Boîte fol.
Hd-89c-Fol. (fac-sim.)

421（XVIII,17）
Hd-89a-Pet. fol. • Cl. 92-B-126634
Hd-89d-Boîte fol.
Hd-89c-Fol. (fac-sim.)

422（XVIII,18）
Hd-89a-Pet. fol. • Cl. 92-B-126635
Hd-89d-Boîte fol.
Hd-89c-Fol. (fac-sim.)

423（XVIII,19）
Hd-89a-Pet. fol. • Cl. 92-B-126636
Hd-89d-Boîte fol.
Hd-89c-Fol. (fac-sim.)

424（XVIII,20）
Hd-89a-Pet. fol. • Cl. 88-C-133582

Hd-89d-Boîte fol. • Cl. 92-B-126637
Hd-89c-Fol. (fac-sim.)

425（XVIII,21）
Hd-89a-Pet. fol. • Cl. 92-B-126638
Hd-89d-Boîte fol.
Hd-89c-Fol. (fac-sim.)

426（XVIII,22）
Hd-89a-Pet. fol. • Cl. 92-B-126639
Hd-89d-Boîte fol.
Hd-89c-Fol. (fac-sim.)

427（XVIII,23）
Hd-89a-Pet. fol. • Cl. 59-C-10967
Hd-89d-Boîte fol.
Hd-89c-Fol. (fac-sim.)

428（XVIII,24）
Hd-89a-Pet. fol. • Cl. 92-B-126640
Hd-89d-Boîte fol.
Hd-89c-Fol. (fac-sim.)

429（XVIII,25）
Hd-89a-Pet. fol. • Cl. 73-B-61598, 90-C-151913
Hd-89d-Boîte fol.
Hd-89c-Fol. (fac-sim.)

430（XIX,26）
Hd-89a-Pet. fol. • Cl. 92-B-126600
Hd-89d-Boîte fol.
Hd-89c-Fol. (fac-sim.)

431（XIX,27）
Hd-89a-Pet. fol. • Cl. 92-B-126601
Hd-89d-Boîte fol.
Hd-89c-Fol. (fac-sim.)

432（XIX,28）
Hd-89a-Pet. fol. • Cl. 92-B-126602
Hd-89d-Boîte fol.
Hd-89c-Fol. (fac-sim.)

433（XIX,29）
Hd-89a-Pet. fol. • Cl. 73-B-61599
Hd-89d-Boîte fol.
Hd-89c-Fol. (fac-sim.)

434（XIX,30）
Hd-89a-Pet. fol. • Cl. 92-B-126603
Hd-89d-Boîte fol.

Hd-89c-Fol. (fac-sim.)

435（XIX,31）
Hd-89a-Pet. fol. • Cl. 92-B-126604
Hd-89d-Boîte fol.
Hd-89c-Fol. (fac-sim.)

436（XIX,32）
Hd-89a-Pet. fol. • Cl. 92-B-126605
Hd-89d-Boîte fol.
Hd-89c-Fol. (fac-sim.)

437（XIX,33）
Hd-89a-Pet. fol. • Cl. 92-B-126641
Hd-89d-Boîte fol.
Hd-89c-Fol. (fac-sim.)

438（XIX,34）
Hd-89a-Pet. fol. • Cl. 92-B-126606
Hd-89d-Boîte fol.
Hd-89c-Fol. (fac-sim.)

439（XIX,35）
Hd-89a-Pet. fol. • Cl. 92-B-126642
Hd-89d-Boîte fol.
Hd-89c-Fol. (fac-sim.)

440（XIX,36）
Hd-89a-Pet. fol. • Cl. 92-B-126643
Hd-89d-Boîte fol.
Hd-89c-Fol. (fac-sim.)

441（XIX,37）
Hd-89a-Pet. fol. • Cl. 92-B-126607
Hd-89d-Boîte fol.
Hd-89c-Fol. (fac-sim.)

442（XIX,38）
Hd-89a-Pet. fol. • Cl. 92-B-126608
Hd-89d-Boîte fol.
Hd-89c-Fol. (fac-sim.)

443（XIX,39）
Hd-89a-Pet. fol. • Cl. 92-B-126609
Hd-89d-Boîte fol.
Hd-89c-Fol. (fac-sim.)

444（XIX,40）
Hd-89a-Pet. fol. • Cl. 92-B-126644
Hd-89d-Boîte fol.
Hd-89c-Fol. (fac-sim.)

445（XIX,41）
Hd-89a-Pet. fol. • Cl. 92-B-126610
Hd-89d-Boîte fol.
Hd-89c-Fol. (fac-sim.)

446（XIX,42）
Hd-89a-Pet. fol. • Cl. 92-B-126611
Hd-89d-Boîte fol.
Hd-89c-Fol. (fac-sim.)

447（XIX,43）
Hd-89a-Pet. fol. • Cl. 92-B-126612
Hd-89d-Boîte fol.
Hd-89c-Fol. (fac-sim.)

448（XIX,44）
Hd-89a-Pet. fol. • Cl. 92-B-126613
Hd-89d-Boîte fol.
Hd-89c-Fol. (fac-sim.)

449（XIX,45）
Hd-89a-Pet. fol. • Cl. 92-B-126614
Hd-89d-Boîte fol.
Hd-89c-Fol. (fac-sim.)

450（XIX,46）
Hd-89a-Pet. fol. • Cl. 92-B-126645
Hd-89d-Boîte fol.
Hd-89c-Fol. (fac-sim.)

451（XIX,47）
Hd-89a-Pet. fol. • Cl. 92-B-126615
Hd-89d-Boîte fol.
Hd-89c-Fol. (fac-sim.)

452（XIX,48）
Hd-89a-Pet. fol. • Cl. 92-B-126616
Hd-89d-Boîte fol.
Hd-89c-Fol. (fac-sim.)

453（XIX,49）
Hd-89a-Pet. fol. • Cl. 92-B-126617
Hd-89d-Boîte fol.
Hd-89c-Fol. (fac-sim.)

第二十册
454（XX,1）
Hd-89a-Pet. fol. • Cl. 76-C-77625
Hd-89c-Fol. (fac-sim.)
Va-417-Ft 4. • Mf. H018462
Va-92 (5)-Fol. • Mf. B017885. 1er état

455（XX,2）
Hd-89a-Pet. fol. • Cl. 92-B-125897
Hd-89c-Fol. (fac-sim.)

456（XX,3）
Hd-89a-Pet. fol. • Cl. 92-B-125898
Hd-89c-Fol. (fac-sim.)

457（XX,4）
Hd-89a-Pet. fol. • Cl. 92-B-125899
Hd-89d-Boîte fol.
Hd-89c-Fol. (fac-sim.)
Reproduit p. 40

458（XX,5）
Hd-89a-Pet. fol. • Cl. 99-C-228679, 92-B-
125900,
96-C-218816
Hd-89c-Fol. (fac-sim.)
Reproduit p. 41

459（XX,6）
Hd-89a-Pet. fol. • Cl. 92-B-125901
Hd-89c-Fol. (fac-sim.)

460（XX,7）
Hd-89a-Pet. fol.
Hd-89d-Boîte fol. • Cl. 92-B-125902
Hd-89c-Fol. (fac-sim.)

461（XX,8）
Hd-89a-Pet. fol. • Cl. 85-C-170452
Hd-89c-Fol. (fac-sim.)

462（XX,9）
Hd-89a-Pet. fol. • Cl. 92-B-125903
Hd-89d-Boîte fol.
Hd-89c-Fol. (fac-sim.)

463（XX,10）
Hd-89a-Pet. fol. • Cl. 88-C-133581
Hd-89d-Boîte fol.
Hd-89c-Fol. (fac-sim.)
Reproduit p. 40

464（XX,11）
Hd-89a-Pet. fol. • Cl. 92-B-125904
Hd-89d-Boîte fol.
Hd-89c-Fol. (fac-sim.)

465（XX,12）
Hd-89a-Pet. fol. • Cl. 92-B-125905

Hd-89d-Boîte fol.
Hd-89c-Fol. (fac-sim.)

466（XX,13）
Hd-89a-Pet. fol.
Hd-89d-Boîte fol. • Cl. 88-C-133583
Hd-89c-Fol. (fac-sim.)

467（XX,14）
Hd-89a-Pet. fol. • Cl. 92-B-125906
Hd-89c-Fol. (fac-sim.)
Vc-Mat. 1(1)

468（XX,15）
Hd-89a-Pet. fol. • Cl. 92-B-125907
Hd-89d-Boîte fol.
Hd-89c-Fol. (fac-sim.)

469（XX,16）
Hd-89a-Pet. fol. • Cl. 92-B-125908
Hd-89d-Boîte fol.
Hd-89c-Fol. (fac-sim.)
Reproduit p. 42-43

470（XX,17）
Hd-89a-Pet. fol. • Cl. 92-B-125909
Hd-89d-Boîte fol.
Hd-89c-Fol. (fac-sim.)

471（XX,18）
Hd-89a-Pet. fol. • Cl. 92-B-125910
Hd-89c-Fol. (fac-sim.)

472（XX,19）
Hd-89a-Pet. fol. • Cl. 92-B-125911
Hd-89d-Boîte fol.
Hd-89c-Fol. (fac-sim.)

473（XX,20）
Hd-89a-Pet. fol. • Cl. 92-B-125912
Hd-89c-Fol. (fac-sim.)
Vc-Mat. 1(3)

474（XX,21）
Hd-89a-Pet. fol. • Cl. 92-B-125913
Hd-89d-Boîte fol.
Hd-89c-Fol. (fac-sim.)

475（XX,22）
Hd-89a-Pet. fol. • Cl. 92-B-125914
Hd-89c-Fol. (fac-sim.)
Vc-Mat. 1(3)

476（XX,23）
Hd-89a-Pet. fol. • Cl. 92-B-125915
Hd-89c-Fol. (fac-sim.)
Vc-Mat. 1(3)

477（XX,24）
Hd-89a-Pet. fol. • Cl. 92-B-125916
Hd-89c-Fol. (fac-sim.)
Vc-Mat. 1(4)

478（XXI,1）
Hd-89a-Pet. fol. • Cl. 92-C-162232
Hd-89c-Fol. (fac-sim.)

479（XXI,2）
Hd-89a-Pet. fol. • Cl. 92-C-163232
Hd-89c-Fol. (fac-sim.)

480（XXI,3）
Hd-89a-Pet. fol. • Cl. 92-C-163233
Hd-89c-Fol. (fac-sim.). Pl. retravaillée avec
mention sous la gr. à dr. : « Par le Rouge »

481（XXI,4）
Hd-89a-Pet. fol. • Cl. 92-C-163234
Hd-89c-Fol. (fac-sim.). Pl. retravaillée avec
mention sous la gr. à dr. : « A Paris chez le
Rouge Rue des Grands Augustins »

482（XXI,5）
Hd-89a-Pet. fol. • Cl. 92-C-163235
Hd-89c-Fol. (fac-sim.). Pl. retravaillée avec
mention sous la gr. à dr. : « à Paris chez Le
Rouge, Rue des Grands Augustins »

483（XXI,6）
Hd-89a-Pet. fol. • Cl. 92-C-163236
Hd-89c-Fol. (fac-sim.). Pl. non retravaillée
comme les
Précédentes

索　引

致 谢

我诚挚的谢意首先献给科琳娜·勒比图泽女士,身为法国国家图书馆版画与摄影部的主任图书保管员,是她坚定的支持和鼓励让我接替欧迪乐·法里尤未完成的工作并最终完成了这本名录的相关工作,欧迪乐·法里尤曾是法国国家图书馆法国 18 世纪收藏品名录的保管员现供职于收藏部管理部门。我还不会忘记工作在同一部门的图书馆馆员凯瑟琳·富赫尼耶女士给予我的无私帮助。

这本名录如果没有劳拉·博蒙特－马耶女士的极力关注是不能以今天所见的形式和大家见面的。劳拉·博蒙特－马耶女士是法国国家图书馆版画与摄影部门的主管,她负责这次由凯瑟琳·高赫梅里女士领导的旨在出版一套由拉鲁日大师所创作的《世界园林图鉴 英中式园林》极高质量的真迹复制品的项目。同样要感谢园林与园艺历史学家、园林艺术史教授多米尼克·枷里格先生给予的友好帮助。

在此我要向于 2003 年 10 月突然离世的拜何纳赫·高何居斯先生致以我诚挚的哀悼。拜何纳赫·高何居斯先生推荐给我他自己的乔治·路易·拉鲁日大师的作品并慷慨地给予我协助。我还要向伊丽莎贝塔·塞何吉尼女士的友好帮助致以我诚挚的谢意。

我要向法国国家图书馆曾给予我帮助的同事们致以我的谢意,他们是:玛丽－克劳德·汤姆森,图书保管员;玛丽－克劳德·卡斯帕尔,计算机工程师,在她的帮助下得以将信息化录入的名录出版发行;吉赛尔·兰伯特,版画与摄影部藏书保管员,她帮助我找到中国收藏品方面的资料;我同娜塔莉·莫奈,手稿部东方分处之中国收藏品的主任图书保管员一起向所有在版画部工作的同事们给予我热情的鼓励表达谢意。

关于翻译方面,我十分感激手稿部主管莫尼克·科恩在中文翻译上的付出;感恩劳拉·博蒙特－马耶、克里斯戴勒·马丁和彼得·福灵,艺术史学家在德文翻译上做出的贡献。最后我非常感谢法国国家图书馆出版发行部门的团队给予我热情的鼓舞和周密的建议。在此我特别提到皮耶海特·克鲁塞·多哈、凯瑟琳·古巴赫、玛丽－艾琳娜·马丁、里达·塔巴依、娜塔莉·布海奥和设计原图的作者雨赫苏拉·艾勒德。关于这本名录的插画,我们得益于法国国家图书馆复制品部门积极的合作,在此表示感谢。

图书在版编目（CIP）数据

世界园林图鉴. 英中式园林 ／（法）乔治·路易·拉
鲁日著；（法）维罗妮克·华耶等编；王轶译. —— 南京：
江苏凤凰科学技术出版社，2018.7
ISBN 978-7-5537-9352-8

Ⅰ. ①世… Ⅱ. ①乔… ②维… ③王… Ⅲ. ①园林设
计－世界－图集 Ⅳ. ①TU986.2-64

中国版本图书馆CIP数据核字(2018)第129248号

江苏省版权局著作权合同登记 图字：10-2017-052 号

First published in France under title *Georges Louis Le Rouge, Jardins anglo-chinois*
© 2004, Bibliothèque nationale de France

世界园林图鉴　英中式园林

原　　著	[法] 乔治·路易·拉鲁日	
编　　者	[法] 维罗妮克·华耶	[法] 伊丽莎贝塔·塞何吉尼
	[法] 欧迪乐·法里尤	[德] 拜何纳赫·高何居斯
译　　者	王　轶	
项目策划	凤凰空间／冯怡心　李若愚	
责任编辑	刘屹立　赵　研	
特约编辑	李若愚	

出版发行	江苏凤凰科学技术出版社
出版社地址	南京市湖南路1号A楼，邮编：210009
出版社网址	http：//www.pspress.cn
总 经 销	天津凤凰空间文化传媒有限公司
总经销网址	http：//www.ifengspace.cn
印　　刷	广东省博罗县园洲勤达印务有限公司

开　　本	889 mm×1 194 mm　1／16
印　　张	18
版　　次	2018年7月第1版
印　　次	2018年7月第1次印刷

标 准 书 号	ISBN 978-7-5537-9352-8
定　　价	298.00元（精）

图书如有印装质量问题，可随时向销售部调换（电话：022-87893668）。